电磁场与电磁波的MATLAB实现

谭阳红　高　兵　帅智康　编著

本书利用 MATLAB 开展电磁场与电磁波技术领域的仿真和数字化研究。全书共分为 7 章，内容包括：场论的 MATLAB 直观化、静电场的 MATLAB 直观化、恒定电场的 MATLAB 直观化、恒定磁场的 MATLAB 直观化、电磁波在无界空间的传播、电磁波的反射和折射和波导的 MATLAB 直观化。

读者在学习电磁场与电磁波中遇到生涩、抽象的知识要点时，可以使用本书深化理解，掌握基础知识；并且与 MATLAB 软件并用，边学习知识，边动手实践，达到事半功倍的效果。书中绝大多数 MATLAB 代码均来自科研和教学一线，具有实用性；所列举例子均是电磁场基础知识和工程问题，便于读者加强电磁场与电磁波学习和深入理解。书中部分内容，如不同镜像法情形、跨步电压及其危险区判断、同轴磁场、电磁波极化和电磁波的反射和折射等，独具专业特色，可激发读者运用专业知识解决工程问题的能力。

本书适合工程技术人员使用，也可作为电气工程、自动化、通信等相关专业本科生的学习参考书，对于大学生科研也有积极的促进作用。本书所提供的 MATLAB 代码是作者长期教学和科研工作的积累，每章均有二维码提供 MATLAB 程序，便于使用者根据需要进行自定义修改，加强理解。

图书在版编目（CIP）数据

电磁场与电磁波的 MATLAB 实现/谭阳红，高兵，帅智康编著. —北京：机械工业出版社，2023.7（2025.1 重印）

ISBN 978-7-111-73125-2

Ⅰ.①电… Ⅱ.①谭… ②高… ③帅… Ⅲ.①Matlab 软件-应用-电磁场 ②Matlab 软件-应用-电磁波 Ⅳ.①O441.4-39

中国国家版本馆 CIP 数据核字（2023）第 079172 号

机械工业出版社（北京市百万庄大街 22 号 邮政编码 100037）

策划编辑：李小平 责任编辑：李小平

责任校对：李小宝 张 征 封面设计：鞠 杨

责任印制：郜 敏

中煤（北京）印务有限公司印刷

2025 年 1 月第 1 版第 3 次印刷

184mm×260mm · 16.5 印张 · 385 千字

标准书号：ISBN 978-7-111-73125-2

定价：79.00 元

电话服务 网络服务

客服电话：010-88361066 机 工 官 网：www.cmpbook.com

010-88379833 机 工 官 博：weibo.com/cmp1952

010-68326294 金 书 网：www.golden-book.com

机工教育服务网：www.cmpedu.com

前　言
PREFACE

电磁场与电磁波应用越来越广泛，如无线输电、5G（6G）通信、WiFi、电动汽车、微波通信、雷达、电子对抗与电子干扰、电磁武器、人工智能芯片等。特别是国际局势风云变幻的今天，电磁场和电磁波在国防安全中的地位越来越重要。

“电磁场与电磁波”的学习要求数学基础高、物理概念抽象难懂，是公认的难学、难教、难考、难用的知识。MATLAB 是 matrix&laboratory 两个词的组合，意为矩阵工厂（矩阵实验室），软件主要面对科学计算、可视化以及交互式程序设计的高科技计算环境。它将数值分析、矩阵计算、科学数据可视化以及非线性动态系统的建模和仿真等诸多强大功能集成在一个易于使用的视窗环境中，为科学研究、工程设计以及必须进行有效数值计算的众多科学领域提供了一种全面的解决方案，并在很大程度上摆脱了传统非交互式程序设计语言（如 C、Fortran）的编辑模式。MATLAB 是科研工作者必不可少的科研工具，采用 MATLAB 将电磁场和电磁波直观化，将抽象概念可视化、繁杂计算简单化、复杂图形具体化，在直观感受中理解场的物理含义，有“拨开云雾见青天”之感。将看不见、摸不着、听不见的电磁场和电磁波，用简单的线条表示出来，形象生动，在不知不觉中学会了场的分析方法，有利于“手脑并用”，有“四两拨千斤”的奇效。

本书知识结构完整，适合相关专业工程人员使用，也可作为高等学校电气工程学科本科生电磁场课程的教学参考书。

本书的编写特点如下：

（1）本书不仅给出了 MATLAB 直观化程序和计算结果，以便于提高读者理解力和自学能力；还引导读者探究电磁场的本质，既知其然，也知其所以然。例如 5.2 节总结了多种 MATLAB 制作动图的方法，然后再将其应用于电磁波的动图制作，有利于读者举一反三。

（2）突出对基础和概念的运用。本书涵盖了电磁场知识点的 MATLAB 直观化过程，增强了读者对电磁场抽象概念和知识的理解；同时，为了提高读者思维发散能力，强调了同类知识的扩展，由简单到复杂、由浅入深、由特殊规律到普遍规律的顺序，逐渐引导读者对基础知识的学习。

（3）注重工程实用性和实践性。本书强调常见工程问题的直观化，增强基础知识到工程实践的运用。突出电磁场工程案例的深化，特别是电气类工程问题和经典案例的直观化，激发读者应用理论的能力。书中部分内容，如不同镜像法情形、跨步电压及其危险区判断、同轴/偏心磁场、电磁波极化等内容，都是电气专业中常见问题，比如镜像法常应用于输电线路电场/电磁环境分析，跨步电压分析能够指导变电站/配电室接地系统以及防护距离，独具专业特色，能起到强化电类专业读者运用基础知识解决专业工程问题的能力。

（4）通过专题形式组织内容，便于读者按需阅读，是对电磁场教材的补充。对电磁场与电磁波专业知识和核心 MATLAB 详细介绍，便于读者学习。在使用本书的时候，如果能够打开 MATLAB 软件，边学习知识，边动手实践，可达到事半功倍的效果。

（5）本书提供了不少通用程序。例如 5.3 节中的程序，适用于电磁波在各种不同性质媒质中的传播，只需要修改 3 个参数即可，有利于读者既见“树”又见“森林”。5.4 节中的通用程序，适用于不同媒质及不同类型的极化。

（6）本书提供的 MATLAB 程序具有高度开放性和二次开发能力，通过思维扩展，引导读者在研究电磁场应用和电磁科学领域研究中采用新的实现方法，比如电气工程中绝缘梯度材料、超导电缆、隐身衣等技术，培养读者的创新思想。

本书由谭阳红、高兵、帅智康编写，第 2~3 章和第 5~6 章由谭阳红执笔，第 4、7 章由高兵执笔，第 1 章由帅智康执笔，全书由谭阳红统稿。

本书中所涉及的 MATLAB 代码，均已在 MATLAB 2019b 上运行通过；部分通用代码以二维码形式附于书中，便于读者甄选重点。对于不同版本，可能存在不通用的情况，读者可以进行相应替换后运行。

书中难免存在不足之处，敬请读者批评指正。

编　者

2023 年 4 月于湖南大学

目录

CONTENTS

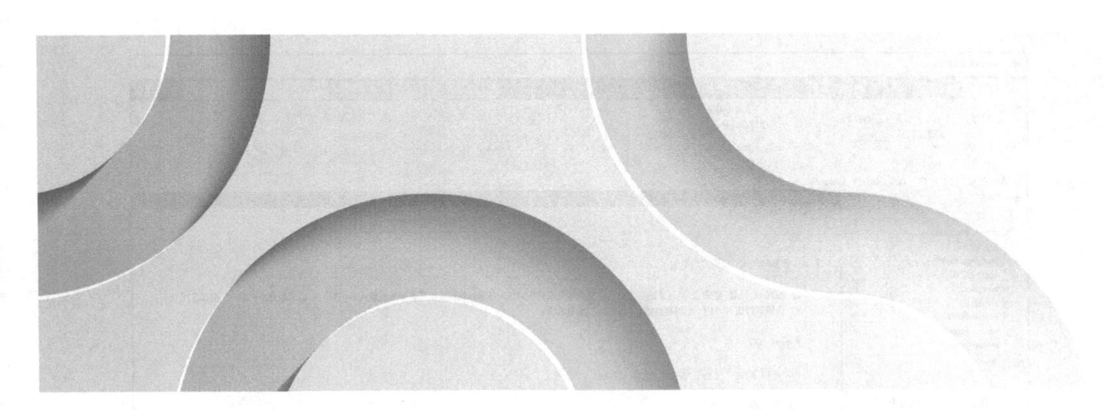

第1章　场论的 MATLAB 直观化

1.1　MATLAB 中 help 的用法

本书中用到很多 MATLAB 函数，不需要（也不可能）明白所有函数的功能及用法，因为 MATLAB 太强大了，此时最有效的办法是在命令行窗口中利用 MATLAB 自带的 help 函数进行查询。

help 函数的语法为 help 或 help name。在命令行窗口中输入 help，返回所有的帮助主题；help name 的含义是显示 name 指定的功能的帮助文本，name 可以是函数、方法、类、工具箱或变量。如命令行窗口中输入 help sin，返回：

```
sin    Sine of argument in radians.
    sin(X)is the sine of the elements of X.
    See also asin,sind.
```

从其返回值可以看出，sin 是角度 X（单位是 rad）的正弦值。最后一行是类似函数 asin（反正弦函数）和 sind（角度 X 的正弦值，X 的单位是°）。

当然，也可以直接在 MATLAB 主页的搜索框中输入 sin 进行查询，如图 1.1 所示。

MATLAB 还有其他多种帮助方法，这里不再赘述。

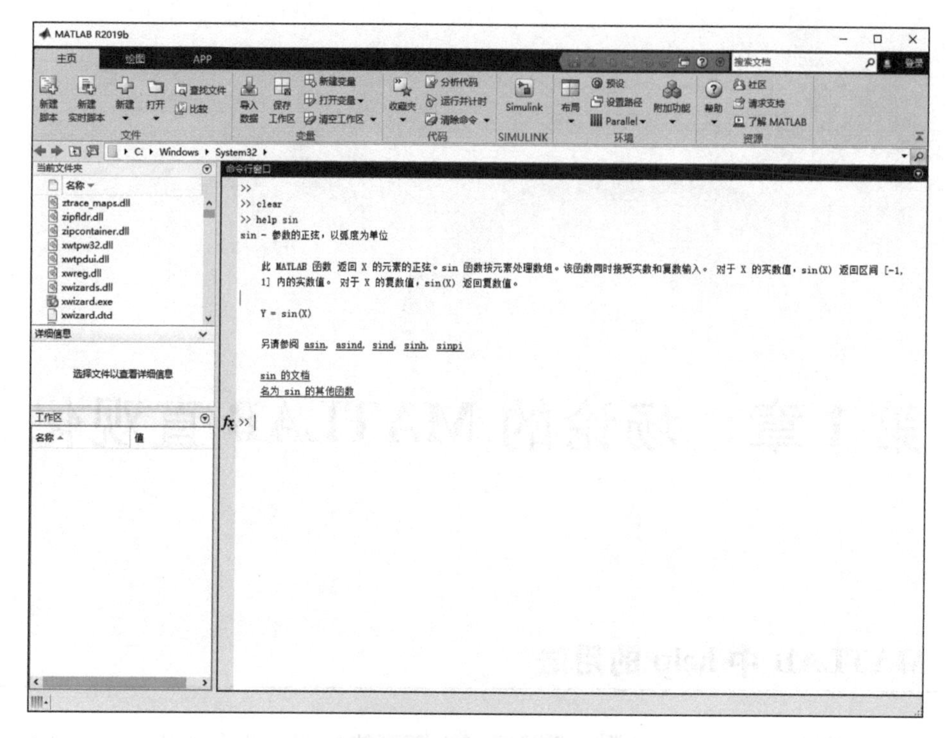

图 1.1 sin 的主页查询方式

1.2 标量场及其可视化

1.2.1 标量的图形绘制及其裁剪

场是指空间各点的某物理量的集合，在空间区域的每一点，都有该物理量的确定值和它对应，此物理量在空间的分布状况或变化规律，称为“场”。例如某区域的高度分布规律构成高度场，某范围内的温度分布构成温度场等。一般情况下，场的取值随时间发生变化，因此场同时是时间和位置的函数。

标量是指只有大小、没有方向的物理量，例如质量、长度、时间、能量、温度等。而矢量是指既有大小又有方向的物理量，例如位移、速度、电场强度等。

MATLAB 中，提供了众多的绘图语句，可用于标量函数的可视化。如：

```
t=-pi:pi/100:pi;                 %t 的取值范围是 t∈[-π,π],步长为 π/100
y=sin(3*t+pi/4);                 %y 是 t 的正弦函数
plot(t,y);                       %绘制正弦函数的图像
xlabel('text');                  %标记横轴的物理量
ylabel('y=sin(3*t+pi/4)');       %标记纵轴
```

MATLAB 显示结果如图 1.2a 所示。在刚才的语句中继续输入以下命令：

```
figure
plot(t,y,'v')            %采用下三角标记的方式绘制图像,可表示图 1.2 更改选项
xlabel('text');                                     %标记横轴的物理量
ylabel('delta labeled y=sin(3*t+pi/4)');  %标记纵轴
```

MATLAB 显示结果如图 1.2b 所示。

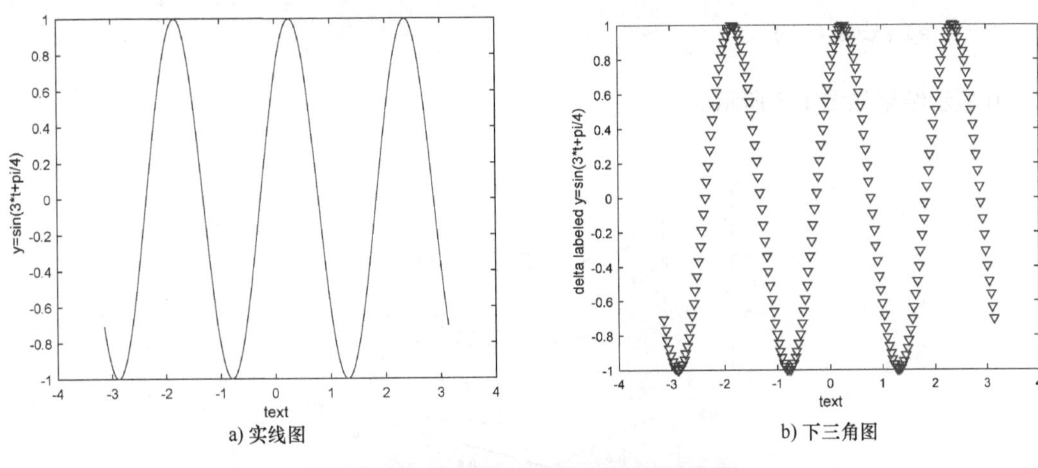

a) 实线图　　b) 下三角图

图 1.2　y=sin(3*t+pi/4) 的二维绘图

利用 help plot 可以查询 plot 函数的所有调用格式，其中最常用的是 plot(x,y,'linespace')。其中，x 和 y 是同维矢量，'linespace'是用户指定的绘图选项，含义见表 1.1。

表 1.1　linespace 的主要选项

颜色	r	g	b	c	y	k	w							
	红	绿	蓝	青	黄	黑	白							
符号	+	o	*	.	x	s	d	_	|	^	ˇ	>	<	p	h
	加	圆形	星号	点	交叉	矩形	菱形	水平线条	垂直线条	上三角	下三角	右三角	左三角	五角形	六角形
线型	-	--	:	-.	none									
	实线	虚线	点	点划线	无线条									

plot 函数中，MarkerIndices 表示要显示标记的数据点的索引，如：

plot(x,y,'-o','MarkerIndices',[1 5 10])在第一、第五和第十个数据点处显示圆形标记；

plot(x,y,'-x','MarkerIndices',1:3:length(y))每隔三个数据点显示一个交叉标记。

采用 plot3 可以绘制标量场的三维图像，如：

```
t=0:pi/50:10*pi;            %t定义为由介于0~10π之间的值组成的矢量
st=sin(t);                  %st是t的正弦函数
ct=cos(t);                  %ct是t的余弦函数
plot3(st,ct,t)              %绘制三维螺旋图
xlabel('sin(t)')
ylabel('cos(t)')
```

其显示结果如图 1.3 所示。

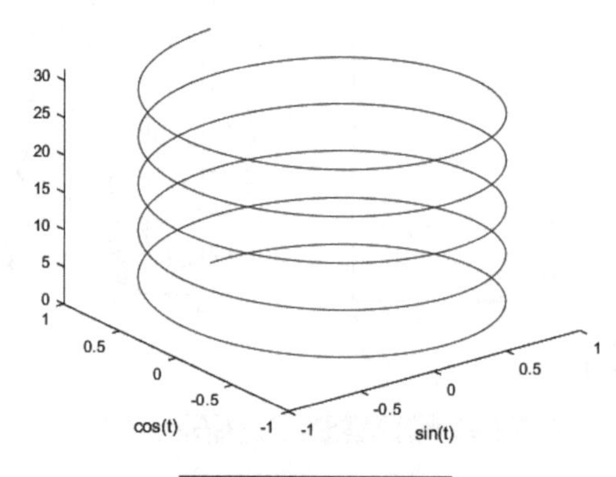

图 1.3　三维螺旋图

除了 plot3 外，MATLAB 中还有很多函数，如 surf、mesh、pcolor、slice、ribbon 等函数均可用于三维绘图，可以借助 help 命令查看；此外还可利用 NaN 函数进行图形裁剪。

MATLAB 用特殊值 NaN 代表非数字，表示既不是实数也不是复数的值。在绘制图形时，函数值为 NaN 的对应部分不会被显示出来，从而达到图形裁剪的目的。如：

```
clc                            %清屏
clear all                      %工作变量清零
[x,y,z]=sphere(60);            %创建球面
surf(x,y,z);
p=z>0.7; z(p) = NaN;
figure ; surf(x,y,z);
axis([-1,1,-1,1,-1,1])
```

其显示结果如图 1.4 所示。

1.2.2　标量场的梯度和箭头图绘制

对于有 N 个变量的标量函数 $F(x,y,z,\cdots,N)$，其梯度为

$$\nabla F=\frac{\partial F}{\partial x}\boldsymbol{e}_x+\frac{\partial F}{\partial y}\boldsymbol{e}_y+\frac{\partial F}{\partial z}\boldsymbol{e}_z+\cdots+\frac{\partial F}{\partial N}\boldsymbol{e}_N$$

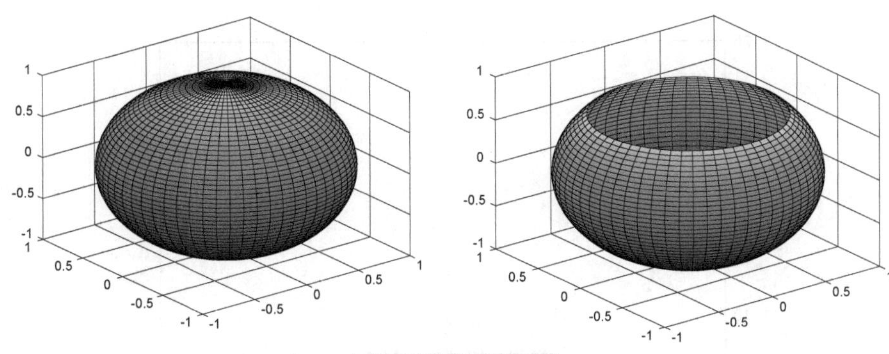

图 1.4　图形裁剪

MATLAB 中，可以利用 gradient 求梯度，并用 quiver 绘制二维矢量场的箭头图，gradient 的基本调用格式为

```
FX =gradient(F)          %返回矢量 F 的一维梯度,即∂F/∂x
[FX,FY,FZ,...,FN] =gradient(F,HX,HY,...,HN)
      %返回 F 的梯度的 N 个分量,其中,HX,HY,HN 参数表示各分量相邻两点的距离。
```

quiver 的基本调用格式为

```
quiver(X,Y,U,V)
quiver(X,Y,U,V) 在由 (X,Y) 指定的笛卡尔坐标上绘制具有定向分量 (U,V) 的箭头。例如，第一个箭头源于点 X(1) 和 Y(1)，按 U(1) 水平延伸，按 V(1) 垂直延伸。
```

例 1：求多变量函数 $f(x,y)=x^2y^3$ 的梯度。

解：

方法一：采用符号函数工具箱，其语句为

```
syms x y
f=x^2*y^3;
g=gradient(f)
```

其返回值为［2*x*y^3　3*x^2*y^2］，表示函数的梯度为 $\nabla F=(2xy^3\boldsymbol{e}_x+3x^2y^2\boldsymbol{e}_y)$。

方法二：直接计算梯度的数值解，其语句为

```
[x,y]=meshgrid(-3:.3:3,-3:.3:3);
f=x.^2.*y.^3;
[px,py]= gradient(f)
quiver(px,py)
```

其返回值如图 1.5 所示。

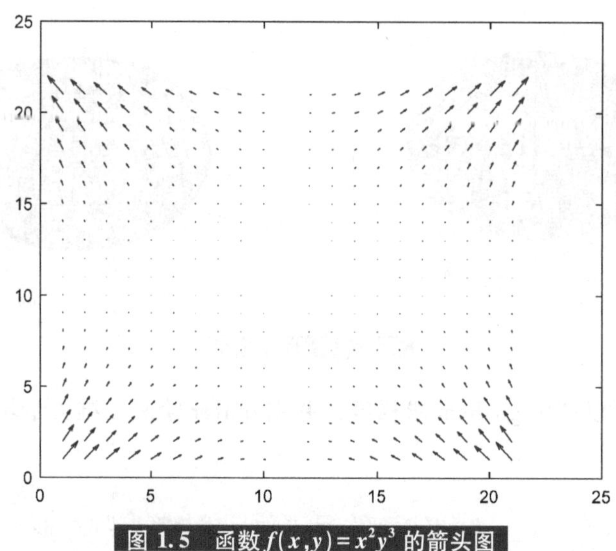

图 1.5 函数 $f(x,y)=x^2y^3$ 的箭头图

例 2：绘制函数 $z=xe^{-x^2-y^2}$ 的梯度和等高线。

使用 quiver 函数绘制梯度，使用 contour 函数绘制等高线。

解：因为要绘制箭头图和等高线，故需求梯度的数值解。

```
[x,y]=meshgrid(-2:.2:2,-2:.2:2);
z =x. * exp(-x.^2-y.^2);
[px,py]=gradient(z,.2,.2);
contour(z),hold on,quiver(px,py),hold off
```

程序的显示结果如图 1.6 所示。

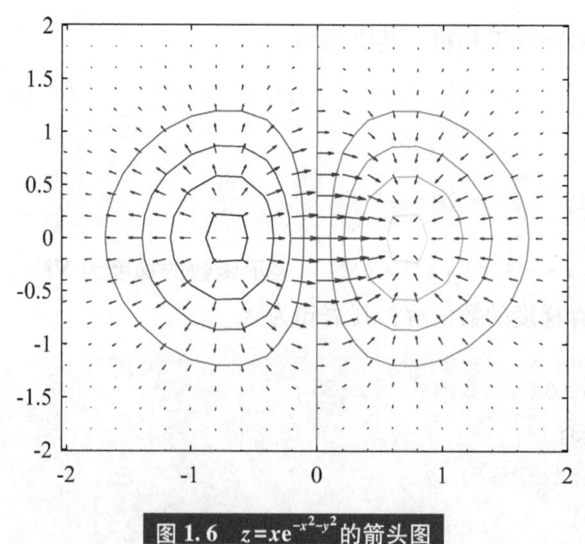

图 1.6 $z=xe^{-x^2-y^2}$ 的箭头图

1.3 矢量场的可视化

1.3.1 矢量的运算

矢量的运算包含加减、数乘、点积和叉积等。例如，设长度为 n 的两实数矢量分别为 $\boldsymbol{u}=[u_1\boldsymbol{e}_{u_1},u_2\boldsymbol{e}_{u_2},\cdots,u_n\boldsymbol{e}_{u_n}]$，$\boldsymbol{v}=[v_1\boldsymbol{e}_{v_1},v_2\boldsymbol{e}_{v_2},\cdots,v_n\boldsymbol{e}_{v_n}]$，其点积为

$$\boldsymbol{u}\cdot\boldsymbol{v}=u_1v_1+u_2v_2+\cdots+u_nv_n$$

此时，dot(u,v)= dot(v,u)。对于复数矢量，为确保任何矢量与自身的内积都为实数正定矩阵，其点积为

$$\boldsymbol{u}\cdot\boldsymbol{v}=\sum_{i=1}^{n}\bar{u}_iv_i$$

与实数矢量的关系不同，dot(u,v) ≠ dot(v,u)，而是 dot(u,v)= conj(dot(v,u))。

矢量的其他运算见表1.2。

表1.2 矢量的运算

运算符	sum	conj	norm	cross
对应运算	和	共轭	范数	叉积

例如，已知 $\boldsymbol{A}=\boldsymbol{e}_x+2\boldsymbol{e}_y+3\boldsymbol{e}_z$，$\boldsymbol{B}=4\boldsymbol{e}_x+5\boldsymbol{e}_y+6\boldsymbol{e}_z$，则 $|\boldsymbol{A}|$、$\boldsymbol{A}\cdot\boldsymbol{B}$ 和 $\boldsymbol{A}\times\boldsymbol{B}$ 的MATLAB语句为

```
A=[1,2,3]; B=[4,5,6];
N=norm(A)
C=dot(A,B)
D=cross(A,B)
```

具有 N 个元素的矢量 $\boldsymbol{v}$ 的 p-范数为

$$\|\boldsymbol{v}\|_p=\left[\sum_{k=1}^{N}|v_k|^p\right]^{\frac{1}{p}}$$

式中，p 是任何正实数。

当 $p=1$，称为 $\boldsymbol{v}$ 的1-范数，是矢量元素的绝对值之和；$p=2$ 时，称为2-范数是矢量的模或欧几里得长度；如果 $p\to\infty$，则 $\|\boldsymbol{v}\|_\infty=\max_k(|v_k|)$；如果 $p\to-\infty$，则 $\|\boldsymbol{v}\|_{-\infty}=\min_k(|v_k|)$。如矢量的2-范数（矢量的模）可以这样求解：

```
v=[1 -2 3];
n=norm(v)                %或 n=norm(v,2)
```

程序返回值为n=3.7417。

1.3.2 矢量的流线（管）绘制和散度

streamline根据二维或三维矢量数据绘制流线图，如：

```
[x,y]=meshgrid(0:0.1:1,0:0.1:1);
u=x;
v=-y;                                        %定义数组 x、y、u 和 v
figure
quiver(x,y,u,v)
startx=0.1:0.1:1;
starty=ones(size(startx));
streamline(x,y,u,v,startx,starty)
                                        %绘制沿线条 y=1 上的不同点开始的流线图
```

程序运行结果如图 1.7 所示。

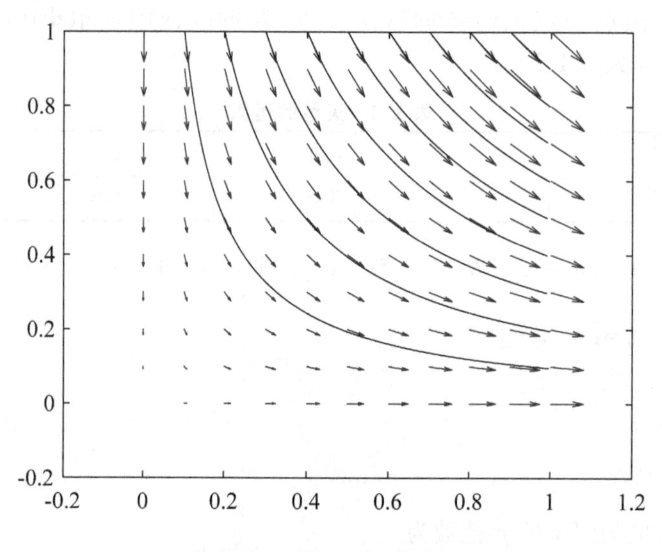

图 1.7　矢量场的流线图

对于三维矢量场 $\boldsymbol{F}(x,y,z)=F_x(x,y,z)\boldsymbol{e}_x+F_y(x,y,z)\boldsymbol{e}_y+F_z(x,y,z)\boldsymbol{e}_z$，其散度定义为

$$\text{div}\boldsymbol{F}=\nabla\cdot\boldsymbol{F}=\frac{\partial F_x}{\partial x}+\frac{\partial F_y}{\partial y}+\frac{\partial F_z}{\partial z}$$

MATLAB 中，可以利用 divergence 求矢量场的散度，如：

```
[x,y]=meshgrid(-8:2:8,-8:2:8);
Fx=200 -(x.^2 + y.^2);
Fy=200 -(x.^2 + y.^2);
quiver(x,y,Fx,Fy)                    %绘制场分量 Fx 和 Fy
pause                                %设置暂停键,便于观察中间结果
```

```
D=divergence(x,y,Fx,Fy);                              %求二维场的散度
hold on
contour(x,y,D,'ShowText','on')                        %绘制散度的等高线
```

其场的箭头图和等高线如图 1.8 所示。

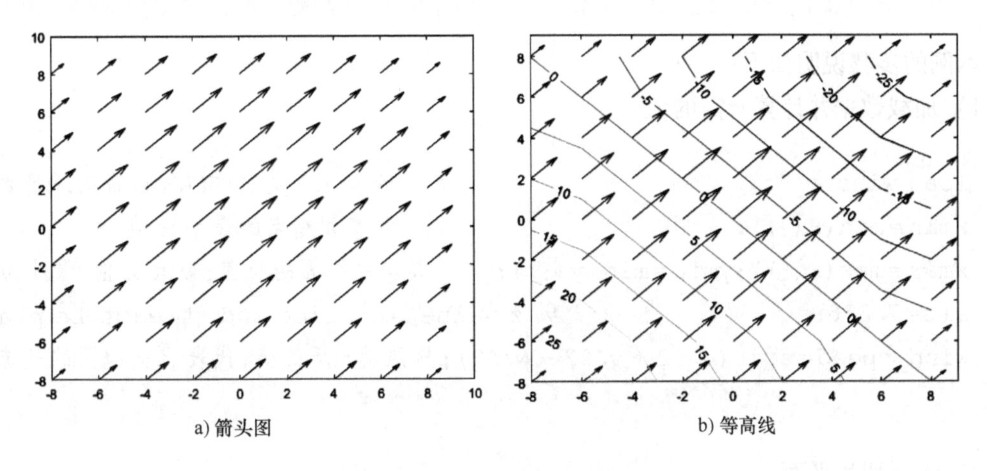

a) 箭头图　　　　　　b) 等高线

图 1.8　场的箭头图和等高线

MATLAB 还可以利用流管（streamtube）显示散度，流管类似于流线，只不过流管具有宽度。风场的流管显示程序代码如下：

```
load wind                       %wind 是 MATLAB 自带的风场数据
xmin=min(x(:));                 %流管起点的最小 x 值
xmax=max(x(:));ymin=min(y(:));          %切片平面的位置:最大 x 值、最小 y 值
alt=7.356;                  %z value for slice and streamtube plane 高度值
wind_speed=sqrt(u.^2 + v.^2 + w.^2);    %风速=场的模,代表北美地区的气流
hslice=slice(x,y,z,wind_speed,xmax,ymin,alt);
set(hslice,'FaceColor','interp','EdgeColor','none')
colormap hsv(16)
color_lim=caxis;                %调用 caxis 以获取当前颜色范围
cont_intervals=linspace(color_lim(1),color_lim(2),17);
hcont=contourslice(x,y,z,wind_speed,xmax,ymin, alt,cont_intervals,
…'linear');
set(hcont,'EdgeColor',[.4 .4 .4],'LineWidth',1)
[sx,sy,sz]=meshgrid(xmin,20:3:50,alt);
daspect([1,1,1])                %set DAR before calling streamtube
htubes=streamtube(x,y,z,u,v,w,sx,sy,sz,[1.25 30]);
```

```
set(htubes,'EdgeColor','none','FaceColor','r','AmbientStrength',.5)
view(-100,30)
axis(volumebounds(x,y,z,wind_speed))
set(gca,'Projection','perspective')
camlight left
```

本例的步骤说明如下：

1）加载数据并计算所需的值

```
load wind                                  % wind 是 MATLAB 自带的风场数据
xmin=min(x(:));                            %流管起点的最小 x 值
xmax=max(x(:));ymin=min(y(:));             %切片平面的位置:最大 x 值、最小 y 值
alt=7.356;                                 % z value for slice and streamtube plane
wind_speed=sqrt(u.^2 + v.^2 + w.^2);       %风速=场的模,代表北美地区的气流高
                                           度值
```

2）绘制切片平面

绘制切片平面（slice）并设置 surface 属性以创建平滑着色的切片。使用 hsvcolormap 中的 16 种颜色。

```
hslice=slice(x,y,z,wind_speed,xmax,ymin,alt);
set(hslice,'FaceColor','interp','EdgeColor','none')
colormap hsv(16)
```

3）在切片平面上添加等高线

在切片平面上添加等高线（contourslice），调整等高线间隔，使线条与切片平面上的颜色边界匹配：

```
color_lim=caxis;                              %调用 caxis 以获取当前颜色范围
cont_intervals=linspace(color_lim(1),color_lim(2),17);
hcont = contourslice (x, y, z, wind _ speed, xmax, ymin, alt, cont _
…intervals,'linear');
set(hcont,'EdgeColor',[.4 .4 .4],'LineWidth',1)
```

其中，linspace 语句将 contourslice 使用的插值方法设置为 linear，是为了与 slice 使用的默认值匹配。

4）创建流管

使用 meshgrid 创建流管起点数组，起点从最小 x 值开始，在 y 方向上的范围为 20~50，并位于 z 方向上的单个平面中（对应于其中一个切片平面）。

流管（streamtube）绘制在指定的位置，并放大为默认宽度的 1.25 倍，以突出散度（宽度）的变化。矢量［1.25 30］中的第二个元素指定流管周长上的点数（默认值为 20）。随着流管大小的增加，可能需要增加此值的大小，以保持光滑的流管外观。

在调用 streamtube 之前设置数据纵横比（daspect）。流管是曲面对象，因此以通过设置曲面属性来控制其外观。本例通过设置曲面属性获得明亮的深色曲面，见图 1.9。

```
[sx,sy,sz]=meshgrid(xmin,20:3:50,alt);
daspect([1,1,1])% set DAR before calling streamtube
htubes=streamtube(x,y,z,u,v,w,sx,sy,sz,[1.25 30]);
set(htubes,'EdgeColor','none','FaceColor','r','AmbientStrength',.5)
```

5）定义视图

定义视图并添加光照（view、axis volumebounds、Projection、camlight）。

```
view(-100,30)
axis(volumebounds(x,y,z,wind_speed))
set(gca,'Projection','perspective')
camlight left
```

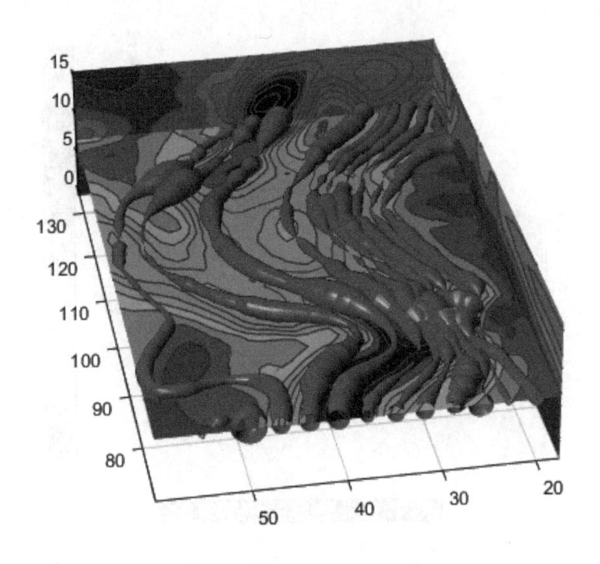

图 1.9　散度的流线显示

1.3.3　矢量的旋度和流线（带）表示

三维矢量场 $\boldsymbol{F}(x,y,z)=F_x(x,y,z)\boldsymbol{e}_x+F_y(x,y,z)\boldsymbol{e}_y+F_z(x,y,z)\boldsymbol{e}_z$，其旋度定义为

$$\mathrm{curl}\boldsymbol{F}=\nabla\times\boldsymbol{F}=\begin{vmatrix}\boldsymbol{e}_x & \boldsymbol{e}_y & \boldsymbol{e}_z\\ \dfrac{\partial}{\partial x} & \dfrac{\partial}{\partial y} & \dfrac{\partial}{\partial z}\\ \boldsymbol{F}_x & \boldsymbol{F}_y & \boldsymbol{F}_z\end{vmatrix}$$

MATLAB 用 curl 求矢量场的旋度。如：

```
load wind          %加载风场的三维矢量场数据集,包含大小为 35×41×15 的数组
[curlx,curly,curlz,cav]=curl(x,y,z,u,v,w);     %计算矢量场的数值旋度
h=slice(x,y,z,cav,[90 134],59,0);
shading interp
colorbar
daspect([1 1 1]);
axis tight
camlight
set([h(1),h(2)],'ambientstrength',0.6);
```

将矢量三维体数据的旋度显示为切片平面。用 $x=90$ 和 $x=134$ 显示 yz 平面的角速度，用 $y=59$ 显示 xz 平面的角速度，用 $z=0$ 显示 xy 平面的旋度。使用颜色指示场中指定位置的旋度，如图 1.10 所示。

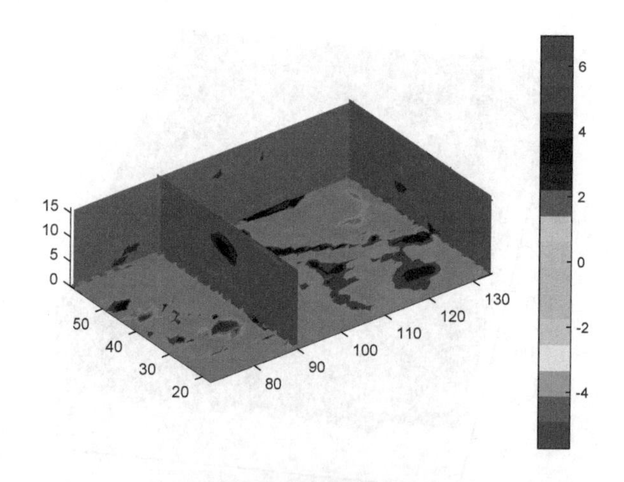

图 1.10　旋度的色图表示

MATLAB 还可以利用流带显示旋度：与 curl 函数结合使用，streamribbon 可用于显示场的旋度。与流线类似，流带可以表明流的方向，但通过扭曲带状流线，流带还可以显示围绕流坐标轴的旋转。风场的程序代码如下：

```
load wind
lims=[100.64 116.67 17.25 28.75 -0.02 6.86];
```

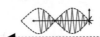

```
[x,y,z,u,v,w]=subvolume(x,y,z,u,v,w,lims);
cav=curl(x,y,z,u,v,w);
wind_speed=sqrt(u.^2 + v.^2 + w.^2);
[sx sy sz]=meshgrid(110,20:5:30,1:5);       %创建流带的起点数组
verts=stream3(x,y,z,u,v,w,sx,sy,sz,.5);  %以 0.5 为步长计算流线顶点
h=streamribbon(verts,x,y,z,cav,wind_speed,2);
set(h,'FaceColor','r','EdgeColor',[.7 .7 .7],'AmbientStrength',.6)
axis(volumebounds(x,y,z,wind_speed))       %设置 axis 和颜色
grid on
view(3)
camlight right;                      %在视点右侧创建光源,将光照方法设置为 Gouraud
```

其步骤说明如下：

1）选择要绘制的数据子集

加载 wind 数据集并使用 subvolume 选择关注区域。先绘制完整数据集可以帮助您选择关注区域。

```
load wind
lims=[100.64 116.67 17.25 28.75 -0.02 6.86];
[x,y,z,u,v,w]=subvolume(x,y,z,u,v,w,lims);
```

2）计算旋度角和风速

```
cav=curl(x,y,z,u,v,w);
wind_speed=sqrt(u.^2 + v.^2 + w.^2);
```

3）创建流带（streamribbon）

streamribbon 返回它创建的曲面对象的句柄，然后使用它们将曲面颜色设置为深色（FaceColor）、将曲面边的颜色设置为浅色（EdgeColor），并稍微提高应用光照后反射的环境光的亮度（AmbientStrength）。

```
[sx sy sz]=meshgrid(110,20:5:30,1:5);       %创建流带的起点数组
verts=stream3(x,y,z,u,v,w,sx,sy,sz,.5);  % 以 0.5 为步长计算流线顶点
h=streamribbon(verts,x,y,z,cav,wind_speed,2);
set(h,'FaceColor','r','EdgeColor',[.7 .7 .7],'AmbientStrength',.6)
```

其中，streamribbon 按语句因子 2 缩放流带宽度，是为了提高扭曲的可见性。旋度的流带表示见图 1.11。

4）定义视图并添加光照

```
axis(volumebounds(x,y,z,wind_speed))       %设置 axis 和颜色
```

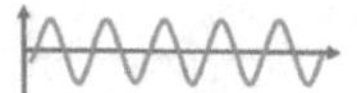

```
grid on
view(3)
camlight right;                    %在视点右侧创建光源,将光照方法设置为 Gouraud
```

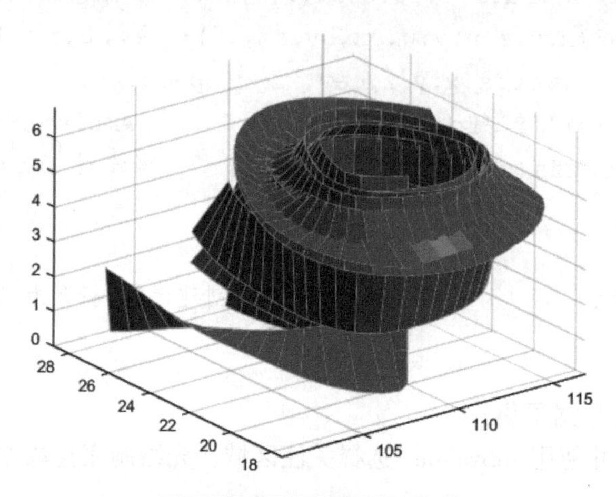

图 1.11　旋度的流带表示

1.3.4　高斯散度定理的 MATLAB 验证

高斯散度定理的表达式为

$$\oint_S \boldsymbol{F} \cdot \mathrm{d}\boldsymbol{S} = \int_V (\boldsymbol{\nabla} \cdot \boldsymbol{F})\ \mathrm{d}V$$

设 $\boldsymbol{F}=\boldsymbol{e}_x xyz+\boldsymbol{e}_y(xy^3-z)+\boldsymbol{e}_z(xy+y^2z^2)$，设积分区域为 $l\times w\times h$ 组成的矩形体，则闭合曲面 S 为该矩形的 6 个外表面，其中 l、w 为边长，h 为高度，体积 V 为闭合积分区域形成的矩形体体积；因此，高斯散度定理左边项为

$$\oint_S \boldsymbol{F} \cdot \mathrm{d}\boldsymbol{S} = \oint_S xyz\mathrm{d}y\mathrm{d}z + (xy^3 - z)\mathrm{d}x\mathrm{d}z + (xy + y^2z^2)\mathrm{d}x\mathrm{d}y$$

高斯散度定理右边项为

$$\int_V (\boldsymbol{\nabla} \cdot \boldsymbol{F})\ \mathrm{d}V = \oint_V \left[\frac{\partial(xyz)}{\partial x} + \frac{\partial(xy^3 - z)}{\partial y} + \frac{\partial(xy + y^2z^2)}{\partial z}\right] \mathrm{d}x\mathrm{d}y\mathrm{d}z$$

若设置积分起始点为原点，上述两个公式中积分范围分别为 $\mathrm{d}x \in [0,l]$，$\mathrm{d}y \in [0,w]$，$\mathrm{d}z \in [0,h]$，下面分别用 int 语句求上述两式的值：

```
syms x y z l w h
p=x*y*z;
q=x*y^3-z;
r=x*y+y^2*z^2;
dpx=diff(p,x);
dqy=diff(q,y);
```

```
drz=diff(r,z);
f=dpx+dqy+drz;
rg=int(int(int(f,x,0,l),y,0,w),z,0,h)                    %这是方程的右边
px=l*y*z;                                                %左边积分项的第二项,
qy=(x*w^3-z+z);                                          %左边积分项的第三、四项
rz=(x*y-x*y+y^2*h^2);
rl=int(int(px,y,0,w),z,0,h)+int(int(qy,x,0,l),z,0,h)+int(int(rz,
…x,0,l),y,0,w)                                           %方程左边
```

程序返回结果为

```
rg=(h*l*w^2*(3*h + 4*h*w + 6*l*w))/12
rl=(h^2*l*w^3)/3 + (h^2*l*w^2)/4 + (h*l^2*w^3)/2
```

随机代入 l、w、h 数值，可以更为直观，例如，设 $l=1$，$w=4.5$，$h=7.2$，计算得到

```
rg =216513/100
rl =216513/100
```

两种方式计算结果一致，当然也可以任意设置曲面积分，确定积分曲面的投影区域。同样可以验证高斯散度定理。

1.3.5 斯托克斯定理的 MATLAB 验证

斯托克斯定理的表达式为

$$\oint_l \boldsymbol{F}\cdot \mathrm{d}\boldsymbol{l}=\int_S(\nabla\times \boldsymbol{F})\cdot \mathrm{d}\boldsymbol{S}$$

设 $\boldsymbol{F}=\rho\boldsymbol{e}_\phi-z\boldsymbol{e}_z$，设积分区域为 $z=h$ 平面上半径为 r 的圆形回路及其所围区域，在给定圆形回路上，$\mathrm{d}\boldsymbol{l}=r\mathrm{d}\phi\boldsymbol{e}_\phi$，若回路积分方向与 $\boldsymbol{e}_\phi$ 同向，则公式左边为

$$\oint_l \boldsymbol{F}\cdot \mathrm{d}\boldsymbol{l}=\oint_l(\rho\boldsymbol{e}_\phi-h\boldsymbol{e}_z)\cdot r\mathrm{d}\phi\boldsymbol{e}_\phi=\oint_l\rho r\mathrm{d}\phi$$

右边项为

$$\int_S(\nabla\times \boldsymbol{F})\cdot \mathrm{d}\boldsymbol{S}=\int_S(\nabla\times \boldsymbol{F})\cdot \mathrm{d}S_z\boldsymbol{e}_z=\int_S(\nabla\times \boldsymbol{F})\cdot \rho\mathrm{d}\rho\mathrm{d}\phi\boldsymbol{e}_z$$

柱坐标下 $\nabla\times\boldsymbol{F}$ 为

$$\boldsymbol{e}_\rho\left(\frac{1}{\rho}\frac{\partial F_z}{\partial\phi}-\frac{\partial F_\phi}{\partial z}\right)+\boldsymbol{e}_\phi\left(\frac{\partial F_\rho}{\partial z}-\frac{\partial F_z}{\partial\rho}\right)+\boldsymbol{e}_z\frac{1}{\rho}\left[\frac{\partial}{\partial\rho}(\rho F_\phi)-\frac{\partial F_\rho}{\partial\phi}\right]$$

角度 ϕ 的积分区间为 $[0,2\pi]$，在 MATLAB 中分别用 int 语句求上述两式的值：

```
syms rho z h fai r
p=0;
ff=rho;
```

```
    q=-z;
    fx=1/rho*diff(q,fai)-diff(ff,z);           %柱坐标的旋度计算公式,第一项
    ffai=diff(p,z)-diff(q,rho);
    fz=1/rho*(diff(rho*ff,rho)-diff(rho,fai));
    rg=int(int(fx*rho,rho,0,r),fai,0,2*pi)+int(int(ffai*rho,rho,0,
…r),fai,0,2*pi)+int(int(fz*rho,rho,0,r),fai,0,2*pi)     %公式右边项
    rl=int(r*r,fai,0,2*pi)                     %公式左边项,圆形回路上 rho=r
```

程序返回:

```
rg =
2*pi*r^2
rl =
2*pi*r^2
```

可看出，rg 和 rl 的值相等，从而验证了斯托克斯定理。

1.3.6 矢量恒等式的 MATLAB 验证

电磁场分析中有两个非常重要的矢量恒等式，设 f 和 $\boldsymbol{F}$ 分别为任意的标量与矢量，则

$$\nabla\times(\nabla f)=0$$

$$\nabla\cdot(\nabla\times\boldsymbol{F})=0$$

在 MATLAB 中，可借助符号函数运算进行验证。很明显，第一个恒等式包含梯度和旋度运算，假设 $f=1/x+y^2+z^3$，其 MATLAB 语句为

```
syms x y z
f(x,y,z)=1/x+y^2+z^3;
D=gradient(f,[x,y,z])
cd=curl(D,[x,y,z])
```

程序返回值为 0，故恒等式得证。

第二个恒等式包含梯度和散度运算，设 $\boldsymbol{F}=\boldsymbol{e}_x y^2+\boldsymbol{e}_y\dfrac{1}{x}+\boldsymbol{e}_z y^3$，则符号函数实现语句为

```
syms x y z
f(x,y,z)=[y^2 1/x y^3];
D=curl(f,[x,y,z])
cd=divergence(D,[x,y,z])
```

程序返回值为 0，故恒等式得证。

第二个恒等式的数值实现语句为

```
[x,y,z]=meshgrid(-4:-1,-4:-1,-4:-1);  %任意选取一定面积的计算区域
Fx=y.^2;                               %根据旋度计算公式得到
Fy=1./x;
Fz=y.^3;
[curlz,cav,ss]=curl(x,y,z,Fx,Fy,Fz);
D=divergence(x,y,z,curlz,cav,ss);   %计算出来的 D 为零矩阵
norm(D(:,:,1))
norm(D(:,:,2))
norm(D(:,:,3))
norm(D(:,:,4))                    %计算出来的 D 为零矩阵,采用范数计算其数值
```

程序返回值为 0，故恒等式得证。

1.3.7　标量场和矢量场的拉普拉斯运算

拉普拉斯算子是 n 维欧几里得空间的二阶微分算子，标量函数 f 的拉普拉斯运算为 $\nabla^2 f=\frac{\partial^2 f}{\partial x^2}+\frac{\partial^2 f}{\partial y^2}+\frac{\partial^2 f}{\partial z^2}$，MATLAB 中，可借助符号函数运算，采用 laplacian(f,x) 求拉普拉斯运算，且 laplacian(f,x)= diff(f,2,x)，如

```
syms x y z
f(x,y,z)=1/x+y^2+z^3;
L=laplacian(f,[x y z])
```

程序返回值为

```
L(x,y,z)=6*z+2/x^3+2
```

因为 $\nabla^2 f=\nabla\cdot(\nabla f)$，故还可采用梯度和散度求拉普拉斯算子，如：

```
syms x y z
f(x,y,z)= 1/x+y^2+z^3;
divergence(gradient(f(x,y,z),[x y z]),[x,y,z])
```

矢量函数 $\boldsymbol{F}$ 的拉普拉斯运算等于各分量拉普拉斯运算的矢量和，即

$$\nabla^2 \boldsymbol{F}=\boldsymbol{e}_x\nabla^2 F_x+\boldsymbol{e}_y\nabla^2 F_y+\boldsymbol{e}_z\nabla^2 F_z$$

因此，$\boldsymbol{F}=\boldsymbol{e}_x\frac{1}{x}+\boldsymbol{e}_y y^2+\boldsymbol{e}_z z^3$ 的拉普拉斯运算为

```
syms x y z
f=[1/x y^2 z^3];
laplacian(f(1),[x])+laplacian(f(2),[y])+laplacian(f(3),[z])
```

当然，也可以采用 $\nabla^2 \boldsymbol{F}=\nabla(\nabla\cdot\boldsymbol{F})-\nabla\times(\nabla\times\boldsymbol{F})$ 计算，如：

```
syms x y z
f=[1/x y^2 z^3];
vars=[x y z] ;
lg=gradient(divergence(f,vars))-curl(curl(f,vars),vars)
sum(lg)
```

思考题：$\boldsymbol{R}=\boldsymbol{r}-\boldsymbol{r}'$在本课程中经常用到，试求其梯度、旋度和散度。

```
syms x0 y0 z0 x1 y1 z1
r0=[x0 y0 z0];
r=[x1 y1 z1];
R=r-r0;
disp(gradient(norm(R),r0));
disp(gradient(norm(R),r));
disp(divergence(R,r0));
disp(divergence(R,r));
disp(curl(R,r0));
disp(curl(R,r));
```

请大家注意上述代码的物理含义。

第 2 章　静电场的 MATLAB 直观化

2.1　函数关系曲线的直观化

在电磁场中，需要直观化的关系类型大致是两类：①函数关系的直观化；②矢量线的直观表示。其中第一类比较简单，因此本书的重点是第二类。本节简单说明函数关系曲线的直观化。

在电磁场中，场量和位函数一般情况下是时间和空间位置的函数（在静态场中，场量和位函数与时间无关，只是空间位置的函数），将这些函数直观化的方法有两类：①数值方法；②符号函数方法。

2.1.1　数值方法

下面以均匀带电圆环为例，说明函数关系曲线直观化的数值方法。

半径为 a 的均匀带电圆环，带电量为 Q（$Q>0$，见图 2.1），求圆环轴上的电势和电场强度随轴坐标的变化规律。

解析： 设电荷密度 $\lambda>0$，圆环上所带电量为 $Q=2\pi a\lambda$，如图 2.1 所示，圆环上所有电荷到场点 P 的距离都是 $r=\sqrt{z^2+a^2}$。

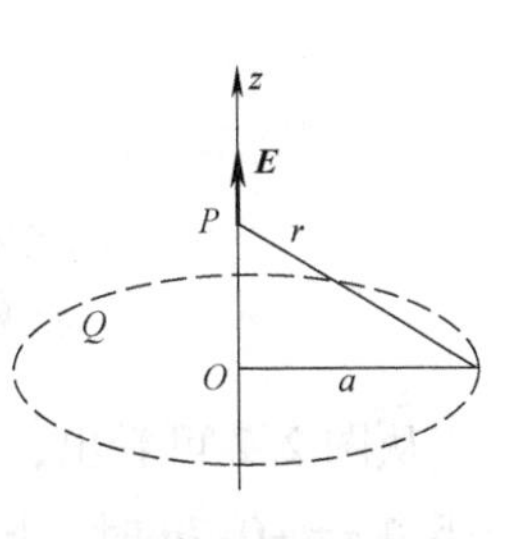

图 2.1　带电圆环

在 P 点产生的电势为

$$U=\frac{kQ}{r}=\frac{kQ}{\sqrt{z^2+a^2}} \tag{2.1}$$

很明显，电势在原点处最高，并随着距离的增加而减小。

P 点的电场强度为

$$\boldsymbol{E}=-\nabla U=-\boldsymbol{e}_z\frac{\mathrm{d}U}{\mathrm{d}z}=\boldsymbol{e}_z\frac{kQz}{(z^2+a^2)^{3/2}} \tag{2.2}$$

采用下面的MATLAB语句表示电势、电场与坐标的关系如下：

```
k=8.9875e9;
Q=10;
a=1;
z=-5:0.01:5;
b=a.^2+z.^2;
U=k*Q./sqrt(b);
E=k*Q*z./sqrt(b).^(3/2);
figure(1)
plot(z,U)
title('U-z');
xlabel('z(m)');
ylabel('\U(V)');
figure(2)
plot(z,E)
grid on
title('E-z');
xlabel('z(m)');
ylabel('\E(V/m)')
```

运行后，圆环轴上的电势和电场强度随轴坐标 z 的变化规律如图 2.2 所示。

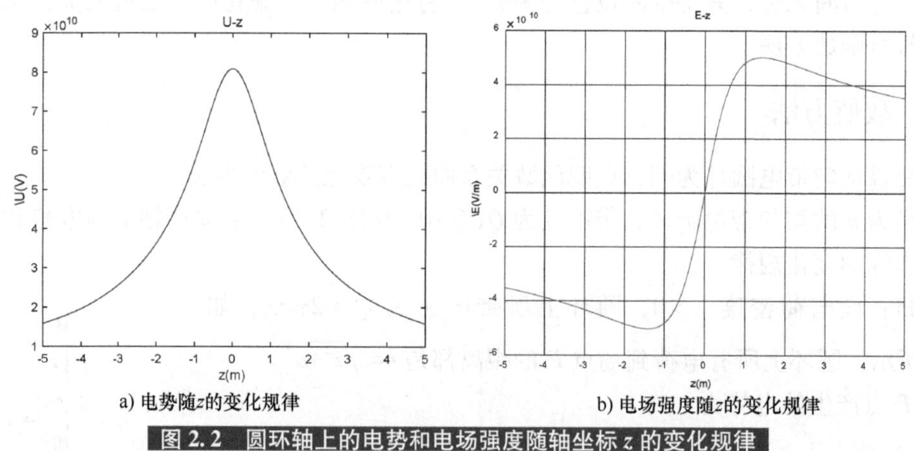

a) 电势随z的变化规律　　b) 电场强度随z的变化规律

图 2.2　圆环轴上的电势和电场强度随轴坐标 z 的变化规律

从图 2.2 可看出，圆环电荷在中心的场强为零，电势最大。场强随距离先增加再减小，当距离 $z=\pm0.7a$ 时，场强最大。

2.1.2　符号函数方法

将式（2.1）和式（2.2）用符号函数表示，其MATLAB语句为

```
syms z
k=8.9875e9;
Q=10;
a=1;
b=a^2+z^2;
U=k*Q/sqrt(b);
E=k*Q*z/sqrt(b)^(3/2);
figure(1)
ezplot(U)
title('U-z');
xlabel('z(m)');
ylabel('\U(V)');
figure(2)

ezplot(E)
grid on
title('E-z');
xlabel('z(m)');
ylabel('\E(V/m)')
```

程序运行的返回结果和数值方式一样。

2.2　箭头绘制函数

在画电磁场分布时，需要用到箭头绘制函数。下面说明 MATLAB 中如何绘制带箭头图形。

2.2.1　使用 MATLAB 函数 arrowPlot 绘制箭头

MATLAB 自带的绘图函数中，画出的图是不带箭头的，例如下列语句返回图如图 2.3a 所示。

```
x=[0:0.01:20];        %定义自变量 x 的表达式
y=x.*sin(x);          %定义函数 y 的表达式
plot(x,y)
```

使用 MATLAB 函数 arrowPlot 可以绘制箭头。arrowPlot 的用法特别简单：只需要定义自变量和函数表达式，直接调用函数 arrowPlot 即可。

例如，在上述语句后加上语句：

```
figure
arrowPlot(x,y,'number',3)
```

其返回如图 2.3b 所示的箭头图。如果将最后的调用语句改成

```
arrowPlot(x,y,'number',5,'color','r','LineWidth',1,'scale',0.8,'ratio',
'equal')
```

返回如图 2.3c 所示的箭头图。

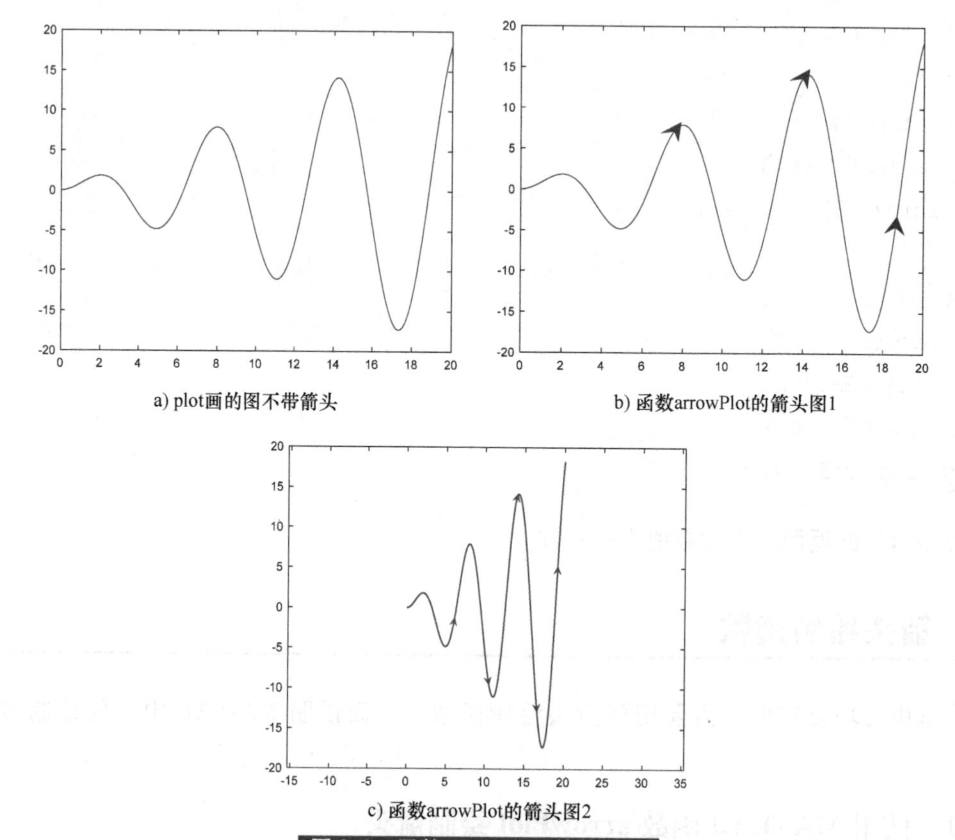

a) plot画的图不带箭头

b) 函数arrowPlot的箭头图1

c) 函数arrowPlot的箭头图2

图 2.3 函数 arrowPlot 的箭头图

其中函数 arrowPlot 的全部代码如下（注意，文件名只能是 arrowPlot.m，否则无法正常运行）：

```
function H=arrowPlot(X,Y,varargin)
%ARROWPLOT Plot with arrow on the curve.
%ARROWPLOT(X,Y)plots X,Y vectors with 2 arrows directing the trend
of data.
%
%You can use some options to edit the properties of arrow or curve.
%The options that you can change are as follow:
```

```
    %    number:The number of arrows,default number is 2;
    %    color:The color of arrows and curve,default color is [0,0.447,
…0.741];
    %    LineWidth:The line width of curve,default LineWidth is 0.5;
    %    scale:To scale the size of arrows,default scale is 1;
    %    limit:The range to plot,default limit is determined by X,Y data;
    %    ratio:The ratio of X-axis and Y-axis,default ratio is determined
…by X,Y data;
    %  You can use 'equal' for 'ratio',that means 'ratio' value is [1,1,1].
    %
    %  Example 1:
    %  ---------
    %    t=[0:0.01:20];
    %    x=t.*cos(t);
    %    y=t.*sin(t);
    %    arrowPlot(x,y,'number',3)
    %
    %  Example 2:
    %  ---------
    %    t=[0:0.01:20];
    %    x=t.*cos(t);
    %    y=t.*sin(t);
    %    arrowPlot(x,y,'number',5,'color','r','LineWidth',1,'scale',0.8,
…'ratio','equal')

    %  Copyright 2017 TimeCoder.

      h=plot(X,Y);
      hold on;
      if nargout == 1
        H=h;
      end

      ratio=get(gca,'DataAspectRatio');
      limit=axis;
```

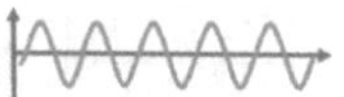

```
    d=max(limit(2)-limit(1),limit(4)-limit(3));

    default_options.number=2;
    default_options.color=[0,0.447,0.741];
    default_options.LineWidth=0.5;
    default_options.size=d;
    default_options.scale=1;
    default_options.limit=axis;
    default_options.ratio=ratio;
    Options=creat_options(varargin,default_options);

    useroptions=creat_useroptions(varargin);
    if~isfield(useroptions,'size')
      Options.size=max(Options.limit(2)-Options.limit(1),Options.limit
…(4)-Options.limit(3));
    end
    if ~isfield(useroptions,'ratio')
      axis(Options.limit);
      Options.ratio=get(gca,'DataAspectRatio');
    end
    set(h,'color',Options.color);
    set(h,'LineWidth',Options.LineWidth);
    if isa(Options.ratio,'char')&& strcmp(Options.ratio,'equal')
      r=1;
    else
      r=Options.ratio(2)/ Options.ratio(1);
    end

    n_X=length(X);
    journey=0;
    for i=1 : n_X-1
      journey=journey + sqrt((X(i+1)-X(i))^2 + (Y(i+1)-Y(i))^2);
    end
    journey_part=journey / Options.number;

    if 10*journey<Options.size
      Options.size=10*journey;
```

```
    end

    [X_arrow,Y_arrow]=arrow_shape(50,25);
    [X_arrow1,Y_arrow1]=Scale(X_arrow,Y_arrow,0.015*Options.scale*
Options.size);

    k=0.5;
    journey_now=0;

    for i=1 : n_X-1
      journey_step=sqrt((X(i+1)-X(i))^2 + (Y(i+1)-Y(i))^2);
      journey_next=journey_now + journey_step;
      if journey_now<=k*journey_part && journey_next>k*journey_part
        s=(k*journey_part -journey_now)/ journey_step;
        x0=X(i)+ s * (X(i+1)-X(i));
        y0=Y(i)+ s * (Y(i+1)-Y(i));
        [X_arrow2,Y_arrow2]=Rotate(X_arrow1,Y_arrow1,arg(X(i+1)-
X(i),(Y(i+1)-Y(i))/r));
        [X_arrow3,Y_arrow3]=Translation(X_arrow2,r*Y_arrow2,[x0,y0]);
        g=fill(X_arrow3,Y_arrow3,Options.color);
        set(g,'EdgeColor',Options.color);
        k=k+1;
      end
      journey_now=journey_next;
    end
    axis(Options.limit);
    if isequal(Options.ratio,'equal')
      axis equal;
    end
    hold off;
  end

  function Options = creat_options(user_choice,default_choice_
struct)
    n=length(user_choice);
    if ~ispair(n)
```

```
    error('varargin is not an options''s struct.');
  end

  Options=default_choice_struct;
  i=1;
  while i <= n
    if isfield(default_choice_struct,user_choice{i})
      Options=setfield(Options,user_choice{i},user_choice{i+1});
    end
    i=i + 2;
  end
end

function Options=creat_useroptions(VARARGIN)
  if ~isa(VARARGIN,'cell')
    error('VARARGIN is not of class cell!');
  end
  n=length(VARARGIN);
  if ~ispair(n)
    error('length of VARARGIN is not pair!');
  end
  i=1;
  Options=struct();
  while i < n
    Options=setfield(Options,VARARGIN{i},VARARGIN{i+1});
    i=i+2;
  end
end

function check=ispair(x)
  check=(isint(x)&& isint(1.0*x / 2.0));
end

function check=isint(x)
  check=(floor(x)== x);
end
```

```
function theta=arg(x,y)
  if nargin == 2
    [m,n]=size(x);
    theta=zeros(m,n);
    for i=1 : m
      for j=1 : n
        if x(i,j)>0 || y(i,j)~=0
          theta(i,j) = 2 * atan(y(i,j)./ (x(i,j)+ sqrt(x(i,j).^2+
y(i,j).^2)));
        elseif x(i,j)< 0 && y(i,j)== 0
          theta(i,j) = pi;
        elseif x(i,j)== 0 && y(i,j)== 0
          theta(i,j) = 0;
        end
      end
    end
   elseif nargin==1
    theta=arg(real(x),imag(x));
   end
  end

  function [X,Y]=arrow_shape(theta1,theta2)
    theta1=theta1/180*pi;
    theta2=theta2/180*pi;
    x0=tan(theta2)/ (tan(theta2)- tan(theta1));
    y0=tan(theta1)*tan(theta2)/ (tan(theta2)- tan(theta1));
    X=[0,x0,1,x0,0];
    Y=[0,y0,0,-y0,0];
  end

  function [X_new,Y_new]=Rotate(X,Y,varargin)
    if length(varargin)==1
      center=[0,0];
      theta=varargin{1};
    elseif length(varargin)==2
      center=varargin{1};
      theta=varargin{2};
```

```
    end

    [m1,n1]=size(X);
    [m2,n2]=size(Y);

    if min(m1,n1)~=1
      error('The size of X is wrong!');
    end

    if min(m2,n2)~=1
      error('The size of Y is wrong!');
    end

    if n1==1
      X=X';
    end

    if n2==1
      Y=Y';
    end

    if length(X)~=length(Y)
      error('length(X)and length(Y)must be equal!');
    end
    XY_new=[cos(theta),-sin(theta); sin(theta),cos(theta)] *[X-
center(1); Y-center(2)];
    X_new=XY_new(1,:)+center(1);
    Y_new=XY_new(2,:)+center(2);
  end

  function [X_new,Y_new]=Scale(X,Y,varargin)
    if length(varargin)==1
      center=[0,0];
      s=varargin{1};
    elseif length(varargin)==2
      center=varargin{1};
      s=varargin{2};
```

```
    end

    X_new=s * (X -center(1))+ center(1);
    Y_new=s * (Y -center(2))+ center(2);
  end

  function [X_new,Y_new]=Translation(X,Y,increasement)
    X_new=X + increasement(1);
    Y_new=Y + increasement(2);
  end
```

2.2.2　反向箭头绘制

反向箭头绘制程序

MATLAB的自定义函数arrowPlot适用于正向箭头（箭头向周围发散）的绘制，有时需要绘制反向箭头（箭头向某点聚集），可以将arrowPlot函数进行适当修改，本文定义为arrowPlotn函数，其用法与arrowPlot一致，可以实现反向箭头的绘制。函数arrowPlotn的应用实例见单个带负电的点电荷的电场分布，其MATLAB代码如下所示。

```
  function H=arrowPlotn(X,Y,varargin)
  %ARROWPLOT Plot with arrow on the curve.
  %  ARROWPLOT(X,Y)plots X,Y vectors with 2 arrows directing the trend
of data.
  %
  %  You can use some options to edit the properties of arrow or curve.
  %  The options that you can change are as follow:
  %    number:The number of arrows,default number is 2;
  %    color:The color of arrows and curve,default color is [0,0.447,
0.741];
  %    LineWidth:The line width of curve,default LineWidth is 0.5;
  %    scale:To scale the size of arrows,default scale is 1;
  %    limit:The range to plot,default limit is determined by X,Y data;
  %    ratio:The ratio of X-axis and Y-axis,default ratio is determined
by X,Y data;
  %    You can use'equal'for'ratio',that means'ratio'value is [1,1,1].
```

```
    %
    %  Example 1:
    %  ---------
    %    t=[0:0.01:20];
    %    x=t.*cos(t);
    %    y=t.*sin(t);
    %    arrowPlot(x,y,'number',3)
    %
    %  Example 2:
    %  ---------
    %    t=[0:0.01:20];
    %    x=t.*cos(t);
    %    y=t.*sin(t);
    %    arrowPlot(x,y,'number',5,'color','r','LineWidth',1,'scale',0.8,
'ratio','equal')

    %  Copyright 2017 TimeCoder.

      h=plot(X,Y);
      hold on;
      if nargout == 1
        H=h;
      end

      ratio=get(gca,'DataAspectRatio');
      limit=axis;
      d=max(limit(2)-limit(1),limit(4)-limit(3));

      default_options.number=2;
      default_options.color=[0 0.447 0.741];
      default_options.LineWidth=0.5;
      default_options.size=d;
      default_options.scale=1;
      default_options.limit=axis;
      default_options.ratio=ratio;
      Options=creat_options(varargin,default_options);
```

```
    useroptions=creat_useroptions(varargin);
    if ~isfield(useroptions,'size')
      Options.size=max(Options.limit(2)-Options.limit(1),Options.limit
(4)-Options.limit(3));
    end
    if ~isfield(useroptions,'ratio')
      axis(Options.limit);
      Options.ratio=get(gca,'DataAspectRatio');
    end
    set(h,'color',Options.color);
    set(h,'LineWidth',Options.LineWidth);
    if isa(Options.ratio,'char')&& strcmp(Options.ratio,'equal')
      r=1;
    else
      r=Options.ratio(2)/ Options.ratio(1);
    end

    n_X=length(X);
    journey=0;
    for i=1 : n_X-1
      journey=journey + sqrt((X(i+1)-X(i))^2 + (Y(i+1)-Y(i))^2);
    end
    journey_part=journey / Options.number;

    if 10*journey<Options.size
      Options.size=10*journey;
    end

    [X_arrow,Y_arrow]=arrow_shape(50,25);
    [X_arrow1,Y_arrow1]=Scale(X_arrow,Y_arrow,0.015*Options.scale
*Options.size);

    k=0.5;                    %%%很重要,改变箭头位置
    journey_now =0;

    for i=2: n_X-2
```

```
        journey_step=sqrt((X(i+1)-X(i))^2 + (Y(i+1)-Y(i))^2);
        journey_next=journey_now + journey_step;
        if journey_now<=k*journey_part && journey_next>k*journey_part
          s=(k*journey_part -journey_now)/ journey_step;
          x0=X(i)+ s * (X(i+1)-X(i));
          y0=Y(i)+ s * (Y(i+1)-Y(i));
          [X_arrow2,Y_arrow2]=Rotate(X_arrow1,Y_arrow1,arg(X(i+1)-
X(i),(Y(i+1)-Y(i))/r));
          [X_arrow3,Y_arrow3]=Translation(X_arrow2,r*Y_arrow2,[x0,y0]);
          g=fill(X_arrow3,Y_arrow3,Options.color);
          set(g,'EdgeColor',Options.color);
          k=k+1;
        end
       journey_now=journey_next;          %%%这里很重要
      end
      axis(Options.limit);
      if isequal(Options.ratio,'equal')
        axis equal;
      end
      hold off;
    end

    function Options = creat_options (user_choice, default_choice_
struct)
      n=length(user_choice);
      if ~ispair(n)
        error('varargin is not an options's struct.');
      end

      Options=default_choice_struct;
      i=1;
      while i <= n
        if isfield(default_choice_struct,user_choice{i})
          Options=setfield(Options,user_choice{i},user_choice{i+1});
        end
        i=i + 2;
```

```
  end
end

function Options=creat_useroptions(VARARGIN)
  if ~isa(VARARGIN,'cell')
    error('VARARGIN is not of class cell!');
  end
  n=length(VARARGIN);
  if ~ispair(n)
    error('length of VARARGIN is not pair!');
  end
  i=1;
  Options=struct();
  while i < n
    Options=setfield(Options,VARARGIN{i},VARARGIN{i+1});
    i=i+2;
  end
end

function check=ispair(x)
  check=(isint(x)&& isint(1.0*x/2.0));
end

function check=isint(x)
  check=(floor(x)==x);
end

function theta=arg(x,y)
  if nargin==2
    [m,n]=size(x);
    theta=zeros(m,n);
    for i=1:m
      for j=1:n
        if x(i,j)>0 || y(i,j)~=0
```

```
            theta(i,j)=2 * atan(y(i,j)./ (x(i,j)-sqrt(x(i,j).^2+y
(i,j).^2)));   %%%%%改变方向,这里的+号很关键
          elseif x(i,j)< 0 && y(i,j)== 0
            theta(i,j) = -pi;%%%%%%%
          elseif x(i,j)== 0 && y(i,j)== 0
            theta(i,j) = 0;
          end
        end
      end
    elseif nargin==1
      theta=arg(real(x),imag(x));
  end
end

function [X,Y]=arrow_shape(theta1,theta2)
  theta1=theta1/180 * pi;
  theta2=theta2/180 * pi;
  x0=tan(theta2)/ (tan(theta2)- tan(theta1));
  y0=tan(theta1) * tan(theta2)/ (tan(theta2)- tan(theta1));
  X=[0,x0,1,x0,0];
  Y=[0,y0,0,-y0,0];
end

function [X_new,Y_new]=Rotate(X,Y,varargin)
  if length(varargin)==1
    center=[0,0];
    theta=varargin{1};
  elseif length(varargin)==2
    center=varargin{1};
    theta=varargin{2};
  end

  [m1,n1]=size(X);
  [m2,n2]=size(Y);

  if min(m1,n1)~=1
```

```
    error('The size of X is wrong!');
  end

  if min(m2,n2)~=1
    error('The size of Y is wrong!');
  end

  if n1==1
    X=X';
  end

  if n2==1
    Y=Y';
  end

  if length(X)~=length(Y)
    error('length(X)and length(Y)must be equal!');
  end
  XY_new=[cos(theta),-sin(theta); sin(theta),cos(theta)] *[X-center(1); Y-center(2)];
  X_new=XY_new(1,:)+center(1);
  Y_new=XY_new(2,:)+center(2);
end

function [X_new,Y_new]=Scale(X,Y,varargin)
  if length(varargin)==1
    center=[0,0];
    s=varargin{1};
  elseif length(varargin)==2
    center=varargin{1};
    s=varargin{2};
  end

  X_new=s * (X -center(1))+ center(1);
  Y_new=s * (Y -center(2))+ center(2);
end
```

```
function [X_new,Y_new]=Translation(X,Y,increasement)
  X_new=X + increasement(1);
  Y_new=Y + increasement(2);
end
```

2.3 点电荷的电场线与电势面分布

2.3.1 单个正点电荷的电场分布

在介电常数为 ε 的介质中，设 $\boldsymbol{e}_R=\frac{\boldsymbol{R}}{R}=\frac{\boldsymbol{r}-\boldsymbol{r}'}{|\boldsymbol{r}-\boldsymbol{r}'|}$，正点电荷 Q 产生的电场为 $\boldsymbol{E}=\frac{Q}{4\pi\varepsilon R^2}\boldsymbol{e}_R$，其电力线的分布可以借助 MATLAB 自定义函数 arrowPlot 直观表示。

点电荷电场分布的 MATLAB 代码分为四步：

第一步：定义各变量

```
k= 8.9875e9;
e=1.602e-19;
r1=0.2;
r0=0.2;
```

第二步：画点电荷及其等位线

```
plot(0,0,'ro',0,0,'r+','MarkerSize',10);%画点电荷
hold on;
axis equal;
Np=60;                        %空间区域内场点的个数
x=linspace(-r0,r0,Np);        %建立 x 向量
y=linspace(-r0,r0,Np);        %建立 y 向量
[X,Y]=meshgrid(x,y);          %建立 X,Y 矩阵
r=sqrt(X.^2+Y.^2);            %场点与点电荷的距离
U=k*e./r;                     %场中任意一点的电势
u0=k*e/r1;                    %基准电势
u=linspace(1,4,8)*u0;         %选取需要画出的等位线
contour(X,Y,U,u,'--');        %画电势线
```

第三步：求点电荷的电场

```
hold on;
[Ex,Ey]=gradient(-U);         %求电场强度的 X,Y 方向分量
E=sqrt(Ex.^2+Ey.^2);          %求电场强度
```

第四步： 画点电荷的电力线

```
Ex=Ex./E;
Ey=Ey./E;                                          %归一化处理
Ne=15;                                             %绘制的场线数量
t=linspace(0,2*pi,Ne);                             %建立 t 向量
rd=r0*0.1;                                         %选择电场线起始的半径
start_x=rd*cos(t);
start_y=rd*sin(t);                                 %选择电场线起点
for i=1:15
h=streamline(X,Y,Ex,Ey,start_x(i),start_y(i));                     %画电场线
arrowPlot(h.XData,h.YData,'number',1,'color','b','LineWidth',2);%画箭头
hold on;
end
```

其电力线的分布如图 2.4 所示。

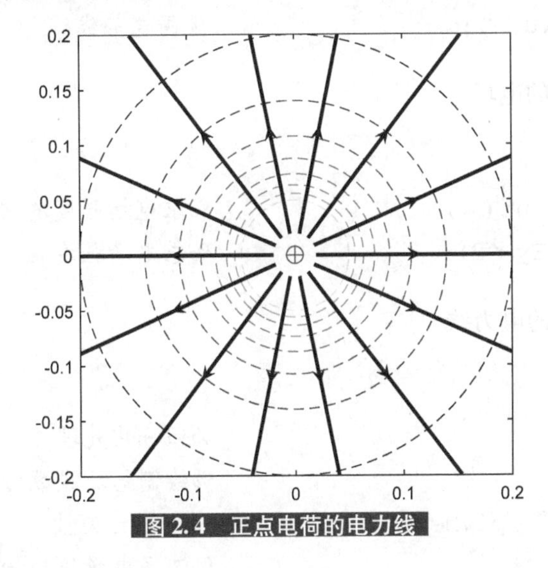

图 2.4　正点电荷的电力线

2.3.2　负点电荷的电场分布

采用 arrowPlotn 函数可以绘制负电荷周围电场线分布，其 MATLAB 代码与正电荷一样，同样分为四步：

第一步： 定义各变量

```
k= 8.9875e9;
e=-1.602e-19;
r1=0.2;
r0=0.2;
```

第二步：画点电荷及其等位线

```
plot(0,0,'ro','MarkerSize',15);
hold on
plot([-0.01 0.01],[0 0],'r-');                %画点电荷
hold on;
axis equal;
Np=60;                                        %空间区域内场点的个数
x=linspace(-r0,r0,Np);                        %建立 x 矢量
y=linspace(-r0,r0,Np);                        %建立 y 矢量
[X,Y]=meshgrid(x,y);                          %建立 X,Y 矩阵
r=sqrt(X.^2+Y.^2);                            %场点与点电荷的距离
U=k*e./r;                                     %场中任意一点的电势
u0=k*e/r1;                                    %基准电势
u=linspace(1,4,8)*u0;                         %选取需要画出的等位线
contour(X,Y,U,u,'--');                        %画电势线
```

第三步：求点电荷的电场

```
hold on;
[Ex,Ey]=gradient(-U);                         %求电场强度的 X,Y 方向分量
E=sqrt(Ex.^2+Ey.^2);                          %求电场强度
```

第四步：画点电荷的电力线

```
Ex=Ex./E;
Ey=Ey./E;                                     %归一化处理
Ne=15;                                        %绘制的场线数量
t=linspace(0,2*pi,Ne);                        %建立 t 矢量
rd=r0*0.1;                                    %选择电场线起始的半径
start_x=rd*cos(t);
start_y=rd*sin(t);                            %选择电场线起点
for i=1:15
h=streamline(X,Y,-Ex,-Ey,start_x(i),start_y(i));
                              %画电场线,取负号是因为电场线终止于负电荷
arrowPlotn(h.XData,h.YData,'number',1,'color','b','LineWidth',2);
                                                                  %画箭头
hold on;
end
```

其电力线的分布如图2.5所示。

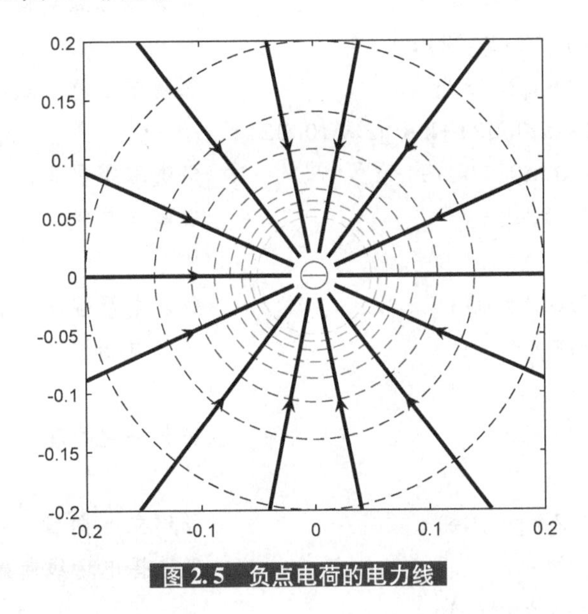

图2.5 负点电荷的电力线

2.3.3 电偶极子产生的电场

电偶极子产生的电场可以看成两个等量异号电荷产生的电场叠加，同样可以采用函数arrowPlot进行电力线绘制，电偶极子电场分布的MATLAB代码如下，其电力线如图2.6所示。

```
r0=0.5;
k= 8.9875e9;
q1=1.602e-19;
q2=-1.602e-19;
a=0.25;
x0=0.5;
y0=0.5;
plot(a,0,'ro',a,0,'r+','MarkerSize',10);          %画点电荷
hold on;
plot(-a,0,'ro',[-a-0.01 -a+0.01],[0 0],'r-','MarkerSize',10);   %画点电荷
hold on;
axis equal;
Np=100;
x=linspace(-x0,x0,Np);                            %建立x向量
y=linspace(-y0,y0,Np);                            %建立y向量
[X,Y]=meshgrid(x,y);                              %建立X,Y矩阵
```

```
r1=sqrt((X-a).^2+Y.^2);                        %场点与点电荷的距离
r2=sqrt((X+a).^2+Y.^2);
U=k*q1./r1+k*q2./r2;                            %场中任意一点的电势
u0=k*q1./(2*a-0.02)+k*q2./(0.02);
u=linspace(-u0,u0,100);                         %选取需要画出的电势线
contour(X,Y,U,u,'--');                          %画电势线
hold on;
[Ex,Ey]=gradient(-U);                           %求电场强度的X,Y方向分量
E=sqrt(Ex.^2+Ey.^2);                            %求电场强度
Ex=Ex./E;
Ey=Ey./E;                                       %归一化处理
Ne=25;
t=linspace(0,2*pi,Ne);                          %建立t向量
rd=0.02;                                        %选择电场线起始的半径
start_x1=a+rd*cos(t);
start_y1=rd*sin(t);                             %选择电场线起点
start_x2=[min(x)/4,min(x)/4,min(x),min(x),min(x),min(x)];
start_y2=[max(y),min(y),min(y),min(y)/3,max(y)/3,max(y)];
                                                                    %选择电场线起点

for i=1:Ne
h1=streamline(X,Y,Ex,Ey,start_x1(i),start_y1(i));             %画电场线
arrowPlot(h1.XData,h1.YData,'number',1,'color','b','LineWidth',1);
                                                                    %画箭头
hold on;

end
for i=1: size(start_y2,2)
           %为负电荷补充电场线,采用size函数计算负电荷电场线起点的个数
h2=streamline(X,Y,Ex,Ey,start_x2(i),start_y2(i));             %画电场线
arrowPlot(h2.XData,h2.YData,'number',1,'color','b','LineWidth',1);
                                                                    %画箭头
hold on;
end
fill(-start_x1,start_y1,'w');
plot([-a-0.01 -a+0.01],[0 0],'r-')
```

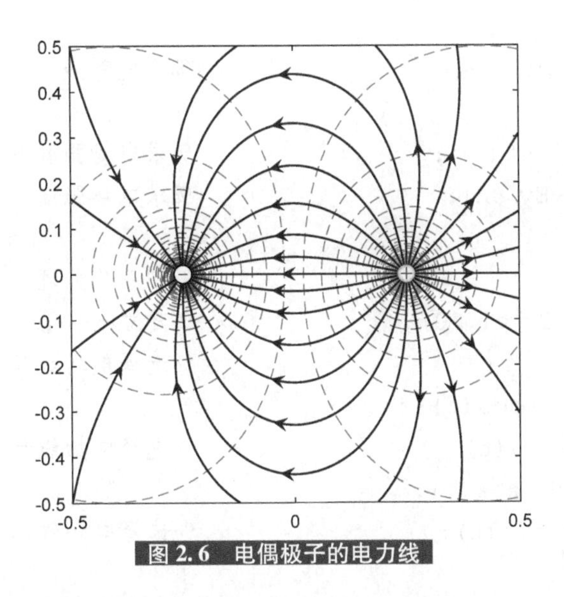

图 2.6　电偶极子的电力线

2.3.4　等量同号单位点电荷产生的电场

等量同号单位点电荷产生的电场如图 2.7 所示，其代码为

```
r0=0.5;
k=9.0e9;
q1=1.602e-19;
q2=1.602e-19;
a=0.25;
x0=0.5;
y0=0.5;
plot(a,0,'ro',a,0,'r+','MarkerSize',10);        %画点电荷
hold on;
plot(-a,0,'ro',-a,0,'r+','MarkerSize',10);      %画点电荷
hold on;
axis equal;
Np=100;
x=linspace(-x0,x0,Np);                          %建立 x 矢量
y=linspace(-y0,y0,Np);                          %建立 y 矢量
[X,Y]=meshgrid(x,y);                            %建立 X,Y 矩阵
r1=sqrt((X-a).^2+Y.^2);                         %场点与点电荷的距离
r2=sqrt((X+a).^2+Y.^2);
U=k*q1./r1+k*q2./r2;                            %场中任意一点的电势
u0=1e-07;                                       %基准电势
u=linspace(-u0,u0,100);                         %选取需要画出的电势线
```

```
contour(X,Y,U,u,'--');                                   %画电势线
hold on;
[Ex,Ey]=gradient(-U);                                    %求电场强度的 X,Y 方向分量
E=sqrt(Ex.^2+Ey.^2);                                     %求电场强度
Ex=Ex./E;
Ey=Ey./E;                                                %归一化处理
t=linspace(0,2*pi,20);                                   %建立 t 向量
rd=0.01;                                                 %选择电场线起始的半径
start_x1=a+rd*cos(t);
start_y1=rd*sin(t);                                      %选择电场线起点
start_x2=-a-rd*cos(t);
start_y2=-rd*sin(t);                                     %选择电场线起点
Ne=20;
for i=1:Ne
h1=streamline(X,Y,Ex,Ey,start_x1(i),start_y1(i));              %画电场线
arrowPlot(h1.XData,h1.YData,'number',1,'color','b','LineWidth',1);
                                                                %画箭头
hold on;
end
for i=1:Ne
h2=streamline(X,Y,Ex,Ey,start_x2(i),start_y2(i));              %画电场线
arrowPlot(h2.XData,h2.YData,'number',1,'color','b','LineWidth',1);
                                                                %画箭头
hold on;
end
```

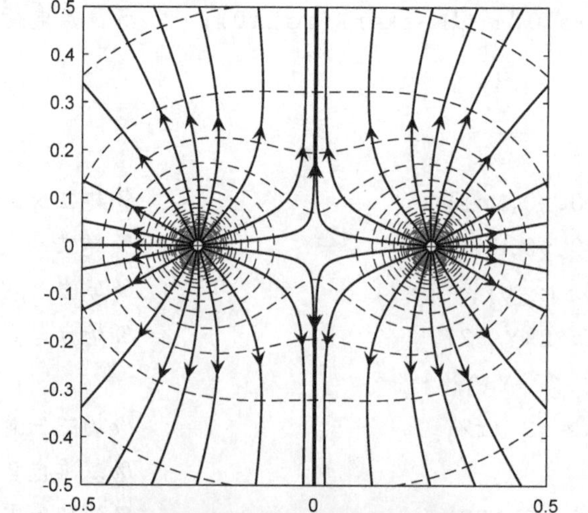

图 2.7 等量同号点电荷的电场

2.3.5　无限长线电荷的电场线与电势面分布

真空中一无限长线电荷，如图 2.8 所示，其电荷分布线密度为 τ，求该线电荷周围的电场。

解析：采用柱坐标系，令 z 轴与线电荷共线，则无限长线电荷周围电位 φ 为

$$\varphi=\frac{\tau}{2\pi\varepsilon_0}\ln\frac{\rho_{\text{ref}}}{R} \tag{2.3}$$

式中，R 为场点距离线电荷的距离；ρ_{ref} 为场点距离电位参考点的距离，其周围电场强度 $\boldsymbol{E}$ 为

$$\boldsymbol{E}=\frac{\tau}{2\pi\varepsilon_0 R}\boldsymbol{e}_R \tag{2.4}$$

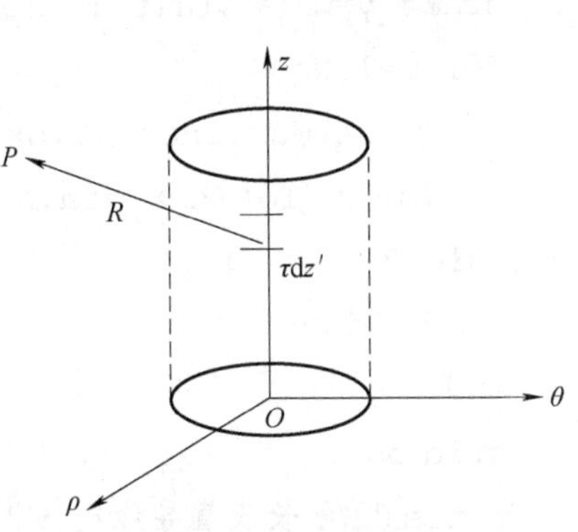

图 2.8　无限长线电荷

选取垂直于无限长线电荷轴向方向的 $\rho O\theta$ 平面为考察面，用 MATLAB 中的 contour 和 streamline 命令可以将无线长线电荷周围电场和电位分布直观化，其源代码为

```
k=9e9;                                  %设定 k 值
r_e=0.1;                                %设定一单位值方便画图
q_1=6e-9;                               %设定单位电荷线密度
x0=20;                                  %设定范围
x=linspace(-x0,x0,200);                 %将 X 坐标分成 150 等份
[X,Y]=meshgrid(x);                      %在直角坐标中形成网格坐标
r1=sqrt(X.^2+Y.^2);                     %p 点到长直导线的距离
rf=1000;
U=2*k*q_1*log(rf./r1);                  %给电势赋值
u0=2*k*q_1*log(rf/0.5);                 %设定画出的电势线的最大电势值
u=linspace(0,u0,20);                    %画出的每条电势线的电势值
contour(X,Y,U,u,'--');                  %画出等势线
colormap(jet);
hold on;
axis equal;                             %控制坐标单位相等
[Ex,Ey]=gradient(-U);                   %求出场强分量
E=sqrt(Ex.^2+Ey.^2);
Ex=Ex./E;
Ey=Ey./E;
Ne=26;
```

```
    t=linspace(0,2*pi,Ne);                    %确定电场线角度步进
    rd=0.5;                                   %电场线起始半径
    start_x=rd*cos(t);                        %起点 x 坐标
    start_y=rd*sin(t);                        %起点 y 坐标
    for i=1:Ne
        h=streamline(X,Y,Ex,Ey,start_x(i),start_y(i));
        arrowPlot(h.XData,h.YData,'number',1 ,'color','b','LineWidth',1.5,
…'scale',2);
        hold on
    end
    grid on
    title('无限长长直导线电场','fontsize',15);  %显示标题
    axis([-20 20 -20 20]);                    %固定视角
    xlabel('x','fontsize',10)                 %用 10 号字体标出 X 轴
    ylabel('y','fontsize',10)                 %用 10 号字体标出 Y 轴
    daspect([1,1,1])                          %设置显示比例
    box on;
    camproj perspective;
    camva(0)                                  %设置摄像机观察角度
    axis tight                                %轴的范围为数据范围
    campos([130 130 100]);                    %设置摄像机位置
    %camtarget([5 3 0])                       %设置摄像机拍摄目标
    camlight left;                            %设置摄像机灯光位置
    lighting gouraud                          %设置灯光算法
    title('无限长长直导线电场','fontsize',15);  %显示标题
    axis([-x0 x0 -x0 x0 -x0 x0]);             %固定视角;
    hold on

    plot3(zeros(1,10),zeros(1,10),linspace(-x0,x0,10),'LineWidth',5,
…'color','r')
    text(0,0.5,20,'线电荷 τ','Fontsize',20)
    xlabel('x','fontsize',10)                 %用 10 号字体标出 X 轴
    ylabel('y','fontsize',10)                 %用 10 号字体标出 Y 轴
    zlabel('z','fontsize',10)                 %用 10 号字体标出 Z 轴
```

运行代码后，其电场分布如图 2.9 所示。

2.3.6　电场中的电介质——电介质的极化

设介质球的电容率为 ε，半径为 a。离球很远处的电场是匀强电场，其场强为 $\boldsymbol{E}_0$，如图 2.10 所示。

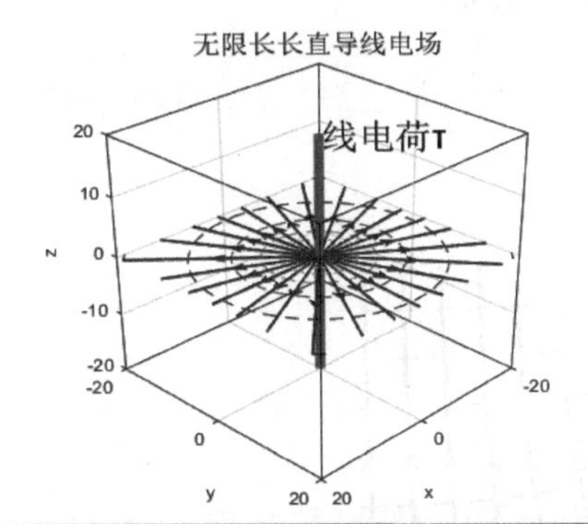

图 2.9　线电荷电场线分布（俯视图）

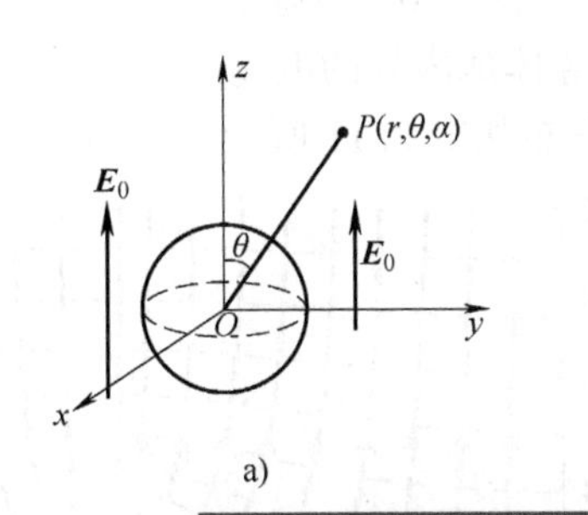

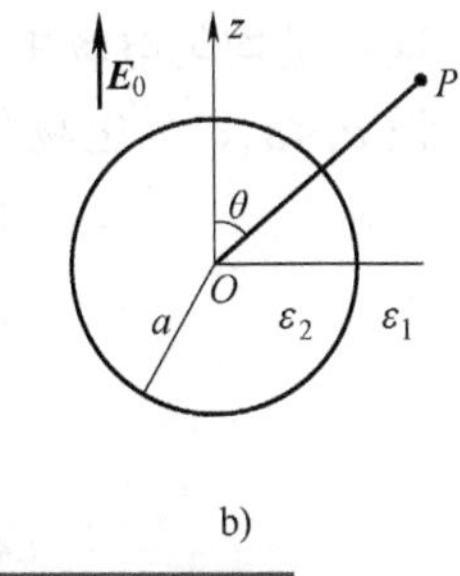

图 2.10　匀强电场中的介质球极化

以介质球球心为坐标原点，z 的正方向与外加电场平行，建立球坐标系，如图 2.10 所示。由于球内外的介质不同，设介质球内外的电位分别为 φ_1 和 φ_2，φ_1 和 φ_2 都满足拉普拉斯方程，即

$$\nabla^2\varphi_1=0 \quad (r>a)$$

$$\nabla^2\varphi_2=0 \quad (r<a)$$

它们满足的边界条件为

$$\begin{cases} r\to\infty \text{ 时}, \varphi_1\to -E_0 r\cos\theta \\ r=0 \text{ 处}, \varphi_2 \text{为有限值} \\ r=a \text{ 处}, \varphi_1=\varphi_2 \\ \varepsilon_1\dfrac{\partial\varphi_1}{\partial n}=\varepsilon_2\dfrac{\partial\varphi_2}{\partial n} \end{cases}$$

解得：

$$\begin{cases} \varphi_1=\left(\dfrac{\varepsilon_2-\varepsilon_1}{\varepsilon_2+2\varepsilon_1}\cdot\dfrac{a^3}{r^3}-1\right)E_0 r\cos\theta \quad (r>a) \\ \varphi_2=\dfrac{-3\varepsilon_1}{\varepsilon_2+2\varepsilon_1}E_0 r\cos\theta \quad (r<a) \end{cases}$$

由 $\boldsymbol{E}=-\nabla\varphi$ 求得球外电场 $\boldsymbol{E}_1$ 和球内电场 $\boldsymbol{E}_2$ 的值为

$$\begin{cases} \boldsymbol{E}_1=\boldsymbol{E}_0+\dfrac{1}{4\pi\varepsilon_0}\left[\dfrac{3(\boldsymbol{p}\cdot\boldsymbol{r})\boldsymbol{r}}{r^5}-\dfrac{\boldsymbol{p}}{r^3}\right] \quad (r>a) \\ \boldsymbol{E}_2=\dfrac{3\varepsilon_1}{\varepsilon_2+2\varepsilon_1}\boldsymbol{E}_0 r\cos\theta \quad (r<a) \end{cases}$$

式中，$\boldsymbol{p}=4\pi\varepsilon_0\dfrac{\varepsilon_2-\varepsilon_1}{\varepsilon_2+2\varepsilon_1}\cdot a^3\boldsymbol{E}_0$。

该式表明，球内是匀强电场。球外的电场是均匀电场和电偶极子场（偶极子中心位于原点）的叠加。

很明显，因为 $\varepsilon_1>0$，$\varepsilon_2>0$，球内电场 $\boldsymbol{E}_2$ 和 $\boldsymbol{E}_0$ 同向。

当 $\varepsilon_1<\varepsilon_2$ 时，$|\boldsymbol{E}_2|<|\boldsymbol{E}_1|$，球内电场的值小于球外电场的值。

特别当 $\varepsilon_1\ll\varepsilon_2$，$\varepsilon_2\to\infty$ 时，

$$\begin{cases}\boldsymbol{E}_1=\boldsymbol{E}_0+\dfrac{a^3}{r^3}\boldsymbol{E}_0(2\boldsymbol{e}_r\cos\theta+\boldsymbol{e}_\theta\sin\theta) & (r>a)\\ \boldsymbol{E}_2=0 & (r<a)\end{cases}$$

这就是均匀电场中导体球内外的电场。

设 $\varepsilon_1<\varepsilon_2$，其电场分布如图 2.11 所示。

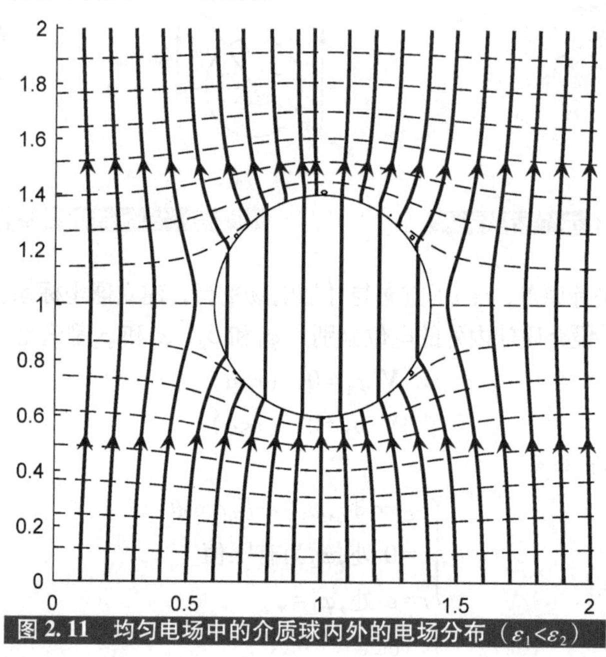

图 2.11　均匀电场中的介质球内外的电场分布（$\varepsilon_1<\varepsilon_2$）

其 MATLAB 代码为

```
R=0.4; E0=2;                                   %半径,场强
[X,Y]=meshgrid(0:0.01:1);
[theta,r]=cart2pol(Y,X);                       %转为极坐标
rout=r; rin=r;
rin(rin>R) = NaN;                              % 圆内部(设置外部为NaN)
rout(rout<R) = NaN;                            % 圆外部(设置内部为NaN)
k0=0.01;    k1=0.05;                           %介电常数

Uout=-E0 * rout. * cos(theta)+((k1-k0)/(k1+2 * k0)) * E0 * R^3 * cos
(theta)./rout.^2;                              %计算球外电势

Uin=-(3 * k0/(k1+2 * k0)) * E0 * rin. * cos(theta);        %计算球内电势
L1=isnan(Uout);  L2=isnan(Uin);
```

```
Uout(L1==1) = 0;     Uin(L2==1) = 0;  %判断语句,形成分段函数
U=Uout+Uin;
u=[-flip(U);U];
U0=[fliplr(u)u];
[EX,EY]=gradient(-U0,0.04);
[x,y]=meshgrid(0:0.01:2+0.01);
vy=0; vx=0.1:0.1:2;
[Vx,Vy]=meshgrid(vx,vy);
hold on
[C,h]=contour(x,y,U0,100);
set(h,'LineStyle','none')
contour(x,y,U0,15,'black','LineStyle','--');              %创建等电势线
axis equal
x1=0.93; y11=0.605; y12=1.395;x2=0.79;y21=0.66;y22=1.37;
x3=0.647;y31=0.81;y32=1.19;x4=1.07;y41=0.605;y42=1.395;
x5=1.21;y51=0.66;y52=1.34;x6=1.352;y61=0.811;y62=1.189;
x71=0.6;x72=1.4;y7=1.007;x81=0.721;x82=1.281;y8=1.3;
x91=0.72;x92=1.28;y9=0.715;

tu=streamline(x,y,EX,EY,Vx,Vy,2.5);
for i=1:length(tu)
xData=tu(i).XData;
yData=tu(i).YData;
hold on
arrowPlot(xData,yData,'number',2,'color','b','LineWidth',1.5);
end                                                          %创建流线图
rectangle('Position',[1-R,1-R,2*R,2*R],'FaceColor','white',
'Curvature',[1,1])                                           %创造圆表示小球
line([x1,x1],[y11,y12],'Color','blue','LineWidth',1.5)
line([x2,x2],[y21,y22],'Color','blue','LineWidth',1.5)
line([x3,x3],[y31,y32],'Color','blue','LineWidth',1.5)
line([x4,x4],[y41,y42],'Color','blue','LineWidth',1.5)
line([x5,x5],[y51,y52],'Color','blue','LineWidth',1.5)
line([x6,x6],[y61,y62],'Color','blue','LineWidth',1.5);
line([x71,x72],[y7,y7],'Color','black','LineWidth',1,'LineStyle','--')
line([x81,x82],[y8,y8],'Color','black','LineWidth',1,'LineStyle','--')
line([x91,x92],[y9,y9],'Color','black','LineWidth',1,'LineStyle','--')
line([0.6,1.4],[1.007,1.007],'Color','black','LineWidth',1,'LineStyle',
'--')
```

2.4 镜像法

在静电场的求解中，如果待求场域是均匀的，可用泊松或拉普拉斯方程求解场的分布。如果待求场域是分区均匀的，因为有感应电荷和极化电荷的存在，且感应电荷和极化电荷的分布规律未知，这类问题的直接求解一般比较困难，可采用等效方法——镜像法求解。

镜像法是在待求场域外用简单的等效电荷代替边界面上的感应电荷或极化电荷（其分布复杂，且分布规律未知）。当保持原有边界上的边界条件不变时，根据唯一性定理，待求场域电场可由原来的电荷和所有等效电荷产生的电场叠加得到。这些等效电荷称为镜像电荷，这种求解方法称为镜像法。

引入镜像电荷后，边界条件保持不变，原求解区域所满足的方程也不变，则非均匀媒质空间可看成无限大单一均匀媒质的空间，从而简化分析过程。

2.4.1 平面镜像

2.4.1.1 导体平面镜像

1. 点电荷位于无限大接地导体平面上方

假设点电荷 $q=1\text{C}$ 位于接地无限大导体平板上方位置 $h=1.2\text{m}$ 处，如图 2.12a 所示，试求接地无限大导体平板上方区域内的电场和电位分布。

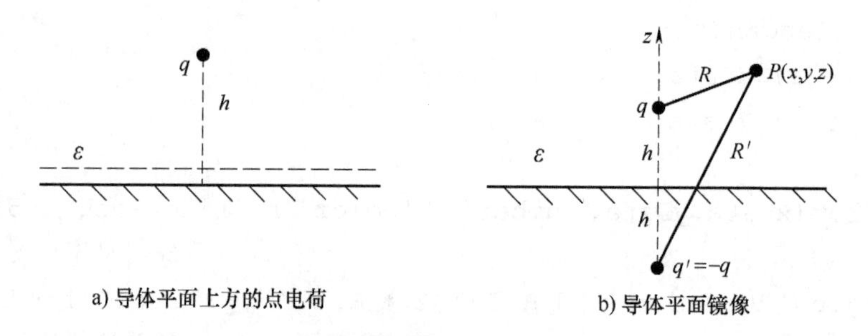

a) 导体平面上方的点电荷　　b) 导体平面镜像

图 2.12　导体平面镜像

解析：导体平板上方电场是由点电荷与导体平板上表面的感应电荷共同产生，对于上方区域电场和电位，可以采用镜像法求解。建立如图 2.12b 所示的直角坐标系，导体平面为 xOz 平面，点电荷 q 位于 $(0,h,0)$，可得镜像电荷 q' 位于 $(0,-h,0)$，电量 $q'=-q=-1\text{C}$，如图 2.12b 所示。

在 $z=0$，$y\geqslant 0$ 半平面上，电位 q 与 q' 产生的电位叠加 φ 为

$$\varphi=\frac{q}{4\pi\varepsilon_0}\left(\frac{1}{r_1}-\frac{1}{r_2}\right) \tag{2.5}$$

式中，ε_0 是真空的介电常数，且 $\varepsilon_0\approx 8.85\times 10^{-12}$；$r_1=\sqrt{x^2+(y-h)^2}$，$r_2=\sqrt{x^2+(y+h)^2}$。

计算出电位 φ 后，用 contour 函数可绘制指定位置的电位等位面，如图 2.13 中虚线所

示。在上半空间 $y \geqslant 0$ 中电场强度可以根据电场与电位的关系得到，在 MATLAB 中对电位使用梯度函数，可以得到电场分量 E_x、E_y。进一步采用 streamline 函数和 arrowPlot 函数可绘制出电力线，如图 2.13 中带箭头的实线所示。只有选择合适的起点，才能绘制正确的电力线分布图。对于某个孤立点电荷，当距离它非常近时，远处其他电荷产生的电场都可忽略不计，所以点电荷附近的电场是点电荷自己产生的球对称场，因此用 streamline 命令绘制电力线时，起点可以选择为均匀分布在一个小圆周上的一系列点，该圆周以点电荷所在位置为圆心。MATLAB 计算结果如图 2.13 所示。

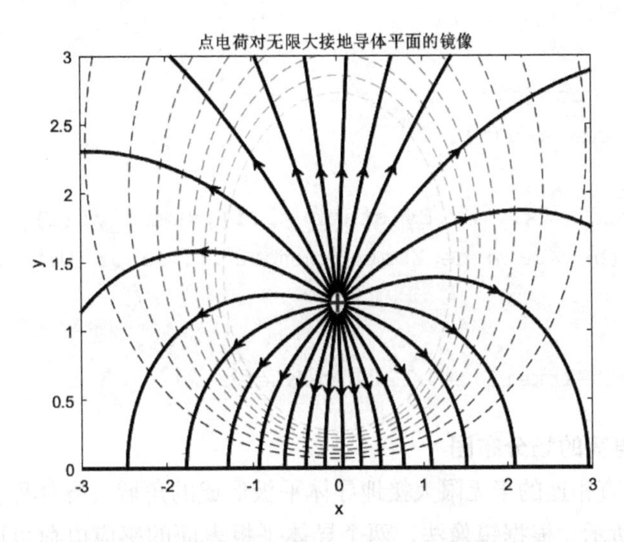

图 2.13　无限大接地导体平面上方点电荷的等位面和电力线分布图

将上述电位和电场直观化，源代码为

```
clear
e=1.602e-19;
h=1.2;
q1=2;
q2=-q1;
ep=8.85*1e-12;
k=9.0e9;
a=3;
[x,y]=meshgrid(-a:0.01:a,0:0.01:a);
r1=sqrt(x.^2+(y-h).^2);
r2=sqrt(x.^2+(y+h).^2);
U=k*e*(q1./r1+q2./r2);
u0=k*e/5;
v=linspace(1,4,8)*u0;
contour(x,y,U,v,'--');
```

```
[Ex,Ey]=gradient(-U);
hold on
plot([-a,a],[0,0],'k','linewidth',2);
title('点电荷对无限大接地导体平面的镜像');
xlabel('x');
ylabel('y');
Ne=26;
t=linspace(0,2*pi,Ne);
rd=0.08;
start_x1=rd*cos(t);
start_y1=h+rd*sin(t);
for i=1:Ne
  he=streamline(x,y,Ex,Ey,start_x1(i),start_y1(i));
  arrowPlot(he.XData,he.YData,'number',1,'color','b','LineWidth',2);
  hold on;
end
plot(0,h,'r+','MarkerSize',12,'LineWidth',2);
```

2. 直角域内点电荷的场分布图

考虑两个相互垂直相连的半无限大接地导体平板形成的角域（导体劈），设直角区有一点电荷 q，如图 2.14a 所示。根据镜像法，两个导体平板表面的感应电荷可以用镜像电荷代替，容易看出，镜像电荷电量和位置如图 2.14b 所示，使直角区域电荷分布和边界条件不变。直角域内电场由原电荷和 3 个镜像电荷的电场叠加而成，并且域内任意一场点 p 处的电位为

$$\varphi=\frac{q}{4\pi\varepsilon_0}\left(\frac{1}{R_1}-\frac{1}{R_2}+\frac{1}{R_3}-\frac{1}{R_4}\right) \tag{2.6}$$

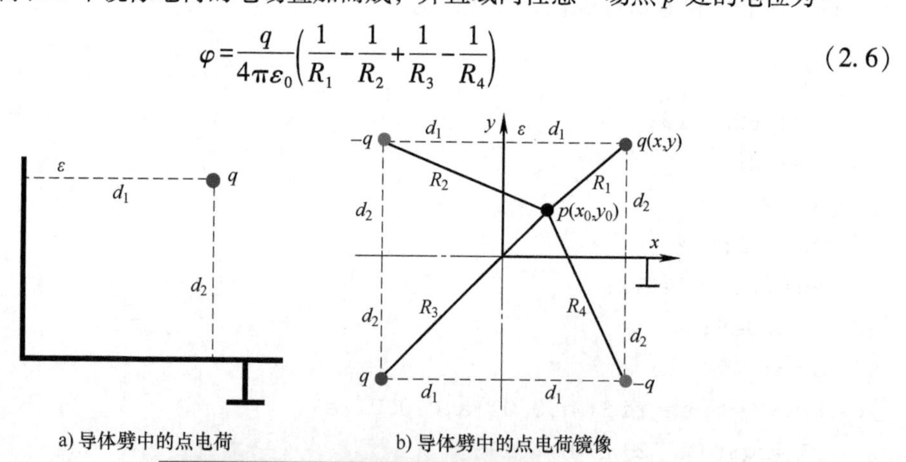

a) 导体劈中的点电荷　　b) 导体劈中的点电荷镜像

图 2.14　导体劈中的点电荷和镜像

式中，R_1 为 p 点到点电荷 q 的距离；R_2和 R_4分别为 p 点到两个负的镜像电荷的距离，R_3为 p 点到正的镜像电荷的距离，根据几何关系有 $R_1=\sqrt{(x-x_0)^2+(y-y_0)^2}$，$R_2=\sqrt{(x+x_0)^2+(y-y_0)^2}$，$R_3=\sqrt{(x+x_0)^2+(y+y_0)^2}$，$R_4=\sqrt{(x-x_0)^2+(y+y_0)^2}$。

采用 MATLAB 中的 contour 和 streamline 命令可以绘制角域中的等位面和电力线，并且根据电场强度和电位的关系，采用 streamline 函数和 arrowPlot 函数得到直角域中电场分布如图 2.15 所示。

等位线和电场线的 MATLAB 绘制代码为

```
k=8.9980e9;                              %设定 k 值
q=1e-10;                                 %确定 q 数值大小
L=8;
Np=180;
x=linspace(0,L,Np);
y=linspace(0,L,Np);
[X,Y]=meshgrid(x,y);
hold on
d=3;
r1=sqrt((X-d).^2+(Y-d).^2);
r2=sqrt((X+d).^2+(Y-d).^2);
r3=sqrt((X+d).^2+(Y+d).^2);
r4=sqrt((X-d).^2+(Y+d).^2);
u=(q./r1-q./r2+q./r3-q./r4)*k;          %所求目标点(x,y)点的总电势
S=0:0.1:10;                              %设置电势的等差数列
[M,c]=contour(x,y,u,S,'--');             %绘制等势线
c.LineWidth=1;
colormap(jet);                           %等势线由内向外为渐变色
grid on                                  %画网格
hold on                                  %保持图像
[Ex,Ey]=gradient(-u);                    %求电场
t=linspace(0,2*pi,20);                   %确定电场线角度步进
rd=0.15;                                 %半径
start_x=d+rd*cos(t)/3;
start_y=d+rd*sin(t)/3;
for i=1:20
   h=streamline(X,Y,Ex,Ey,start_x(i),start_y(i));       %画出电场线
hold on;
arrowPlot(h.XData,h.YData,'number',1,'color','b','LineWidth',1);
   hold on;
```

```
end
hold on                                                        %保持图像
f=plot(d,d,'k+','MarkerSize',8,'LineWidth',2);                %画 q1 电荷
s=plot(d,d,'ko','MarkerSize',8);
plot([0,8],[0,0],'k','linewidth',3);                          %画接地导体平面
plot([0,0],[0,8],'k','linewidth',3);                          %画接地导体平面
xlabel('x','fontsize',18)                                     %标出 X 轴
ylabel('y','fontsize',18)                                     %标出 Y 轴
title('直角域点电荷镜像法的场分布','fontsize',18);            %显示标题
```

运行结果如图 2.15 所示。

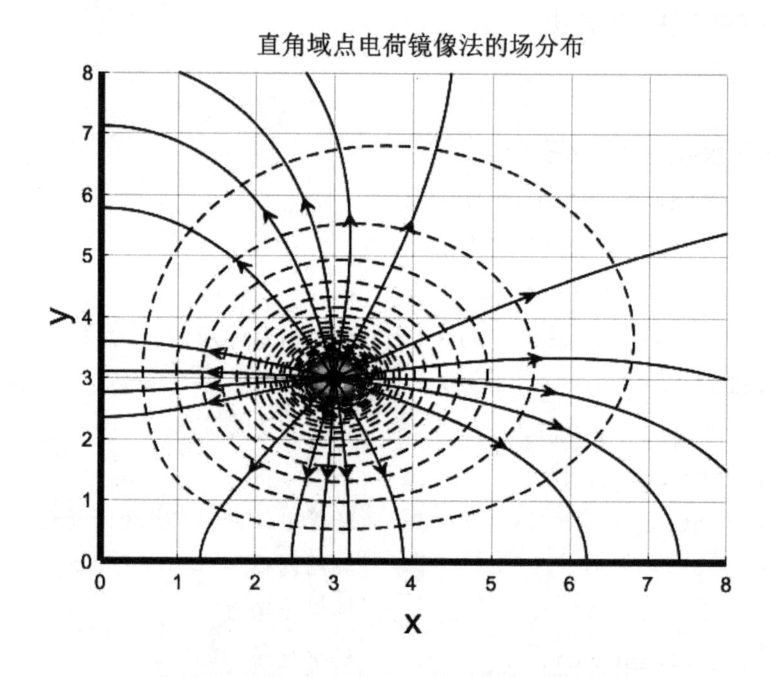

图 2.15　直角域点电荷镜像法的电场分布

2.4.1.2　介质平面镜像

1. 无限长线电荷位于介质中

如果无限长线电荷位于两种电介质分界面附近，则电介质中的电场是由无限长线电荷和分界面上分布的面极化电荷共同产生的。直接求解电介质中电场的困难在于计算电介质分界面上分布不均的面极化电荷产生的电场，同样可以通过镜像法计算其电位和电场。

假设两种均匀电介质的介电常数分别为 ε_1 与 ε_2，无限长线电荷到分界（平）面的距离为 d，如图 2.16a 所示，点电荷产生的电场使介质发生极化，在介质 1 表面和介质 2 表面均产生极化面电荷，这些极化面电荷可以用镜像电荷来等效，其镜像电荷如图 2.16b、图 2.16c 所示。

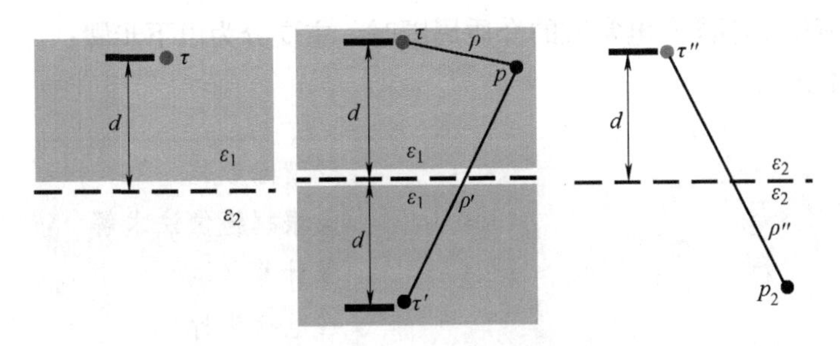

a) 单点电荷位于介质中　b) 介质1平面镜像系统　c) 介质2平面镜像系统

图 2.16　点电荷与介质平面的镜像

镜像电荷 τ' 和 τ'' 的取值为

$$\begin{cases}\tau' = \dfrac{\varepsilon_1 - \varepsilon_2}{\varepsilon_1 + \varepsilon_2}\tau \\ \tau'' = \dfrac{2\varepsilon_2}{\varepsilon_1 + \varepsilon_2}\tau\end{cases} \tag{2.7}$$

上半空间介质 1 中的场由线电荷 τ 和镜像线电荷 τ' 共同产生，下半空间介质 2 中的场由镜像线电荷 τ'' 等效替代产生，计算区域内任一场点的电位为

$$\begin{cases}\varphi_1 = \dfrac{\tau}{2\pi\varepsilon_0\varepsilon_1}\ln\dfrac{\rho_{\text{ref}}}{\rho} + \dfrac{\tau'}{2\pi\varepsilon_0\varepsilon_1}\ln\dfrac{\rho_{\text{ref}}}{\rho'} \\ \varphi_2 = \dfrac{\tau''}{2\pi\varepsilon_0\varepsilon_2}\ln\dfrac{\rho_{\text{ref}}}{\rho''}\end{cases} \tag{2.8}$$

式中，ρ_{ref} 为参考电位（零电位）与电荷之间的距离，本文中统一选取无穷远处作为参考电势零点；ρ 为场点 p 与线电荷 τ 的距离；ρ' 为场点 p 与线电荷 τ' 的距离；ρ'' 为场点 p_2 与线电荷 τ'' 的距离。

选取垂直于无限长线电荷的平面 xOy 进行分析，用 contour 命令可绘制等位面。

对于第一种情况，当 $\varepsilon_1 < \varepsilon_2$，假设 $\varepsilon_1 = 3\varepsilon_0$，$\varepsilon_2 = 8\varepsilon_0$，当空间充满介质 1 时，其电位和电场线如图 2.17a 所示；当空间充满介质 2 时，电位和电场线分布如图 2.17b 所示；当考虑同时存在介质 1 和介质 2 时，其电位和电场线分布如图 2.17c 所示。

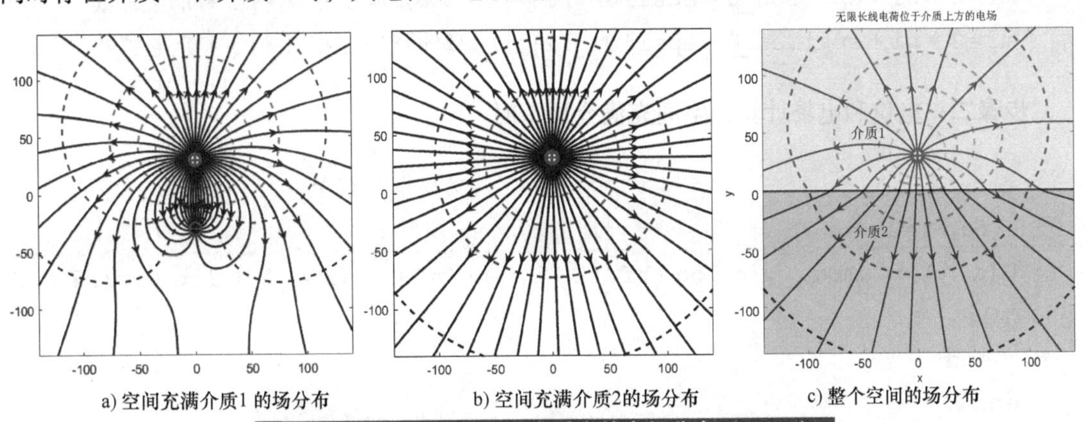

a) 空间充满介质1 的场分布　b) 空间充满介质2的场分布　c) 整个空间的场分布

图 2.17　线电荷位于两种介质中的电场分布（$\varepsilon_1 < \varepsilon_2$）

无限长线电荷位于不同介电常数的介质周围时，主要分为以下步骤：

步骤一：参数定义

```
clear;                                    %清除数据
clc;                                      %根据镜像法求解
r0=14;                                    %计算区域
h=30;                                     %电荷坐标
epsilon_0=8.854187817e-12;                %真空介电常数
epsilon_r1=3;
epsilon_r2=8;                             %玻璃相对介电常数
lambda_1=1.6e-19;                         %设定单位线电荷密度
n=epsilon_0*epsilon_r1+epsilon_0*epsilon_r2;
lambda_2=((epsilon_0*epsilon_r1-epsilon_0*epsilon_r2)/n)*
…lambda_1;
lambda_3=2*((epsilon_0*epsilon_r2)/n)*lambda_1;
%得到下半部分等效单位线电荷
r=140;                                    %设定最大等势线的半径
rf=1000;                                  %设定电势零点
u0=lambda_1*log(rf/r)/(2*pi*epsilon_0*6);        %算出最小的电势
u=linspace(1,2,6)*u0;                     %求出各条等势线的电势大小
Np=100;
x=linspace(-r,r,Np);                      %将 X 坐标分成 100 等份
[X,Y]=meshgrid(x);                        %在直角坐标中形成网格坐标
U=zeros(Np);                              %初始化 U
r1=sqrt(X.^2+(Y-h).^2);
r2=sqrt(X.^2+(Y+h).^2);
r3=sqrt(X.^2+(Y-h).^2);
m1=2*pi*epsilon_0*epsilon_r1;             %%介质 1 中 2*pi*介电常数
m2=2*pi*epsilon_0*epsilon_r2;             %%介质 1 中 2*pi*介电常数
```

步骤二：电位和电场计算，空间充满介质 1 时

```
for i=1:Np                                %给电势赋值
  for j=1:Np
U(i,j)=lambda_1*log(rf/r1(i,j))/m1+lambda_2*log(rf/r2(i,
j))/m1;
  end
end
```

```
contour(X,Y,U,u,'--','linewidth',1.5);                %画出等势线
hold on
[Ex,Ey]=gradient(-U);                                 %求出场强分量
E=sqrt(Ex.^2+Ey.^2);
Ex=Ex./E;
Ey=Ey./E;                                             %归一化处理
```

步骤三：绘制电场线

```
Ne=40;
t=linspace(0,2*pi,Ne);                                %建立 t 向量
rd=4;                                                 %选择电场线起始的半径
start_x=rd*cos(t);
start_y=h+rd*sin(t);                                  %选择电场线起点
for i=1:Ne
hh=streamline(X,Y,Ex,Ey,start_x(i),start_y(i));              %画电场线
  set(hh,'LineWidth',1.5);
arrowPlot(hh.XData,hh.YData,'number',1,'color','b','LineWidth',1);
                                                             %画箭头
hold on;
end
```

步骤四：电荷标注

```
axis equal;                                           %控制坐标单位刻度相等
hold on
plot(0,h,'ro',0,h,'r+','MarkerSize',10,'LineWidth',2)    %画出单位线电荷
hold on
plot(0,-h,'ro',0,-h,'r-','MarkerSize',10,'LineWidth',2)  %画出单位线电荷
hold on
plot([-5 5],[-h -h],'r-','LineWidth',2);                 %画负电荷标志
```

运行上述程序，结果如图 2.17a 所示。

将步骤二中电位计算和步骤三中电场线绘制程序进行修改，即可得到空间中充满介质 2 时的电位和电场线，修改后的程序步骤二和步骤四分别如下：

步骤二：电位和电场计算，空间充满介质 2 时

```
for i=1: Np                                           %给电势赋值
```

```
    for j=1: Np
      U(i,j)=lambda_3*log(rf/r3(i,j))/m2;
    end
  end
  contour(X,Y,U,u,'--','linewidth',1.5);                    %画出等势线
  hold on
  [Ex,Ey]=gradient(-U);                                     %求出场强分量
  E=sqrt(Ex.^2+Ey.^2);
  Ex=Ex./E;
  Ey=Ey./E;
```

步骤四：电荷标注

```
  axis equal;                                               %控制坐标单位刻度相等
  hold on
  plot(0,h,'ro',0,h,'r+','MarkerSize',10,'LineWidth',2)    %画出单位线电荷
```

运行上述程序，结果如图 2.17b 所示。

当考虑空间填充两种介质时，需要将空间电位和电场进行合成处理，修改程序中的步骤二和步骤四，修改后的步骤二和步骤四程序分别如下：

步骤二：电位和电场计算，空间充满介质 1 和介质 2

```
  for i=1: Np                                               %给电势赋值
    for j=1: Np
    if Y(i,j)>=0
    U(i,j)=lambda_1*log(rf/r1(i,j))/m1+lambda_2*log(rf/r2(i,
…j))/m1;
    else
    U(i,j)=lambda_3*log(rf/r3(i,j))/m2;
    end
    end
  end
  contour(X,Y,U,u,'--','linewidth',1.5);                    %画出等势线
  hold on
  [Ex,Ey]=gradient(-U);                                     %求出场强分量
  E=sqrt(Ex.^2+Ey.^2);
  Ex=Ex./E;
  Ey=Ey./E;
```

步骤四： 电荷标注

```
axis equal;                                             %控制坐标单位刻度相等
hold on
plot(0,h,'ro',0,h,'r+','MarkerSize',10,'LineWidth',2)   %画出单位线电荷
hold on
patch([-r,-r,r,r],[-r,0,0,-r],'b','FaceAlpha',0.25);    %画出介质
patch([-r,-r,r,r],[0,r,r,0],'g','FaceAlpha',0.25);      %画出介质
text(-45,50,'介质 1','fontsize',15);                    %标记上半平面介质
text(-55,-40,'介质 2','fontsize',15);                   %标记下半平面介质
hold on
plot([-r,r],[0,0],'k','linewidth',2);                   %画分界面
hold on
xlabel('x','fontsize',15)                               %用 15 号字体标出 X 轴
ylabel('y','fontsize',15)                               %用 15 号字体标出 Y 轴
title('无限长线电荷位于介质上方的电场','fontsize',15);   %显示标题
```

运行上述程序，结果如图 2.17c 所示。

对于第二种情况，即当 $\varepsilon_1 > \varepsilon_2$，假设 $\varepsilon_1 = 8\varepsilon_0$，$\varepsilon_2 = 3\varepsilon_0$，当空间充满介质 1 时，其电位和电场线如图 2.18a 所示；当空间充满介质 2 时，电位和电场线分布如图 2.18b 所示；当考虑同时存在介质 1 和介质 2 时，其电位和电场线分布如图 2.18c 所示。

步骤一： 参数定义。空间充满介质 1 时，电位和电场计算代码为

```
clear;                                  %清除数据
clc;                                    %根据镜像法求解
r0=14;                                  %计算区域
h=30;                                   %电荷坐标
epsilon_0=8.854187817e-12;              %真空介电常数
epsilon_r1=8;
epsilon_r2=3;
lambda_1=1.6e-19;                       %设定单位线电荷密度
n=epsilon_0*epsilon_r1+epsilon_0*epsilon_r2;
lambda_2=((epsilon_0*epsilon_r1-epsilon_0*epsilon_r2)/n)*
lambda_1;
lambda_3=2*((epsilon_0*epsilon_r2)/n)*lambda_1;
%得到下半部分等效单位线电荷
r=140;                                  %设定最大等势线的半径
rf=1000;                                %设定电势零点
```

```
u0=lambda_1*log(rf/r)/(2*pi*epsilon_0*6);         %算出最小的电势
u=linspace(1,2,6)*u0;                              %求出各条等势线的电势大小
Np-100;
x=linspace(-r,r,Np);                               %将 X 坐标分成 100 等份
[X,Y]=meshgrid(x);                                 %在直角坐标中形成网格坐标
U=zeros(Np);                                       %初始化 U
r1=sqrt(X.^2+(Y-h).^2);
r2=sqrt(X.^2+(Y+h).^2);
r3=sqrt(X.^2+(Y-h).^2);
m1=2*pi*epsilon_0*epsilon_r1;                      %%介质 1 中 2*pi*介电常数
m2=2*pi*epsilon_0*epsilon_r2;                      %%介质 1 中 2*pi*介电常数
```

步骤二：电位和电场计算，空间充满介质 1 时

```
for i=1:Np                                         %给电势赋值
  for j=1:Np
  U(i,j)=lambda_1*log(rf/r1(i,j))/m1+lambda_2*log(rf/r2(i,
…j))/m1;
  end
 end
contour(X,Y,U,u,'--','linewidth',1.5);             %画出等势线
hold on
[Ex,Ey]=gradient(-U);                              %求出场强分量
E=sqrt(Ex.^2+Ey.^2);
Ex=Ex./E;
Ey=Ey./E;
%归一化处理
```

步骤三：绘制电场线

```
Ne=20;
t=linspace(0,2*pi,Ne);                             %建立 t 向量
rd=4;                                              %选择电场线起始的半径
start_x=rd*cos(t);
start_y=h+rd*sin(t);                               %选择电场线起点
for i=1:Ne
hh=streamline(X,Y,Ex,Ey,start_x(i),start_y(i));          %画电场线
  set(hh,'LineWidth',1.5);
```

```
arrowPlot(hh.XData,hh.YData,'number',1,'color','b','LineWidth',1);
                                                                    %画箭头
hold on;
end
start_xn=rd*cos(t);
start_yn=-h+rd*sin(t);                                              %选择电场线起点
for i=1:Ne
hhn=streamline(X,Y,Ex,Ey,start_xn(i),start_yn(i));                  %画电场线
set(hhn,'LineStyle','--','LineWidth',1.5);
arrowPlot(hhn.XData,hhn.YData,'number',1);                          %画箭头
set(hhn,'LineStyle','--');
hold on;
end
```

步骤四：电荷标注

```
axis equal;                                                   %控制坐标单位刻度相等
hold on
plot(0,h,'ro',0,h,'r+','MarkerSize',10,'LineWidth',2)         %画出单位线电荷
```

运行上述程序，结果如图 2.18a 所示。

将步骤二中电位计算和步骤三中电场线绘制程序进行修改，即可得到空间中充满介质 2 时的电位和电场线，修改后的程序步骤二、步骤三和步骤四分别为

步骤二：电位和电场计算，空间充满介质 2 时

```
for i=1: Np                                                   %给电势赋值
  for j=1: Np
    U(i,j)=lambda_3*log(rf/r3(i,j))/m2;
  end
 end
contour(X,Y,U,u,'--','linewidth',1.5);                        %画出等势线
hold on
[Ex,Ey]=gradient(-U);                                         %求出场强分量
E=sqrt(Ex.^2+Ey.^2);
Ex=Ex./E;
Ey=Ey./E;
```

步骤三：绘制电场线

```
Ne=20;
t=linspace(0,2*pi,Ne);                                    %建立 t 向量
rd=4;                                                      %选择电场线起始的半径
start_x=rd*cos(t);
start_y=h+rd*sin(t);                                       %选择电场线起点
for i=1:Ne
hh=streamline(X,Y,Ex,Ey,start_x(i),start_y(i));                    %画电场线
  set(hh,'LineWidth',1.5);
arrowPlot(hh.XData,hh.YData,'number',1,'color','b','LineWidth',1);
                                                                   %画箭头
hold on;
end
```

步骤四：电荷标注

```
axis equal;                                                %控制坐标单位刻度相等
hold on
plot(0,h,'ro',0,h,'r+','MarkerSize',10,'LineWidth',2)     %画出单位线电荷
```

运行上述程序，结果如图 2.18b 所示。

当考虑空间填充两种介质时，需要将空间电位和电场进行合成处理，修改程序中的步骤二和步骤四，修改后的程序与第一种情况一致，只需要修改介电常数即可，其结果如图 2.18c 所示。

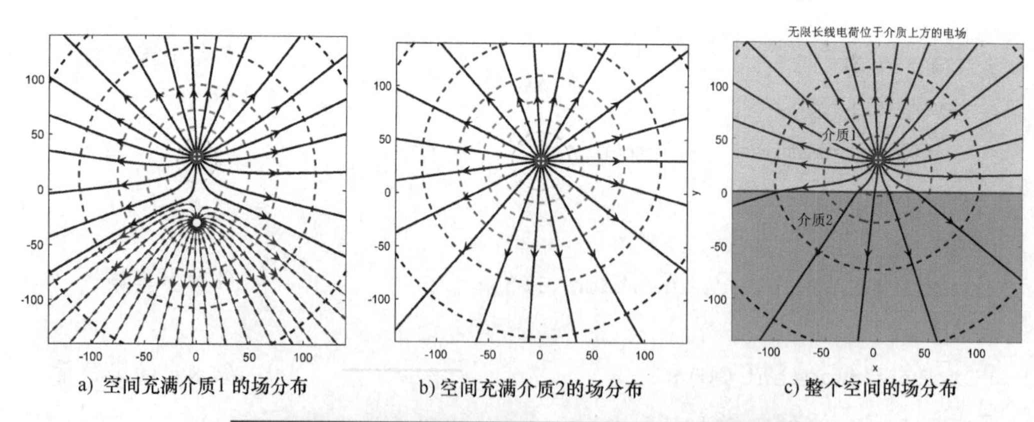

a) 空间充满介质1 的场分布　　b) 空间充满介质2的场分布　　c) 整个空间的场分布

图 2.18　线电荷位于两种介质中的电场分布（$\varepsilon_1>\varepsilon_2$）

2. 两点电荷分别位于两种介质中

如图 2.19a 所示，设有两点电荷 q_1、q_2分别位于介电常数为 ε_1、ε_2的介质中，离分界面

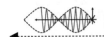

的距离为 h_1、h_2，求其电场分布。

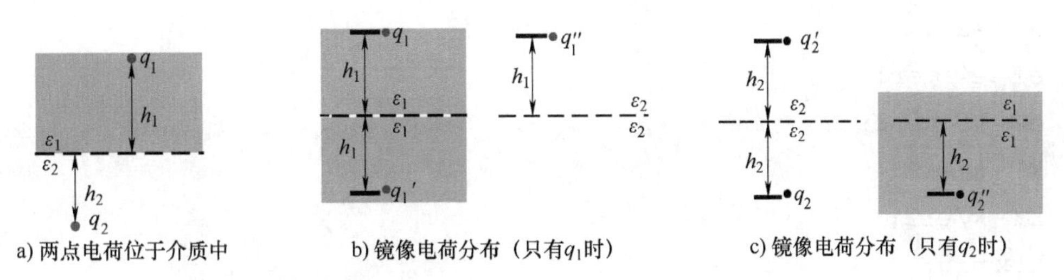

a) 两点电荷位于介质中　b) 镜像电荷分布（只有 q_1 时）　c) 镜像电荷分布（只有 q_2 时）

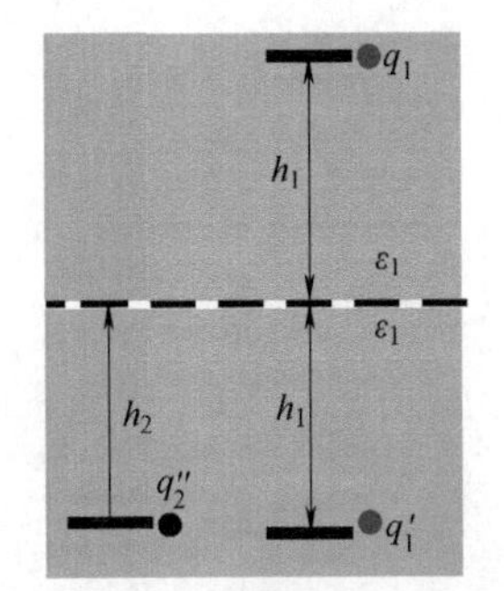

d) 电荷分布(有效求解区域为上半平面)

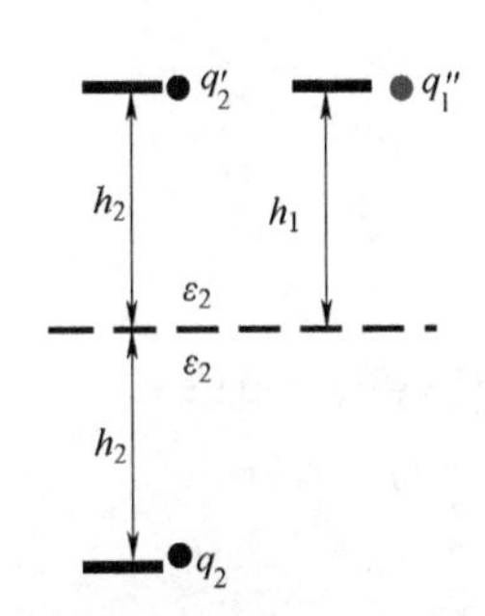

e) 电荷分布(有效求解区域为下半平面)

图 2.19　两点电荷分别位于两种介质中

解析： 根据叠加原理，将图中的电场问题可以分解为：点电荷 q_1 在两种介质中的镜像法问题和点电荷 q_2 在两种介质中的镜像法问题，如图 2.19b 和图 2.19c 所示。

对于点电荷 q_1 在两种介质的电场问题，利用镜像法可以得到

$$\begin{cases} q_1' = \dfrac{\varepsilon_1 - \varepsilon_2}{\varepsilon_1 + \varepsilon_2} q_1 \\ q_1'' = \dfrac{2\varepsilon_2}{\varepsilon_1 + \varepsilon_2} q_1 \end{cases} \tag{2.9}$$

对于点电荷 q_2 在两种介质的电场问题，利用镜像法可以得到

$$\begin{cases} q_2' = \dfrac{\varepsilon_2 - \varepsilon_1}{\varepsilon_2 + \varepsilon_1} q_2 \\ q_2'' = \dfrac{2\varepsilon_1}{\varepsilon_2 + \varepsilon_1} q_2 \end{cases} \tag{2.10}$$

因此，当有效求解区域为上半平面时，其电荷分布如图 2.19d 所示；当有效求解区域为下半平面时，其电荷分布如图 2.19e 所示。分 $\varepsilon_1 > \varepsilon_2$ 和 $\varepsilon_1 < \varepsilon_2$ 两种情况讨论电场的分布。

当 $\varepsilon_1 > \varepsilon_2$ 时，例如 $\varepsilon_1 = 25$（乙醇），$\varepsilon_2 = 20$（丁酸），根据镜像系统可以将整个电势和电场分布计算分为以下步骤：

步骤一： 参数定义

```
k=9e9;
e0=8.85e-12;
```

```
er1=25;                          %乙醇
er2=20;                          %丁酸
e1=e0*er1;
e2=e0*er2;
k1=k/er1;
k2=k/er2;
h1x=20;
h1y=50;
h2x=-20;
h2y=-30;
q1=1.6e-9;
q11=(e1-e2)/(e1+e2)*q1;
q12=2*e2/(e1+e2)*q1;
q2=3.2e-9;
q21=(e2-e1)/(e1+e2)*q2;
q22=2*e1/(e1+e2)*q2;             %设置参数
t=linspace(-100,100,200);
[X,Y]=meshgrid(t);
r1=sqrt((X-h1x).^2+(Y-h1y).^2);
r11=sqrt((X-h1x).^2+(Y+h1y).^2);
r2=sqrt((X-h2x).^2+(Y-h2y).^2);
r21=sqrt((X-h2x).^2+(Y+h2y).^2);
```

步骤二：只计算整个空间充满介质 1 时的电场和电位分布，源代码为

```
U1=k1*q1./r1+k1*q11./r11+k1*q22./r2;
Ne=50;
th=0:2*pi/Ne:2*pi;
rd=3;
x1=h1x+rd*cos(th);
y1=h1y+rd*sin(th);
x2=h2x+rd*cos(th);
y2=h2y+rd*sin(th);
x11=h1x+rd*cos(th);
y11=-h1y+rd*sin(th);
aa=100;
fill([aa,aa,-aa,-aa],[aa,-aa,-aa,aa],'w')
```

```
hold on;
axis equal;
axis([-aa aa -aa aa]);
u0=k1*q1/100;                                           %算出最小的电势
u=linspace(1,10,15)*u0;                                 %求出各条等势线的电势大小
contour(X,Y,U1,u,'--','linewidth',1.5);                 %画出等势线
[Ex1,Ey1]=gradient(-U1);
for k=1:Ne
xe1=streamline(X,Y,Ex1,Ey1,x1(k),y1(k));
arrowPlot(xe1.XData,xe1.YData,'number',1,'color','b','LineWidth',1);
                                                        %画箭头
hold on;
end
hold on;
for k=1:Ne
xe2=streamline(X,Y,Ex1,Ey1,x2(k),y2(k));
arrowPlot(xe2.XData,xe2.YData,'number',1,'color','b','LineWidth',1);
                                                        %画箭头
hold on;
end
hold on;
for k=1:Ne
xe11=streamline(X,Y,Ex1,Ey1,x11(k),y11(k));
arrowPlot(xe11.XData,xe11.YData,'number',1,'color','b','LineWidth',1);
                                                        %画箭头
hold on;
end
hold on;
title('全空间均为介质1时的电场分布','fontsize',10);
text(-95,0,'介质1','fontsize',16);
xlabel('x','fontsize',12);
ylabel('y','fontsize',12);
plot(h1x,h1y,'o','markersize',10);
plot(h1x,-h1y,'o','markersize',10);
plot(h2x,h2y,'o','markersize',10);
```

计算结果如图 2.20a 所示。

步骤三：只计算整个空间充满介质 2 时的电场和电位分布，添加源代码如下：

```
figure
fill([aa,aa,-aa,-aa],[aa,-aa,-aa,aa],'w')
hold on;
axis equal;
axis([-aa aa -aa aa]);
x21=h2x+rd*cos(th);
y21=-h2y+rd*sin(th);                                  %设置电场线的起点
U2=k2*q2./r2+k2*q21./r21+k2*q12./r1;
contour(X,Y,U2,u,'--','linewidth',1.5);               %画出等势线
[Ex2,Ey2]=gradient(-U2);                              %计算 E 和 U
for k=1:Ne
dx1=streamline(X,Y,Ex2,Ey2,x1(k),y1(k));
arrowPlot(dx1.XData,dx1.YData,'number',1,'color','b','LineWidth',1);
                                                      %画箭头
hold on;
end
hold on;
for k=1:Ne
dx2=streamline(X,Y,Ex2,Ey2,x2(k),y2(k));
arrowPlot(dx2.XData,dx2.YData,'number',1,'color','b','LineWidth',1);
                                                      %画箭头
hold on;
end
hold on;
for k=1:Ne
dx21=streamline(X,Y,Ex2,Ey2,x21(k),y21(k));
arrowPlot(dx21.XData,dx21.YData,'number',1,'color','b','LineWidth',1);
                                                      %画箭头
hold on;
end
hold on;
```

计算结果如图 2.20b 所示。

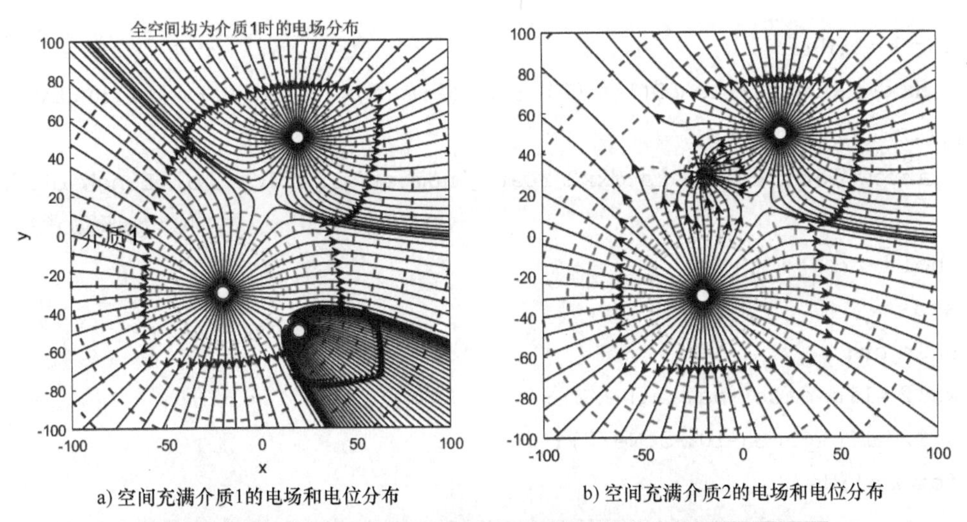

a) 空间充满介质1的电场和电位分布　　b) 空间充满介质2的电场和电位分布

图 2.20　点电荷分别位于两种介质中镜像系统的电势和电场分布

步骤四：电势和电场合成

```
fill([aa,aa,-aa,-aa],[aa,-aa,-aa,aa],'w')
hold on;
[m,n]=find(Y(:,:)>=0);                          %找出上半区域坐标所在位置
for k=1:Ne
xe1=streamline(X(m(1):end,:),Y(m(1):end,:),Ex1(m(1):end,:),Ey1(m
(1):end,:),x1(k),y1(k));
arrowPlot(xe1.XData,xe1.YData,'number',1,'color','b','LineWidth',1);
                                                %画箭头
hold on;
end
hold on;
%%%%%只需要上半区域的电场线,更改电场线起始位置
xx2=linspace(-aa,0,Ne/2);
yy2=linspace(0,2,Ne/2);
for k=1:Ne/2
xee1=streamline(X,Y,Ex1,Ey1,xx2(k),yy2(k));
arrowPlot(xee1.XData,xee1.YData,'number',1,'color','b','LineWidth',1);
                                                %画箭头
hold on;
end
hold on;
%%%%%%绘制介质 2 中电场线
```

```
    for k=1:Ne
      dxx2=streamline(X(1:m(1),:),Y(1:m(1),:),Ex2(1:m(1),:),Ey2(1:m
(1),:),x2(k),y2(k));
      arrowPlot(dxx2.XData,dxx2.YData,'number',1,'color','b','LineWidth',1);
                                                                  %画箭头
     hold on;
    end
    hold on;
    xx12=linspace(-aa,aa,Ne/2);
    yy12=linspace(-10,-5,Ne/2);
    for k=1:Ne/2
    dxe12=streamline(X(1:m(1),:),Y(1:m(1),:),Ex2(1:m(1),:),Ey2(1:m
(1),:),xx12(k),yy12(k));
    arrowPlot(dxe12.XData,dxe12.YData,'number',1,'color','b','LineWidth',1);
                                                                  %画箭头
    hold on;
    end
    hold on;
    axis([-aa,aa,-aa,aa]);
    %%%%%%绘制电位线
    U=zeros(200,200);                                             %初始化
    for i=1:200                                                   %给电势赋值
      for j=1:200
      if Y(i,j)>=0
      U(i,j)=U1(i,j);
      else
      U(i,j)=U2(i,j);
      end
      end
    end
    contour(X,Y,U,u,'b--','linewidth',1.5);                       %画出等势线
    plot([-aa,aa],[0,0],'k','linewidth',2);                       %画分界面
    patch([-aa,-aa,aa,aa],[-aa,0,0,-aa],'w','FaceAlpha',0.25);    %画出介质
    patch([-aa,-aa,aa,aa],[0,aa,aa,0],'y','FaceAlpha',0.25);      %画出介质
```

计算结果如图 2.21 所示。

思考： 如果介电常数 $\varepsilon_1<\varepsilon_2$，电场和电位线分布如何？

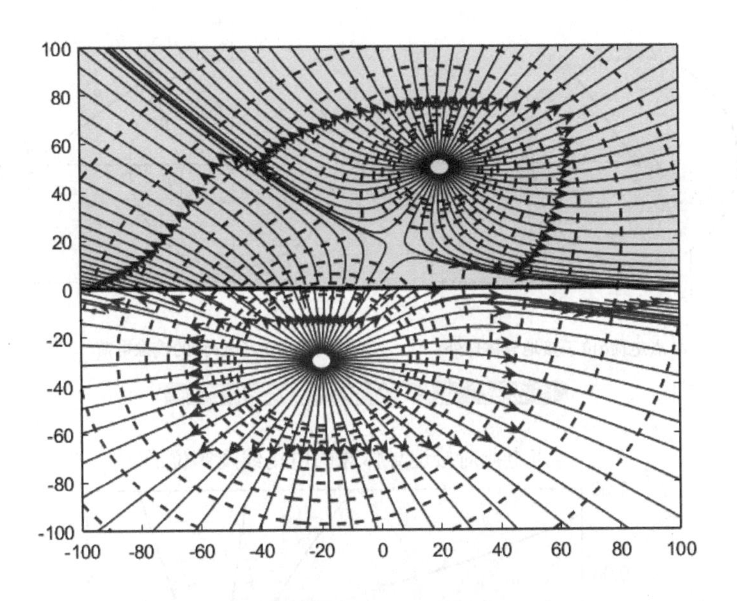

图 2.21　$\varepsilon_1>\varepsilon_2$ 时的电势和电场分布

2.4.2　球面镜像

2.4.2.1　点电荷位于接地导体球外

假设半径为 $a=1\text{cm}$ 的接地导体球外有一个点电荷 $q=1\times10^{-10}\text{C}$，点电荷距离球心 $d=2\text{cm}$，求球外的电位与电场强度分布。

解析：以球心 O 为原点，以从 O 点指向点电荷的射线为 x 轴正方向，建立直角坐标系，如图 2.22 所示。根据镜像法，镜像电荷 $q'=-aq/d$，在 x 轴上其到球心的距离为 $b=a^2/d$。

那么球外空间任意一场点 p 处的电场则由 q 和 q'共同产生，该场分布具有轴对称性，对称轴为 x 轴，仅绘制 xOy 平面上的场分布图即可。设 p 点位于 xOy 平面上，坐标为（x_0，y_0），点 p 到 O、q 和 q'的距离分别为 a、R 和 R'（见图 2.22b）。

显然，根据几何关系，可得

$$R'=\sqrt{x_0^2+y_0^2}\,,\cos\theta=x_0/R'\,,R=\sqrt{a^2+d^2-2ad\cos\theta}\,,R'=\sqrt{a^2+b^2-2ab\cos\theta}$$

则 p 点的电位为

$$\varphi=\frac{1}{4\pi\varepsilon_0}\left(\frac{q}{R}+\frac{q'}{R'}\right) \tag{2.11}$$

球外电场强度 $\boldsymbol{E}$ 为

$$\boldsymbol{E}=-\nabla\varphi \tag{2.12}$$

球外区域为有效求解区域，其电场是由 q 和 q'共同产生的。为了将电场进行直观化，采用 streamline 函数画出场线的分布轮廓，用函数 arrowPlot 画出场线的箭头，其场分布如图 2.23 所示。

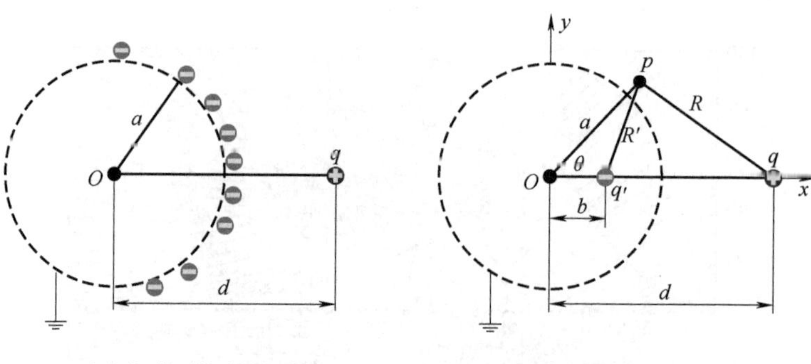

a) 点电荷q位于接地导体球外　　b) 点电荷q的镜像电荷

图 2.22　点电荷 q 位于接地导体球外

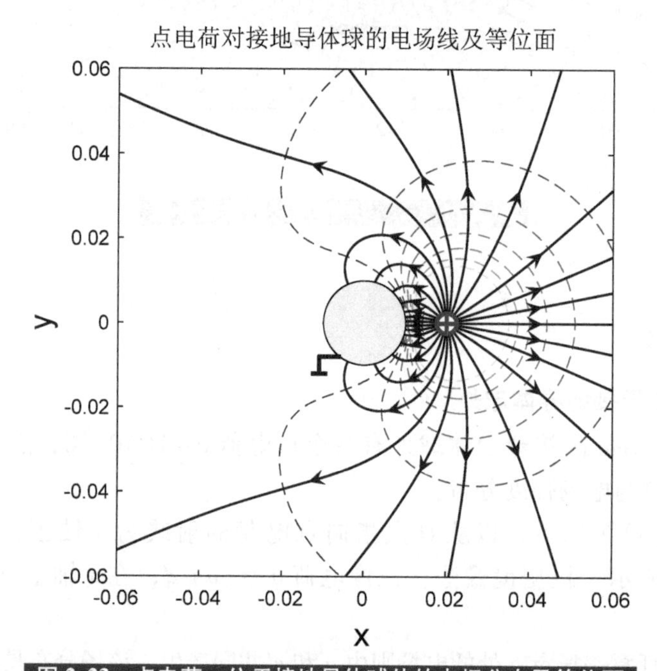

图 2.23　点电荷 q 位于接地导体球外的电场分布及等位面

图 2.23 对应的代码如下：

```
clear
k=8.985e9;
ra=0.01;                          %球半径
d=0.02;                           %球间距
x0=0.06;                          %set R=0.1,d=0.2,b=0.05
q1=1e-10;
q2=-ra/d*q1;
x=linspace(-x0,x0,100);
[X,Y]=meshgrid(x);
```

```
b=ra^2/d;
r1=sqrt((X-d).^2+Y.^2);
r2=sqrt((X-b).^2+Y.^2);
U=k*q1./r1+k*q2./r2;
U(sqrt(X.^2+Y.^2)<=ra)=0;                                    %剔除球体
u0=k*q1./ra+k*q2./ra;                                        %基准电势
u=linspace(-u0,u0,15);
c=contour(X,Y,U,u,'--');
hold on;                                                     %画等位线
[Ex,Ey]=gradient(-U);                                        %画电场线及箭头
Ne=30;
th=linspace(0,2*pi,Ne);
x1=d+0.002*cos(th);
y1=0.002*sin(th);
x2=d+0.002*cos(th);
y2=0.002*sin(th);
for k=1:Ne
h1=streamline(X,Y,Ex,Ey,x1(k),y1(k));
arrowPlot(h1.XData,h1.YData,'number',1,'color','b','LineWidth',1);
                                                              %画箭头

hold on;
end
xlabel('x','fontsize',16)
ylabel('y','fontsize',16)
title('点电荷对接地导体球的电场线及等位面','fontsize',20) %标注
theta=0:pi/100:2*pi;
x=ra*cos(theta);
y=ra*sin(theta);
plot(x,y,'-');
axis equal
fill(x,y,'y');                                               %画接地导体球
plot(d,0,'ro',d,0,'r+','MarkerSize',10,'LineWidth',2)        %画出球外电荷
plot([-ra*1.02+0.0045,-ra*1.1],[-0.008,-0.008],'b','linewidth',2);
plot([-ra*1.1,-ra*1.1],[-0.008,-0.012],'b','linewidth',2);
plot([-ra*1.1-0.002,-ra*1.1+0.002],[-0.012,-0.012],'b','linewidth',2);
```

2.4.2.2 点电荷位于接地半球外

在接地的导体平面上有一半径为 a 的半球凸起（见图 2.24），半球的球心在导体平面上，点电荷 Q 位于系统的对称轴上，并与平面相距为 b（$b>a$），试求空间电势和电场分布。

解析：取直角坐标系，以球心为原点，系统对称轴为轴，根据镜像法，为使边界条件（导体表面电势为零）得到满足，可用如图 2.25 所示的三个镜像电荷来替代导体表面上的感应电荷。各个镜像电荷电量和位置如下：

对于镜像电荷 Q'，电荷量 $Q'=-aQ/b$，$b'=a^2/b$

对于镜像电荷 Q''，电荷量 $Q''=aQ/b$，$b''=-a^2/b$

对于镜像电荷 Q'''，电荷量 $Q'''=-Q$，$b'''=-b$

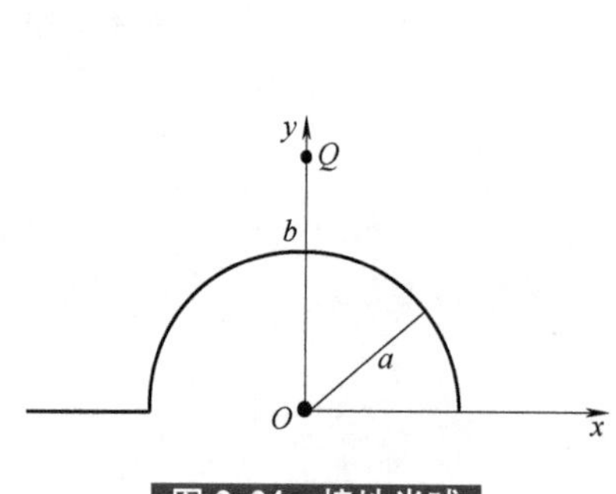

图 2.24 接地半球

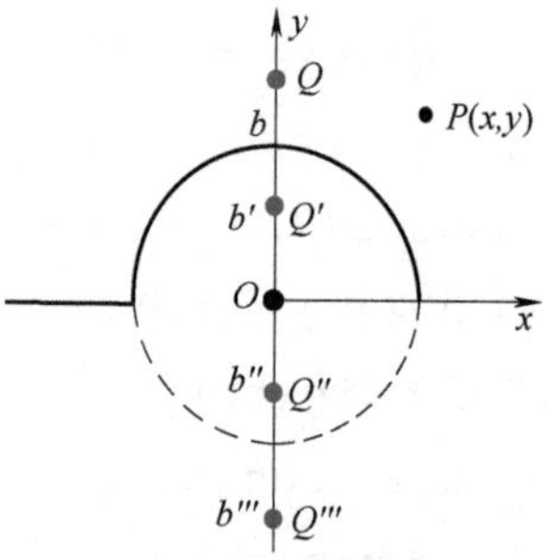

图 2.25 接地半球镜像系统

在接地半球上方区域中任一场点 P，假设点电荷和三个镜像电荷距离场点的距离分别为 R、R'、R''和 R'''，那么场点 P 处的电势 φ 为

$$\varphi=\frac{1}{4\pi\varepsilon_0}\left(\frac{Q}{R}+\frac{Q'}{R'}+\frac{Q''}{R''}+\frac{Q'''}{R'''}\right) \tag{2.13}$$

为了将电场进行直观化，采用 streamline 函数画出场线的分布轮廓，用函数 arrowPlot 画出场线的箭头，其直观化 MATLAB 源代码为

```
clear
k=9e9;                                %设定 K 值
a=4;
d=6;
b=a^2/d;
q1=1e-9*1e4;                          %设定正电荷的电量
q2=-1*a*q1/d;
q3=-q2;
q4=-q1;
Np=100;
x0=linspace(-10,10,Np);
y=x0;
```

```
[X,Y]=meshgrid(x0,y);
r1=sqrt(X.^2+(Y-d).^2);
r2=sqrt(X.^2+(Y-b).^2);
r3=sqrt(X.^2+(Y+b).^2);
r4=sqrt(X.^2+(Y+d).^2);
U=k*q1./r1+k*q2./r2+k*q3./r3+k*q4./r4;            %各点的电势
u0=k*q1./0.2+k*q2./0.7+k*q3./2.6+k*q4./3;         %设定最大电势的大小
u=linspace(-u0,u0,30);
hold on
[C,H]=contour(X,Y,U,u,'--','LineWidth',1.5);
hold on;
[Ex,Ey]=gradient(-U);
Ne=40;
th=linspace(0,2*pi,Ne);
th2=linspace(0,2*pi,Ne);
rd=0.3;
pcx=rd*cos(th);
pcy=d+rd*sin(th);
mcx=rd*cos(th2);
mcy=-b+rd*sin(th2);
mcy1=b+rd*sin(th2);
mcy2=-d+rd*sin(th2);
for i=1:Ne
  hq=streamline(X,Y,Ex,Ey,pcx(i),pcy(i));
  set(hq,'LineWidth',1.5);
  arrowPlot(hq.XData,hq.YData,'number',1,'color','b','LineWidth',1);
                                                  %画箭头

hold on
end
for i=2:Ne/2
  hqm1=streamline(X,Y,Ex,Ey,mcx(i),mcy(i));
  set(hqm1,'LineWidth',1.5);
  set(hqm1,'LineStyle','--');
  arrowPlot(hqm1.XData,hqm1.YData,'number',1);    %画箭头
```

```
    hold on
  end
  for i=Ne/2+3:Ne-3                                    %只绘制下半部分的电场线
    hqm2=streamline(X,Y,-Ex,-Ey,mcx(i),mcy2(i));
    %%%%%streamline 只能设置起点,但是负电荷线不是起点,或者人为设置起点
    set(hqm2,'LineWidth',1.5);
    set(hqm1,'LineStyle','--');
    arrowPlotn ( hqm2.XData, hqm2.YData, ' number ', 1, ' color ', ' b ',
…'LineWidth',1);                                      %画箭头
  hold on
  end
  fill(pcx,pcy,'w','LineWidth',2)
  text(0.5,d,'Q','color','m','Fontsize',20)
  fill(mcx,mcy1,'w','LineWidth',2)
  text(0.5,b,'Q1','color','m','Fontsize',20);
  fill(mcx,mcy,'w','LineWidth',2)
  text(0.5,-b,'Q2','color','m','Fontsize',20);
  fill(mcx,mcy2,'w','LineWidth',2)
  text(0.5,-d,'Q3','color','m','Fontsize',20)
  plot([-7,-7],[0,-0.8],'k-','LineWidth',2.0);       %画接地符号
  plot([-8,-6],[-0.8,-0.8],'color','r');
  plot([-7.7,-6.3],[-1.2,-1.2],'color','r');
  plot([-7.5,-6.5],[-1.6,-1.6],'color','r');
  plot([min(x0),-a],[0,0],'k-','LineWidth',2.0); %画导体平面
  plot([a,max(x0)],[0,0],'k-','LineWidth',2.0);
  theta=0:pi/150:pi;
  xs=a*cos(theta);
  ys=a*sin(theta);
  plot(xs,ys,'k-','LineWidth',2.0);                    %画半球形导体
  xlabel('x','fontsize',16);                          %用 16 号字体标出 X 轴
  ylabel('y','fontsize',16);                          %用 16 号字体标出 Y 轴
```

运行程序后，其结算结果如图 2.26 所示。

如果只关注接地导体外电位和电场分布，在上述代码基础上，只选取导体球外上半区间的数据，其 MATLAB 代码如下：

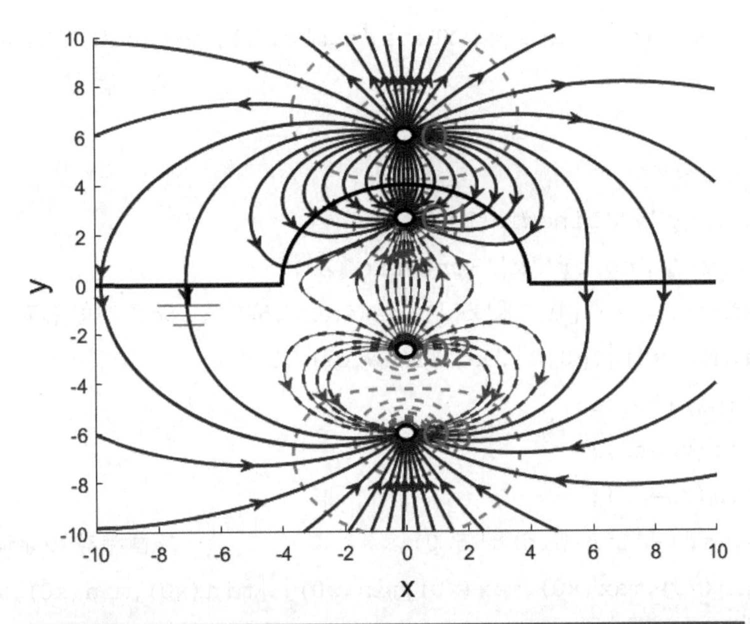

图 2.26　点电荷位于接地半球外时，电荷与镜像系统电位和电场分布

```
    fill([min(x0),max(x0),max(x0),min(x0)],[0,0,max(x0),max(x0)],'w');
                                                        %遮挡填充
    hold on;
    axis equal;
    axis([min(x0) max(x0) 0 max(x0)]);
    Exx=zeros(Np,Np);
    Eyy=zeros(Np,Np);
    for i=1:Np
      for j=1:Np
        if sqrt(X(i,j)^2+Y(i,j)^2)<=a+0.2          %%%%%%适当删除半球区
域外的计算点
          U(i,j)=0;
        end
      end
    end
    contour(X,Y,U,u,'--','LineWidth',1.5);
    [Exx,Eyy]=gradient(-U);

    for i=1:Ne
        hq=streamline(X,Y,Exx,Eyy,pcx(i),pcy(i));
        set(hq,'LineWidth',1.5);
```

```
    arrowPlot(hq.XData,hq.YData,'number',1,'color','b','LineWidth',1);
                                                        %画箭头
  hold on
  end
  fill(pcx,pcy,'w','LineWidth',2)
  text(0.5,d,'Q','color','m','Fontsize',20)
  plot([min(x0),-a],[0,0],'k-','LineWidth',5.0);  %画导体平面
  plot([a,max(x0)],[0,0],'k-','LineWidth',5.0);
  theta=0:pi/150:pi;
  xs=a*cos(theta);
  ys=a*sin(theta);
  plot(xs,ys,'k-','LineWidth',5.0);                     %画半球形导体
  fill([min(x0),max(x0),max(x0),min(x0)],[min(x0),min(x0),0,0],'w');%
```

计算结果如图 2.27 所示。

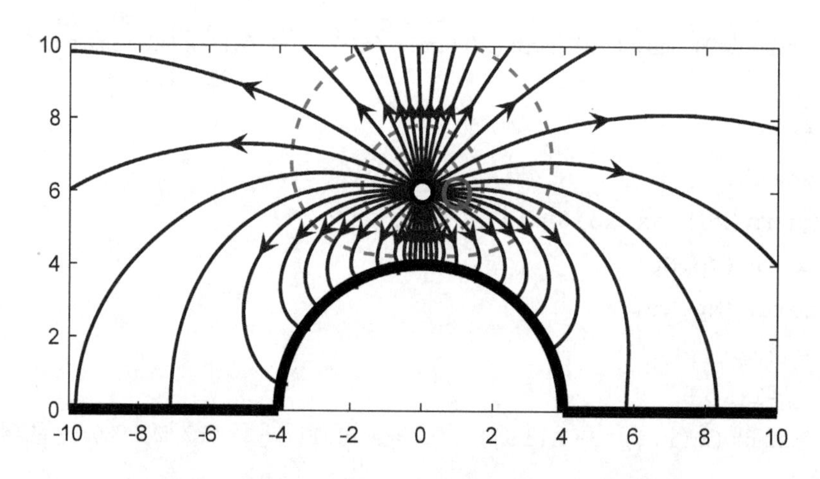

图 2.27　点电荷位于接地半球外区域电位和电场分布

2.4.2.3　点电荷位于不带电不接地导体球外

如果导体球不接地，且不带电，场分布将跟导体球接地情形不同。此时的镜像电荷，除了 q' 以外，还有位于球心的 q''，且 $q''=-q'$，方能确保导体球总体带电量为零，其球面镜像系统如图 2.28 所示。

可以运用叠加原理来确定镜像电荷为

$$q'=-\frac{a}{d}q,\quad b=\frac{a^2}{d} \tag{2.14}$$

$$q''=-q'=\frac{a}{d}q \tag{2.15}$$

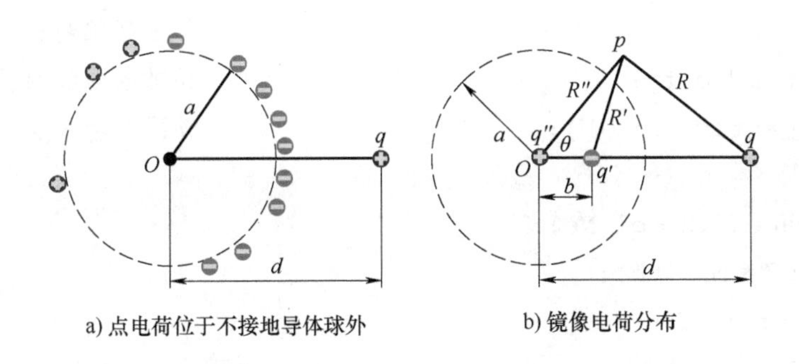

a) 点电荷位于不接地导体球外　　b) 镜像电荷分布

图 2.28　球外点电荷及其镜像电荷分布

因此，导体球内电场为 0，球面为等电势面，选取球外区间为计算区域，其内任一场点 p 处的电位为

$$\varphi=\frac{1}{4\pi\varepsilon_0}\left(\frac{q}{R}+\frac{q'}{R'}+\frac{q''}{R''}\right) \tag{2.16}$$

为了将上述过程直观化，其 MATLAB 代码如下：

```
clear
k=8.985e9;
ra=0.01;                                      %球半径
d=0.02;                                       %球间距
x0=0.04;                                      %set R=0.1,d=0.2,b=0.05;
q1=1e-10;
q2=-ra/d*q1;
q3=-q2;
x=linspace(-x0,x0,200);
y=linspace(-x0,x0,200);
[X,Y]=meshgrid(x,y);
b=ra^2/d;
r1=sqrt((X-d).^2+Y.^2);
r2=sqrt((X-b).^2+Y.^2);
r3=sqrt((X-0).^2+Y.^2);
U=k*q1./r1+k*q2./r2+k*q3./r3;
U(sqrt(X.^2+Y.^2)<0.92*ra)=0;                 %剔除部分球体,便于电场线绘制,
u0=k*q1./ra+k*q2./ra+k*q3./ra;                %基准电势
u=linspace(-u0,u0,20);
c=contour(X,Y,U,u,'--');
```

```
hold on;                                           %画等位线;
[Ex,Ey]=gradient(-U);                              %画电场线及箭头
[Ex2,Ey2]=gradient(-U);                            %画电场线及箭头
Ne=30;
th=linspace(0,2*pi,Ne);
x1=d+0.002*cos(th);
y1=0.002*sin(th);
for k=1:Ne
h1=streamline(X,Y,Ex,Ey,x1(k),y1(k));
arrowPlot(h1.XData,h1.YData,'number',1,'color','b','LineWidth',1);
                                                   %画箭头
hold on;
end
hold on
Ne2=15;
th2=linspace(0,2*pi,Ne2);
x2=ra*cos(th2);
y2=ra*sin(th2);
for i=1:Ne2
h2=streamline(X,Y,Ex2,Ey2,x2(i),y2(i));
arrowPlot(h2.XData,h2.YData,'number',1,'color','b','LineWidth',1);
                                                   %画箭头
hold on;
end
%%%%%%%填充球壳
theta=0:pi/100:2*pi;
x=ra*cos(theta);
y=ra*sin(theta);
plot(x,y,'-');
axis equal
fill(x,y,'y');                                     %画接地导体球;
xlabel('x','fontsize',16)
ylabel('y','fontsize',16)
title('点电荷对不接地导体球的电场线及等位面','fontsize',2.29)  %标注;
plot(d,0,'ro',d,0,'r+','MarkerSize',10,'LineWidth',2)      %画出球外电荷;
```

其仿真结果如图 2.29 所示。

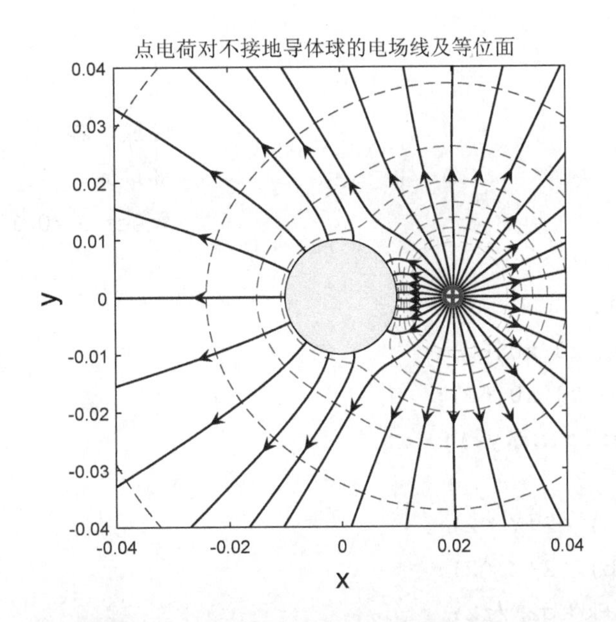

图 2.29　点电荷位于不接地导体球外的电场线及等位面

2.4.2.4　点电荷位于接地球壳内

如图 2.30 所示，接地空心导体球壳的内外半径为 a 和 h，点电荷 q 位于球壳内，与球心相距为 d，$d<a$。此时感应电荷非均匀分布于球壳的内表面上，故镜像电荷 q' 应位于导体空腔外，且在 q 与球心的连线的延长线上。根据边界条件，可求得

$$\begin{cases} b=\dfrac{a^2}{d} \\ q'=-\dfrac{a}{d}q \end{cases} \tag{2.17}$$

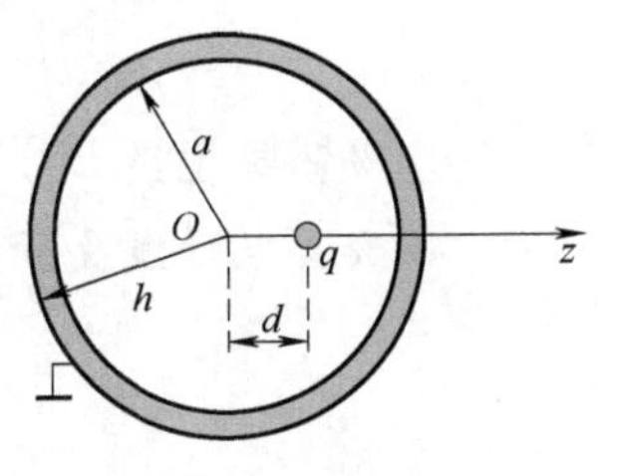

a) 点电荷位于接地导体球壳内

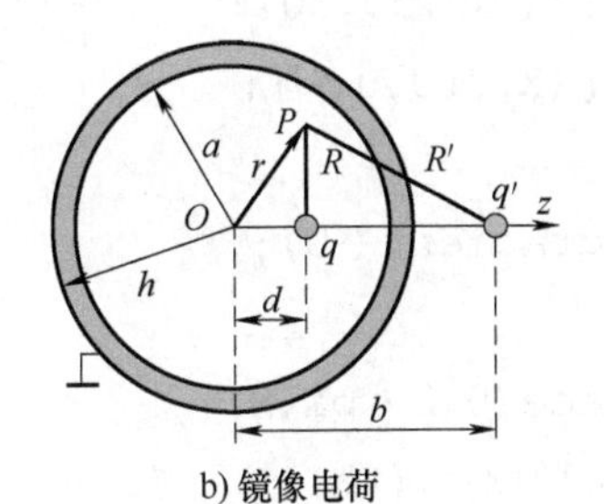

b) 镜像电荷

图 2.30　点电荷的球面镜像（点电荷位于接地导体球壳内）

球壳内的电位为

$$\varphi=\frac{1}{4\pi\varepsilon_0}\left(\frac{q}{R}+\frac{q'}{R'}\right)\quad (r\leqslant a) \tag{2.18}$$

为了将上述过程直观化，其 MATLAB 代码如下：

```
clear
k=8.985e9;
ra=0.02;                                    %球半径
d=0.007;                                    %球间距
x0=0.025;                                   %set R=0.1,d=0.2,b=0.05;
q1=1e-10;
q2=-ra/d*q1;
x2=linspace(-x0,x0,60);
y2=linspace(-x0,x0,60);
[X,Y]=meshgrid(x2,y2);
b=ra^2/d;
r1=sqrt((X-d).^2+Y.^2);
r2=sqrt((X-b).^2+Y.^2);
U=k*q1./r1+k*q2./r2;
U(sqrt(X.^2+Y.^2)>ra)=0;                    %剔除球体
theta=0:pi/100:2*pi;
x1=ra*cos(theta);
y1=ra*sin(theta);
plot(x1,y1,'b','LineWidth',20);             %%%球壳
hold on
fill(x1,y1,'y');                            %画接地导体球
hold on
u0=k*q1./0.01+k*q2./0.1;
u=linspace(-u0,u0,30);
c=contour(X,Y,U,u,'--');
hold on;                                    %画等位线
[Ex,Ey]=gradient(-U);                       %画电场线及箭头
N=20;
th=linspace(0,2*pi,N);
x1=d+0.001*cos(th);
y1=0.001*sin(th);
theta=0:pi/60:2*pi;
n=(0.02+0.001)/0.02;
for i=2:N
  h1=streamline(X,Y,Ex,Ey,x1(i),y1(i));
  arrowPlot(h1.XData,h1.YData,'number',1,'color','b','LineWidth',1);
                                            %画箭头
```

```
hold on;
end
plot([-ra*1.1+0.003,-ra*1.1],[-0.008,-0.008],'b','linewidth',2);
plot([-ra*1.1,-ra*1.1],[-0.008,-0.01],'b','linewidth',2);
plot([-ra*1.1-0.002,-ra*1.1+0.002],[-0.01,-0.01],'b','linewidth',2);
                                                          %画接地符号;

plot(d,0,'ko','MarkerSize',16,'LineWidth',3)
plot(d,0,'r+','MarkerSize',12,'LineWidth',3)
```

运行程序后，计算结果如图 2.31 所示。

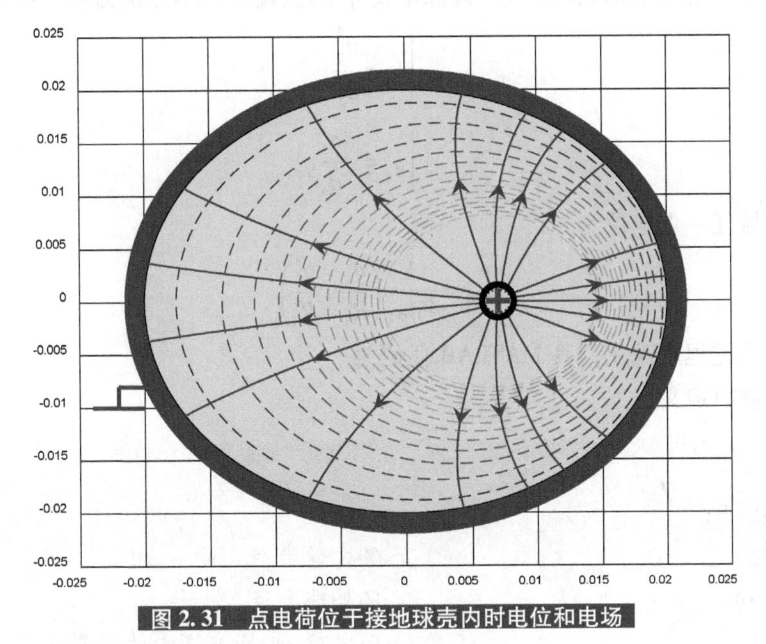

图 2.31　点电荷位于接地球壳内时电位和电场

思考：点电荷位于不接地空心球壳内时电位和电场分布？

2.4.2.5　点电荷分别位于接地球壳内外

接地导体球壳的内外半径分别为 a_1 和 a_2，在球壳内外各有一点电荷 q_1 和 q_2，与球心距离分别为 d_1 和 d_2，如图 2.32 所示。求球壳外、球壳中和球壳内的电位分布。

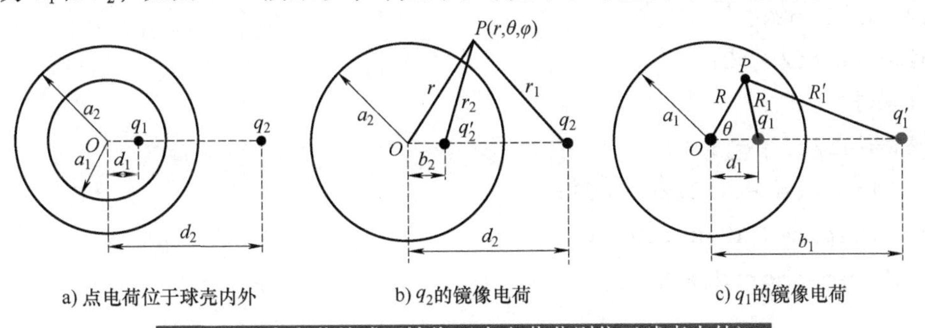

a) 点电荷位于球壳内外　b) q_2 的镜像电荷　c) q_1 的镜像电荷

图 2.32　点电荷的球面镜像（点电荷分别位于球壳内外）

1）球壳外：根据球面镜像原理，镜像电荷 q_2' 的位置和大小分别为

$$\begin{cases} b_2 = \dfrac{a_2^2}{d_2} \\ q_2' = -\dfrac{a_2}{d_2} q_2 \end{cases} \tag{2.19}$$

球壳外区域任一点电位为

$$\varphi_{外} = \frac{1}{4\pi\varepsilon_0}\left(\frac{q_2}{r_1} + \frac{q_2'}{r_2}\right) \tag{2.20}$$

2）球壳中：因为球壳中为导体区域，导体为等位体，球壳中的电位为零。

3）球壳内：根据球面镜像原理，镜像电荷 q_1' 的位置和大小分别为

$$\begin{cases} b_1 = \dfrac{a_1^2}{d_1} \\ q_1' = -\dfrac{a_1}{d_1} q_1 \end{cases} \tag{2.21}$$

球壳内区域任一点电位为

$$\varphi_{内} = \frac{1}{4\pi\varepsilon_0}\left(\frac{q_1}{R_1} + \frac{q_1'}{R_1'}\right) \tag{2.22}$$

为了将上述过程直观化，其 MATLAB 代码为

第一步：参数定义

```
clear
k=8.985e9;
a1=0.03;                                   %内球半径
a2=0.034;                                  %外球半径
d1=0.01;                                   %电荷 q1 距离圆心的距离
d2=0.05;                                   %电荷 q2 距离圆心的距离
x0=0.08;
q1=1e-10;
q2=2e-10;
b2=a2^2/d2;
q2m=-a2/d2*q2;
b1=a1^2/d1;
q1m=-a1/d1*q1;
x=linspace(-x0/2,x0,100);
y=linspace(-x0,x0,100);
[X,Y]=meshgrid(x,y);
```

第二步：绘制球壳外电位和电场

```
r2=sqrt((X-d2).^2+Y.^2);
r2m=sqrt((X-b2).^2+Y.^2);
U=k*q2./r2+k*q2m./r2m;
U(sqrt(X.^2+Y.^2)<a2)=0;                              %剔除球体
U2=k*q2./0.01+k*q2m./0.01;
u2=linspace(-U2,U2,25);
c=contour(X,Y,U,u2,'--');
hold on;                                              %画等位线
[Ex2,Ey2]=gradient(-U);                               %画电场线及箭头
N1=24;
th=linspace(0,2*pi,N1);
x2=d2+0.002*cos(th);
y2=0.002*sin(th);
for i=1:N1
    line1=streamline(X,Y,Ex2,Ey2,x2(i),y2(i));
    arrowPlot(line1.XData,line1.YData,'number',1,'color','b','LineWidth',1);
                                                      %画箭头
    hold on;
end
```

第三步：绘制内球体和球壳

```
theta=0:pi/100:2*pi;
xa=a1*cos(theta);
ya=a1*sin(theta);
fill(xa,ya,'y');                                      %画接地导体球
hold on
```

第四步：球壳内电位和电场

```
r1=sqrt((X-d1).^2+Y.^2);
r1m=sqrt((X-b1).^2+Y.^2);
U1=k*q1./r1+k*q1m./r1m;
U1(sqrt(X.^2+Y.^2)>a1)=0;                             %剔除球体
U11=k*q1./0.01+k*q1m./0.1;
```

```
u11=linspace(-U11,U11,25);
c1=contour(X,Y,U1,u11,'--');
hold on;                                %画等位线
[Ex1,Ey1]=gradient(-U1);                %画电场线及箭头
N2=17;
th1=linspace(0,2*pi,N2);
x1=d1+0.002*cos(th1);
y1=0.002*sin(th1);
%n=a2/a1/1.02;                          %%控制球壳内电场线
for j=1:N2
    line2=streamline(X,Y,Ex1,Ey1,x1(j),y1(j));
    arrowPlot(line2.XData,line2.YData,'number',1,'color','b','LineWidth',1);
                                        %画箭头
    hold on;
end
```

第五步：绘制球壳，因其内部电场为 0，可以直接采用填充的方式示意内部电场分布。

```
R=linspace(a1,a2,50);
c=linspace(0,2*pi,50);
for i=1:50
  if i~=[1,50]
    X1=R(i)*cos(c);
    Y1=R(i)*sin(c);
    plot(X1,Y1,'r','LineWidth',1);
    hold on;
  else
    X1=R(i)*cos(c);
    Y1=R(i)*sin(c);
    plot(X1,Y1,'r-','LineWidth',1);
    hold on;
  end
end
```

运行上述程序后，计算结果如图 2.33 所示。

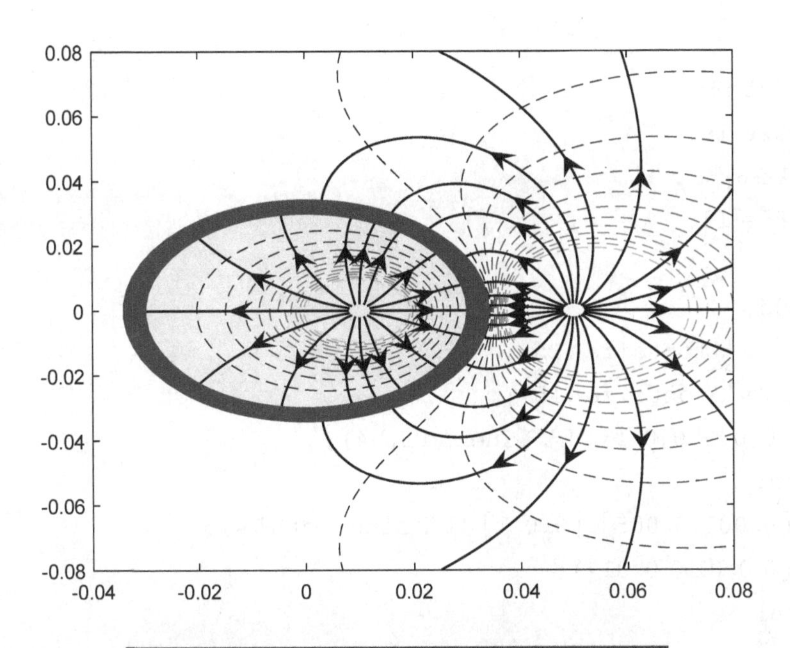

图 2.33　点电荷位于球壳内外时的电位和电场分布

2.5　静电能量与密度

假设在平行平板电极上施加一直流电压 $U_0=20\text{V}$，板间距离 $d=5\text{mm}$，极板间均匀分布有密度为 $\rho=-10^{-6}\text{C/m}^3$ 的电荷，试求出极板间电位和电场强度分布。

解析： 建立图 2.34 所示坐标系，令 xOy 平面与电容器左边极板重合，忽略边缘效应，将其理想化为无限大平板的情况，则电位 φ 是仅关于 x 的函数，可以根据泊松方程计算得到

$$\nabla^2\varphi=\frac{\mathrm{d}^2\varphi}{\mathrm{d}x^2}=-\frac{\rho}{\varepsilon} \tag{2.23}$$

根据边界条件：$x=0$ 时，$\varphi=0$；$x=d$ 时，$\varphi=U_0$；联立求解可得

$$\varphi=-\frac{\rho}{2\varepsilon}x^2+\left(\frac{U_0}{d}+\frac{\rho d}{2\varepsilon}\right)x \tag{2.24}$$

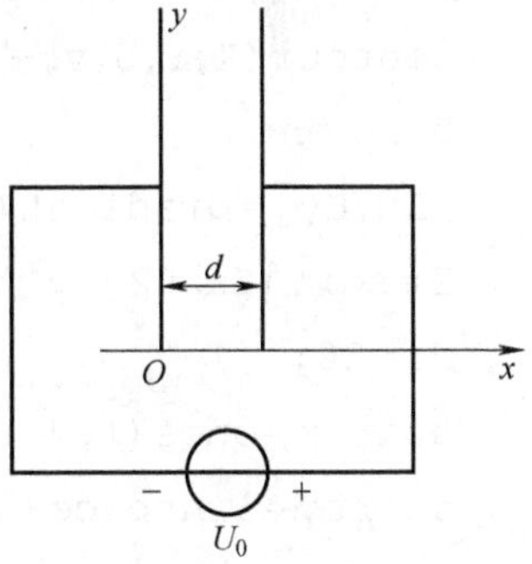

图 2.34　平行板电容器示意图

根据 $\boldsymbol{E}=-\nabla\varphi$，可得

$$\boldsymbol{E}=-\frac{\mathrm{d}\varphi}{\mathrm{d}x}=\left(\frac{\rho}{\varepsilon}x-\frac{U_0}{d}-\frac{\rho d}{2\varepsilon}\right)\boldsymbol{e}_x \tag{2.25}$$

用 MATLAB 中的 contour 和 streamline 命令可以将平行板电容器间电场和电位分布直观化，源代码如下：

```
clear
k=8.9875e9;
e=1.602e-19;
rho=-1e-6;
e0=8.85e-12;
U0=20;
d=0.005;
xlabel('x','fontsize',15);
ylabel('y','fontsize',15);
plot([0,0],[0,0.1],'k','linewidth',4);
hold on;
plot([0.005,0.005],[0,0.1],'k','linewidth',4);
axis([0 0.01 0 0.01]);
hold on;
Np=100;
x=linspace(0,0.005,Np);
y=linspace(0,0.1,Np);
[X,Y]=meshgrid(x,y);
m1=-rho/2/e0;
m2=U0/d+rho/2/e0*d;
U=m1*X.^2+m2*X;
v=linspace(0,U0,10);
contour(X,Y,U,v,'--','linewidth',1,'color','r');
hold on
[Ex,Ey]=gradient(-U,0.005/Np);
E=sqrt(Ex.^2+Ey.^2);
Ne=10;
startx=ones(1,Ne)*0.005;
starty=linspace(0.0001,0.0099,Ne);
for i=1:Ne
  h=streamline(X,Y,Ex,Ey,startx(i),starty(i));
  arrowPlot(h.XData,h.YData,'number',1,'color','b','LineWidth',1);
  hold on
end
hold on
title('无限大平行平板','fontsize',15);
text(0.0052,0.0095,'U0=20V')
```

运行代码后，其电场分布如图 2.35 所示。

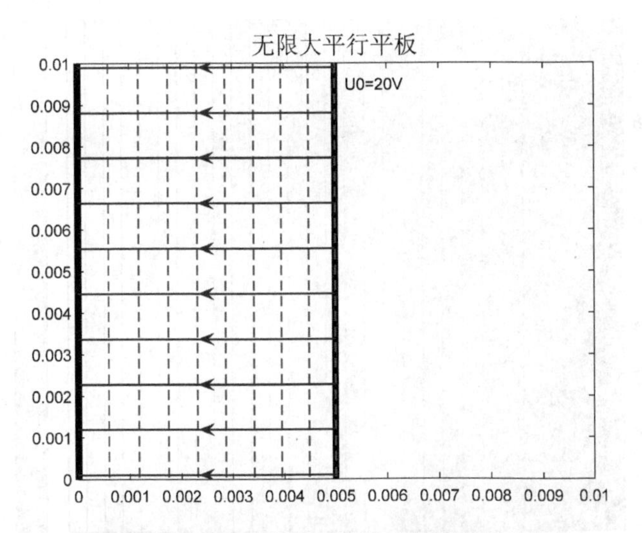

图 2.35　平行板电容器间电场线分布与等位线

根据能量密度与电场的数学关系有

$$w_e = \frac{1}{2}\boldsymbol{D} \cdot \boldsymbol{E} = \frac{1}{2}\varepsilon E^2 \tag{2.26}$$

只需要上述程序中添加如下代码：

```
figure
we=e0/2*E.^2;
contourf(X,Y,we,28);
colorbar
```

其能量密度分布云图如图 2.36 所示。

电容器单位面积储存能量 $W=3.5459\times10^{-8}$。

同样，计算电容器单位体积储存能量 W，只需要添加下列代码：

```
syms x
Em1=-rho/e0;
Em2=-U0./d-rho/2/e0*d;
Ee=-Em1*x+Em2;
wev=0.5*Ee^2*e0;
W=int(wev,0,d)*0.1;          %单位体积储存的能量
double(W)
计算结果为：
W=3.5459e-08
```

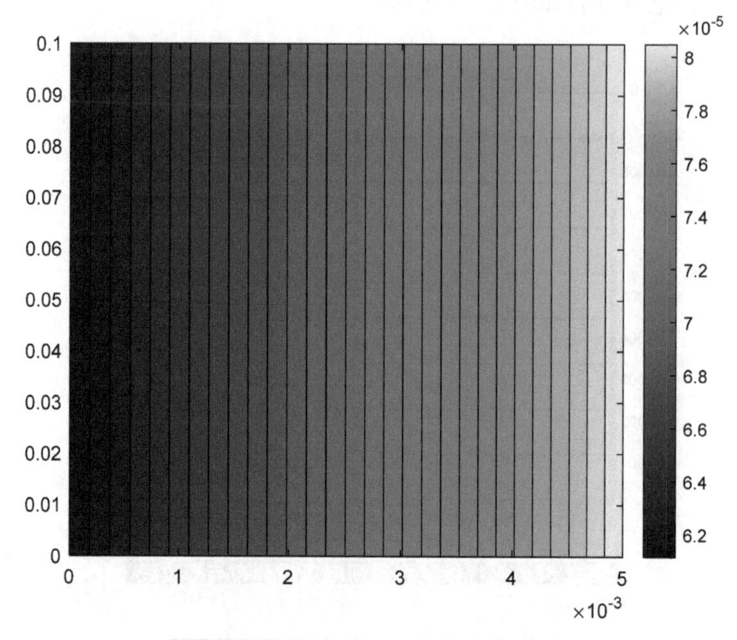

图 2.36　平行板电容器能量密度分布

第 3 章　恒定电场的 MATLAB 直观化

静止电荷产生的场是静电场。从本章开始，研究运动电荷产生的场。首先讨论最简单的电荷运动，设电荷的速度是恒定的，即电荷运动速度的大小和方向都不变，此时产生的电流是恒定电流。

恒定电流产生恒定的电场和磁场，当电流分布不随时间变化时，电场和磁场可以分开研究，本章仅研究电场。

3.1　扇形导电片的场

设一扇形导电片，如图 3.1 所示，内径为 a，外径为 b，扇形角度为 θ，电导率为 γ，给定两端面电位差为 U_0。试求导电片内电流场分布及其两端面间的电阻。

解析：采用圆柱坐标系，设待求场量为电位 φ，其边值问题为

$$\begin{cases} \nabla^2\varphi(\rho,\phi,z)=\dfrac{1}{\rho^2}\cdot\dfrac{\partial^2\varphi}{\partial^2\phi}=0 \quad (\rho,\phi)\in D \\ \varphi_{\phi=0}=0 \\ \varphi\big|_{\phi=\theta}=U_0 \end{cases} \tag{3.1}$$

积分，得

$$\varphi=C_1\phi+C_2 \tag{3.2}$$

由边界条件，得

$$C_1=\frac{U_0}{\theta},\quad C_2=0 \tag{3.3}$$

图 3.1　扇形导电片中的恒定电流场

故导电片内的电位为

$$\varphi=\frac{U_0\phi}{\theta} \tag{3.4}$$

电流密度分布为

$$J=\gamma E=-\gamma\nabla\varphi=-\frac{\gamma}{\rho}\cdot\frac{\partial}{\partial\varphi}\left(\frac{U_0\phi}{\theta}\right)e_\phi=-\frac{\gamma U_0}{\rho\theta}e_\phi \tag{3.5}$$

对于图 3.1 所示厚度为 t 的导电片两端面的电阻为

$$R=\frac{U_0}{I}=\frac{U_0}{\int_S J\cdot\mathrm{d}S}=\frac{U_0}{-\int_a^b\frac{\gamma U_0}{\rho\theta}e_\phi\cdot t\mathrm{d}\rho(-e_\phi)}=\frac{\theta}{\gamma t\ln\left(\frac{b}{a}\right)} \tag{3.6}$$

其电场分布的 MATLAB 代码分为四步：

第一步：定义各变量

```
a=0.1;                %内径参数
b=0.3;                %外径参数
t=0.05;               %厚度参数
U0=100;               %电压参数
gama=2e-3;            %电导率参数
THR=pi/3;             %计算区域角度
```

第二步：画电位等位图

```
rho1=linspace(a,b,10);
theta1=linspace(0.0,pi/3,10);
[theta,rho]=meshgrid(theta1,rho1);
[X,Y]=pol2cart(theta,rho);
U=U0/THR.*atan(Y./X);
contour(X,Y,U);              %等高线
xlabel('x(m)')
ylabel('y(m)')
```

第三步：求电流密度的电场

```
figure;
cj=-gama*U0./sqrt(X.^2+Y.^2)/THR;
R=THR/gama/t/log(b/a);
contourf(X,Y,cj,20)
xlabel('x(m)')
ylabel('y(m)')
```

第四步：计算电阻

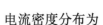

```
R=THR/gama/t/log(b/a)
```

其电位等位线和电流密度的云图分布如图 3.2 所示，电阻计算结果为：$9.5320\times10^{6}\Omega$，即 $6.532\mathrm{M}\Omega$。

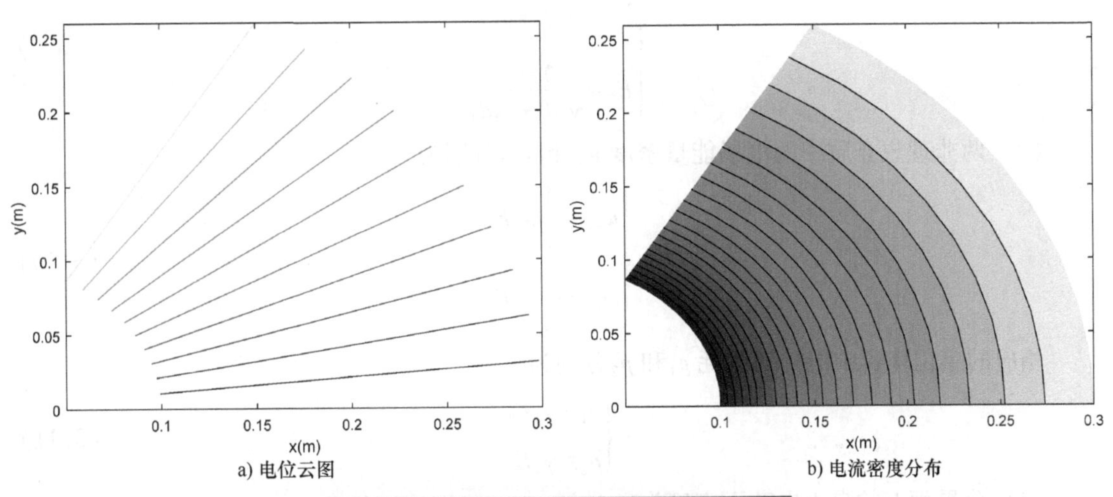

图 3.2　扇形导电片的电位和电流密度分布

3.2　平板电容器的电流场与能量密度分布

设一平板电容器由两层非理想介质串联构成，如图 3.3 所示，其介电常数和电导率分别为 ε_1，γ_1 和 ε_2，γ_2，厚度分别为 d_1 和 d_2。外施恒定电压 U_0，忽略边缘效应。试求：

（1）两层非理想介质中的电场强度。

（2）单位体积中的电场能量密度及功率损耗密度。

（3）两层介质分界面上的自由电荷面密度。

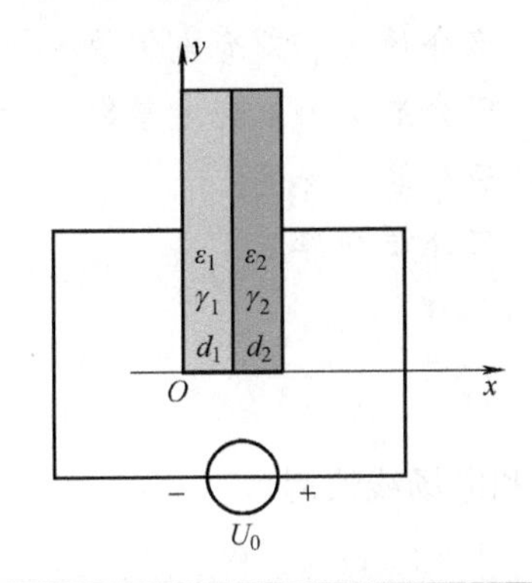

图 3.3　两层非理想介质平板电容器

解：（1）忽略边缘效应，可以认为电容器中电流密度 $\boldsymbol{J}$ 线与两介质交界面相垂直，根据分界面衔接条件：电流密度法向分量相等（$J_1=J_{1n}=J_{2n}=J_2$），得到

$$\gamma_1 E_1=\gamma_2 E_2 \tag{3.7}$$

根据电压关系有

$$E_1 d_1+E_2 d_2=U_0 \tag{3.8}$$

联立求解两式，得

$$\begin{cases} E_1 = \dfrac{\gamma_2 U_0}{\gamma_1 d_2 + \gamma_2 d_1} \\ E_2 = \dfrac{\gamma_1 U_0}{\gamma_1 d_2 + \gamma_2 d_1} \end{cases} \tag{3.9}$$

（2）两非理想介质中的电场能量密度 w_{e1} 和 w_{e2} 分别为

$$\begin{cases} w_{e1} = \dfrac{1}{2}\varepsilon_1 E_1^2 \\ w_{e2} = \dfrac{1}{2}\varepsilon_2 E_2^2 \end{cases} \tag{3.10}$$

相应的单位体积中的功率损耗 p_1 和 p_2 分别为

$$\begin{cases} p_1 = \gamma_1 E_1^2 \\ p_2 = \gamma_2 E_2^2 \end{cases} \tag{3.11}$$

（3）分界面上的自由电荷面密度为

$$\sigma = \frac{\varepsilon_2\gamma_1 - \varepsilon_1\gamma_2}{\gamma_1\gamma_2} J_2 = \frac{\varepsilon_2\gamma_1 - \varepsilon_1\gamma_2}{\gamma_1 d_2 + \gamma_2 d_1} U_0 \tag{3.12}$$

对于平行电容器中电场分布的 MATLAB 代码可以分为四步：

第一步：参数变量定义

```
clear
gama1=2e-5;               %介质 1 电导率
gama2=4e-5;               %介质 2 电导率
epson0=8.85e-12;
epson1=2;                 %介质 1 相对介电常数
epson2=5;                 %介质 2 相对介电常数
d1=0.2;                   %介质 1 厚度
d2=0.3;                   %介质 2 厚度
h=1.5;
U0=100;
```

第二步：介质 1 中电场计算和电场线绘制

```
N=80;
x1=linspace(0,d1,N);
y1=linspace(0,h/1.1,N);
[X1,Y1]=meshgrid(x1,y1);
Ex1=repmat(gama2*U0/(gama1*d2+gama2*d1),N);
Ey1=sparse(N,N);
```

```
    Ne=10;
    startx1=zeros(1,Ne)*d1+0.001;
    starty1=linspace(0.1,h/1.1,Ne);
    for i=1:Ne
        h1=streamline(X1,Y1,Ex1,Ey1,startx1(i),starty1(i));
        arrowPlot(h1.XData,h1.YData,'number',1,'color','b','LineWidth',1,
'scale',0.18);                                                      %画箭头
        hold on;
    end
```

第三步：介质 2 中电场计算和电场线绘制

```
    hold on
    N=60;
    x2=linspace(d1,d1+d2,N);
    y2=linspace(0,h/1.1,N);
    [X2,Y2]=meshgrid(x2,y2);
    Ex2=repmat(gama1*U0/(gama1*d2+gama2*d1),N);
    Ey2=sparse(N,N);
    Ne=10;
    startx2=zeros(1,Ne)*d2+d1;
    starty2=linspace(0.1,h/1.1,Ne);
    for i=1:Ne
        h2=streamline(X2,Y2,Ex2,Ey2,startx2(i),starty2(i));
        arrowPlot(h2.XData,h2.YData,'number',1,'color','b','LineWidth',1,
'scale',0.15);                                                      %画箭头
        hold on;
    end
```

第四步：介质分界面绘制和标注

```
    axis([0 d1+d2 0 h])
    xe=ones(1,Ne)*d1;
    ye=linspace(0,h,Ne);
    plot(xe,ye,'LineWidth',5)
    text(0.05,0.5,'介质 1')
    text(d1+0.2,0.5,'介质 2')
    text(d1+0.01,0.5,'介质分界面')
```

```
xlabel('x(m)')
ylabel('y(m)')
```

运行 MATLAB 程序，平板电容器中的电场强度分布如图 3.4 所示。

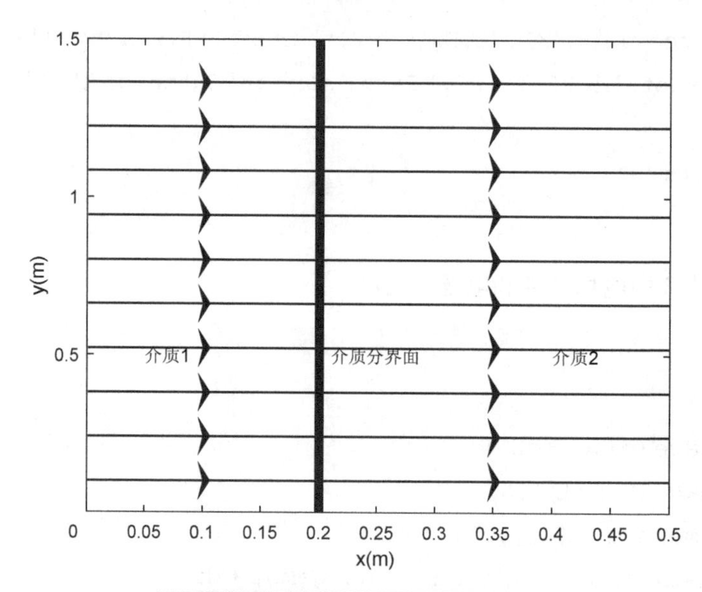

图 3.4　平板电容器中电场强度分布

对于平板电容器中介质的能量和损耗计算，其 MATLAB 代码为

```
figure
we1=epson0*epson1/2*Ex1.^2;                    %介质 1 中能量
we2=epson0*epson2/2*Ex2.^2;                    %介质 2 中能量
X=[X1 X2];
Y=[Y1 Y2];
we=[we1 we2];
contourf(X,Y,we,28)
xlabel('x(m)')
ylabel('y(m)')
xe=ones(1,Ne)*d1;
ye=linspace(0,h,Ne);
hold on
plot(xe,ye,'LineWidth',5,'color','r')
text(0.05,0.5,'介质 1 电场能量')
text(d1+0.1,0.5,'介质 2 电场能量','color','w')
text(d1,0.5,'介质分界面','color','w')
```

```
axis([0 d1+d2 0 h/1.1])
hg=colorbar;
```

MATLAB 运行结果如图 3.5 所示，其中介质 1 中电场能量密度 W_{e1} 为 7.224×10^{-7}W/m^3，介质 2 中电场能量密度 W_{e2} 为 4.515×10^{-7}W/m^3。

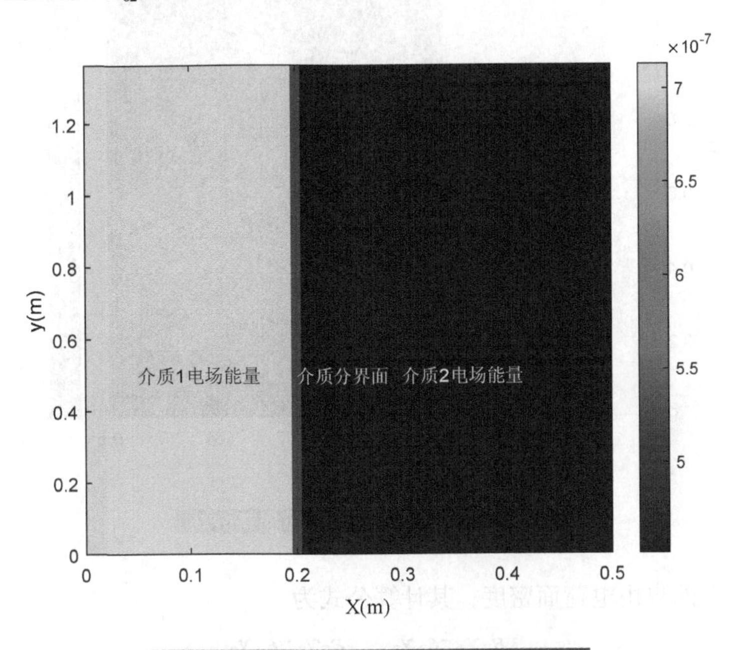

图 3.5　平板电容器中电场能量密度分布

相应的单位体积中的功率损耗 MATLAB 计算代码为

```
figure
p1=gama1*Ex1.^2;                    %介质 1 中损耗
p2=gama2*Ex2.^2;                    %介质 2 中损耗
p=[p1 p2];
contourf(X,Y,p,28)
xlabel('x(m)')
ylabel('y(m)')
hold on
plot(xe,ye,'LineWidth',5,'color','r')
text(0.05,0.5,'介质 1 损耗')
text(d1+0.2,0.5,'介质 2 损耗','color','w')
text(d1,0.5,'介质分界面','color','w')
axis([0 d1+d2 0 h/1.1])
hg=colorbar;
```

MATLAB 运行结果如图 3.6 所示，其中介质 1 中功率损耗为 1.6327W/m^3，介质 2 中功率损耗为 0.8163W/m^3。

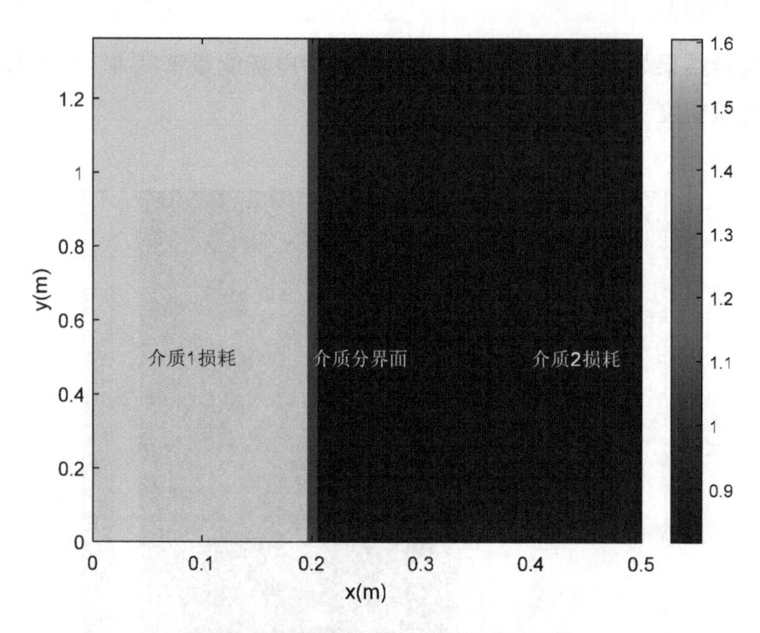

图 3.6　平板电容器中功率损耗分布

对于分界面上的自由电荷面密度，其计算公式为

$$\sigma=\frac{\varepsilon_2\gamma_1-\varepsilon_1\gamma_2}{\gamma_1\gamma_2}J_2=\frac{\varepsilon_2\gamma_1-\varepsilon_1\gamma_2}{\gamma_1 d_2+\gamma_2 d_1}U_0 \tag{3.13}$$

其 MATLAB 计算代码为

```
    sigma = (epson0 * epson2 * gama1-epson0 * epson1 * gama2) / (gama1 * d2 +
gama2 * d1) * U0
```

计算结果为

```
sigma =
    1.2643e-09
```

3.3　恒定电场与静电场的比拟——静电比拟法

根据相似原理，就可以把一种场的计算和实验结果，推广应用于另一种场，这就是比拟法。利用比拟原理，可利用已经获得的静电场的结果直接求解恒定电流场；恒定电流场容易实现且便于测量可用（边界条件相同）电流场来研究静电场特性。下面以同轴电缆的场分布和泄漏电流为例，进行分析。

如图 3.7 所示的同轴电缆，长度为 l，内导体外半径为 a，外导体内半径为 b，内外导体

之间接有电压为 U 的直流电源。

（1）若内外导体之间的电介质电导率为零，介电常数为 ε，求电场强度 $\boldsymbol{E}$、电位移 $\boldsymbol{D}$ 和电容 C。

（2）若内外导体之间为非理想绝缘介质，电导率为 γ，介电常数为 ε，求电场强度 $\boldsymbol{E}$、电位移 $\boldsymbol{D}$、电流密度 $\boldsymbol{J}$、单位长度的漏电导 G。

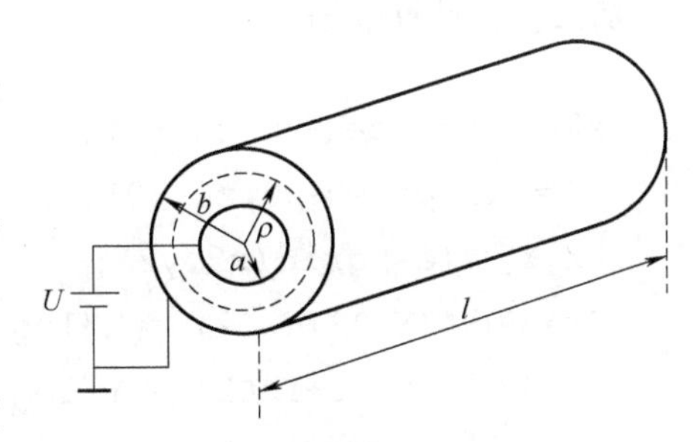

图 3.7　同轴电缆

解：（1）导体之间的电介质电导率为零，介质中没有电流，属于静电场范畴。设内导体的电量为 q，以同轴电缆为轴建立圆柱坐标系，则电介质中电场强度为

$$\boldsymbol{E}=\frac{q}{2\pi\varepsilon\rho l}\boldsymbol{e}_{\rho} \tag{3.14}$$

内外导体电压为

$$U=\int_a^b E\mathrm{d}\rho=\int_a^b \frac{q}{2\pi\varepsilon\rho l}\mathrm{d}\rho=\frac{q}{2\pi\varepsilon l}\ln\frac{b}{a} \tag{3.15}$$

联立上两式，可求得

$$\boldsymbol{E}=\frac{U}{\rho\ln\frac{b}{a}}\boldsymbol{e}_{\rho}\qquad \boldsymbol{D}=\frac{\varepsilon U}{\rho\ln\frac{b}{a}}\boldsymbol{e}_{\rho} \tag{3.16}$$

因此，电容为

$$C=\frac{q}{U}=\frac{2\pi\varepsilon l}{\ln\frac{b}{a}} \tag{3.17}$$

则单位长度电容为

$$\frac{C}{l}=\frac{2\pi\varepsilon}{\ln\frac{b}{a}} \tag{3.18}$$

用 MATLAB 中的 contour 和 streamline 命令可以将同轴电缆电场和电容分布直观化，其源代码如下：

第一步： 定义各变量

```
clear
epson=8.85e-12;              %真空相对介电常数
epsonr=5;                    %电缆绝缘层介电常数
ra=0.2;                      %球半径
rb=0.7;                      %球间距
l=1;                         %电缆长度
U0=100;
x0=0.8;
```

第二步：计算电场

```
x2=linspace(-x0,x0,60);
y2=linspace(-x0,x0,60);
[X,Y]=meshgrid(x2,y2);
Ex=U0./(X.^2+Y.^2).*X/log(rb/ra);
Ey=U0./(X.^2+Y.^2).*Y/log(rb/ra);
Ex(sqrt(X.^2+Y.^2)<ra)=0;                    %剔除内球体
Ey(sqrt(X.^2+Y.^2)<ra)=0;                    %剔除内球体
Ex(sqrt(X.^2+Y.^2)>rb)=0;                    %剔除内球体
Ey(sqrt(X.^2+Y.^2)>rb)=0;                    %剔除内球体
```

第三步：绘制电场分布

```
N=50;
theta=0:2*pi/N:2*pi;
xa=ra*cos(theta);
ya=ra*sin(theta);
xb=rb*cos(theta);
yb=rb*sin(theta);
fill(xb,yb,'y');                        %画接地导体球
hold on
fill(xa,ya,'w');                        %画接地导体球
x1=ra*cos(theta);
y1=ra*sin(theta);
for i=1:N
  h1=streamline(X,Y,Ex,Ey,x1(i),y1(i));
  arrowPlot(h1.XData,h1.YData,'number',1,'color','b','LineWidth',1,
'scale',0.9);                           %画箭头
  hold on;
end
xa=ra*cos(theta);
ya=ra*sin(theta);
plot(xa,ya,'b','LineWidth',5);          %%%球壳
xb=rb*cos(theta);
yb=rb*sin(theta);
plot(xb,yb,'b','LineWidth',5);          %%%球壳
axis([-rb-0.1 rb+0.1-rb-0.1 rb+0.1])
```

```
xlabel('x(m)')
ylabel('y(m)')
```

第四步：计算电容

```
C=2*pi*epson*epsonr*l/log(rb/ra)/l
```

运行 MATLAB 程序，电场分布如图 3.8 所示。

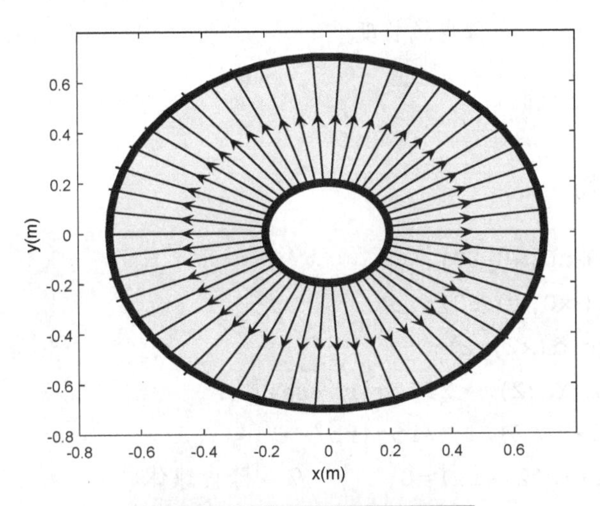

图 3.8 同轴电缆静电场分布图

单位电容 C 计算结果为

$$C=2.2193\times10^{-10}$$

（2）导体间为非理想绝缘材料，有漏电流，属于恒定电场范畴，采用恒定电场分析法。

设内外导体间单位长度泄漏电流为 I，则内外导体间的电流密度（注意：这里的泄漏电流密度和电场强度都只有径向分量，做半径为 ρ 的同轴单位圆柱面）为

$$\boldsymbol{J}=\frac{I}{2\pi\rho}\boldsymbol{e}_\rho \quad \boldsymbol{E}=\frac{I}{2\pi\rho\gamma}\boldsymbol{e}_\rho \tag{3.19}$$

内外导体电压为

$$U=\int_a^b E\mathrm{d}\rho=\int_a^b\frac{J}{\gamma}\mathrm{d}\rho=\int_a^b\frac{I}{2\pi\gamma\rho}\mathrm{d}\rho=\frac{I}{2\pi\gamma}\ln\frac{b}{a} \tag{3.20}$$

联立上两式，可求得

$$\boldsymbol{J}=\frac{\gamma U}{\rho\ln\dfrac{b}{a}}\boldsymbol{e}_\rho \tag{3.21}$$

故单位长度的漏电导为

$$G=\frac{I}{U}=\frac{2\pi\gamma}{\ln\dfrac{b}{a}} \tag{3.22}$$

用 MATLAB 中的 contour 和 streamline 命令可以将同轴电缆电场和电容分布直观化，其源代码如下：

第一步：定义各变量

```
clear
gama=2e-5;            %电缆绝缘层电导率
ra=0.2;               %球半径
rb=0.7;               %球间距
l=1;                  %电缆长度
U0=100;
x0=0.8;
```

第二步：计算电场

```
x2=linspace(-x0,x0,60);
y2=linspace(-x0,x0,60);
[X,Y]=meshgrid(x2,y2);
Jx=U0./(X.^2+Y.^2).*X/log(rb/ra);
Jy=U0./(X.^2+Y.^2).*Y/log(rb/ra);
Jx(sqrt(X.^2+Y.^2)<ra)=0;        %剔除内球体
Jy(sqrt(X.^2+Y.^2)<ra)=0;        %剔除内球体
Jx(sqrt(X.^2+Y.^2)>rb)=0;        %剔除内球体
Jy(sqrt(X.^2+Y.^2)>rb)=0;        %剔除内球体
```

第三步：绘制电场分布

```
N=50;
theta=0:2*pi/N:2*pi;
xa=ra*cos(theta);
ya=ra*sin(theta);
xb=rb*cos(theta);
yb=rb*sin(theta);
fill(xb,yb,'y');                              %画接地导体球
hold on
fill(xa,ya,'w');                              %画接地导体球
x1=ra*cos(theta);
y1=ra*sin(theta);
for i=1:N
  h1=streamline(X,Y,Jx,Jy,x1(i),y1(i));
```

```
    arrowPlot(h1.XData,h1.YData,'number',1,'color','b','LineWidth',1,
'scale',0.9);                                                %画箭头
    hold on;
  end
  xa=ra*cos(theta);
  ya=ra*sin(theta);
  plot(xa,ya,'b','LineWidth',5);                             %%%球壳
  xb=rb*cos(theta);
  yb=rb*sin(theta);
  plot(xb,yb,'b','LineWidth',5);                             %%%球壳
  axis([-rb-0.1 rb+0.1-rb-0.1 rb+0.1])
  xlabel('x(m)')
  ylabel('y(m)')
  plot([rb+0.15,rb+0.15],[0,-0.3],'k-','LineWidth',2.0);    %画接地符号
  plot([rb+0.05,rb+0.25],[-0.3,-0.3],'color','k','LineWidth',2.0);
  plot([rb+0.07,rb+0.23],[-0.34,-0.34],'color','k','LineWidth',2.0);
  plot([rb+0.09,rb+0.21],[-0.38,-0.38],'color','k','LineWidth',2.0);
  plot([rb,rb+0.15],[0,0],'color','k','LineWidth',2.0)
```

第四步：计算电导

```
G=2*pi*gama/log(rb/ra)
```

运行 MATLAB 程序，电场分布如图 3.9 所示。

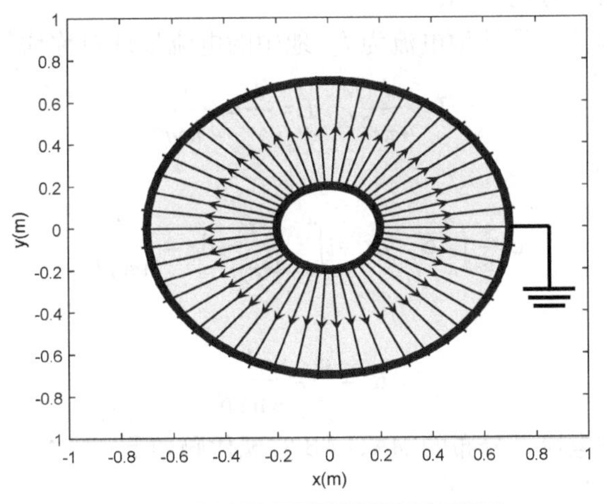

图 3.9　同轴电缆电流密度分布图

电导 G 的运行结果为

$$G=1.0031\times10^{-4}$$

运用静电比拟法

$$\frac{C}{G}=\frac{\varepsilon}{\gamma} \tag{3.23}$$

电容与电导之比的计算结果为：$2.2193\times10^{-10}/1.0031\times10^{-4}=2.212\times10^{-6}$

介电常数与电导率之比的计算结果为：$8.85\times10^{-12}\times5/2\times10^{-5}=2.212\times10^{-6}$

由计算结果可以看出，两者结果一致，由此验证了静电比拟法的有效性。

3.4 接地器的电流场分布

为保障电气设备正常工作和人身安全，工程上场需要将电气设备的一部分与大地连接，称为接地。接地通过接地装置实现，接地装置由接地体和接地线组成。与土壤直接接触的导体（金属体）称为接地体，连接电气设备和接地体的导线称为接地线。接地体有人工接地体和自然接地体，接地体形状有球形、棒形、柱形、网形及其组合。因此，有必要分析不同接地器的电流场分布和接地电阻参数。

计算接地体的接地电阻是恒定电场计算的重要工作。由于金属的电导率远大于土壤的电导率，通常认为接地体流过土壤的电流近似垂直于接地体表面；对于频率是 50Hz 的电力系统，可近似看成恒定电流场。

3.4.1 深埋球形接地器的电流分布和场分布

对于深埋的接地体，可不考虑地面影响。例如如图 3.10 所示，单层土壤的电导率为 γ，与空气（$\gamma=0$）的分界面为无阻大平面。接地导体球半径为 R，球心距离地面的距离为 D，$D\gg R$，设导体的电导率远大于土壤的电导率，可将导体球表面近似看成等电位面。

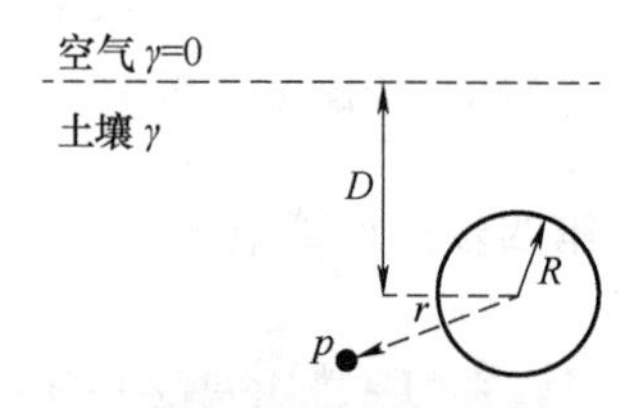

图 3.10 深埋的球形接地器与电场分布

对于深埋球形接地器，设接地电流为 I，地中的电流呈球对称均匀分布，有

$$J=\frac{I}{4\pi r^2},\quad E=\frac{J}{\gamma}=\frac{I}{4\pi\gamma r^2} \tag{3.24}$$

接地球的电位为

$$\varphi=\int_R^{\infty}\boldsymbol{E}\cdot \mathrm{d}\boldsymbol{r}=\int_R^{\infty}\frac{I}{4\pi\gamma r^2}\mathrm{d}r=\frac{I}{4\pi\gamma R} \tag{3.25}$$

则接地电阻 R_{d} 为

$$R_{\mathrm{d}}=\frac{\varphi}{I}=\frac{1}{4\pi\gamma R} \tag{3.26}$$

深埋球形接地器的电流场分布的 MATLAB 实现代码如下：

第一步：定义各变量

```
clear
gama=2e-2;        %土壤电导率
```

```
R=0.1;          %球半径
I=1000;
D=-0.5;         %深埋深度,负号表示在土壤里面
x0=1.5;
```

第二步：计算电流场

```
x2=linspace(-x0,x0,60);
y2=linspace(-x0,0,50);
[X,Y]=meshgrid(x2,y2);
Jx=I./(X.^2+(Y-D).^2).^1.5.*X/(4*pi);
Jy=I./(X.^2+(Y-D).^2).^1.5.*(Y-D)/(4*pi);
```

第三步：绘制电流场分布

```
N=20;
theta=0:2*pi/N:2*pi;
ra=R;
x1=ra*sin(theta);
y1=D+ra*cos(theta);
for i=1:N
  h1=streamline(X,Y,Jx,Jy,x1(i),y1(i));
  arrowPlot(h1.XData,h1.YData,'number',1,'color','b','LineWidth',1,
...'scale',2);                %画箭头
  hold on;
end
axis([-x0 x0 -x0 0])
hold on
fill(x1,y1,'y');              %画接地导体球
xlabel('x(m)')
ylabel('y(m)')
```

第四步：计算电场和电位分布

```
figure
Ex=Jx/gama;
Ey=Jy/gama;
xe=ra*sin(theta);
```

```
    ye=D+ra*cos(theta);
    for i=1:N
      he=streamline(X,Y,Ex,Ey,xe(i),ye(i));
      arrowPlot(he.XData,he.YData,'number',1,'color','b','LineWidth',1,
'scale',2);                %画箭头
      hold on;
    end
    axis([-x0 x0 -x0 0])
    hold on
    fill(x1,y1,'y');      %画接地导体球
    u=I./gama/(4*pi)./sqrt(X.^2+(Y-D).^2);
    u0=I./gama/(4*pi)/0.5;
    u0=linspace(1,4,8)*u0;
    contour(X,Y,u,u0)
    xlabel('x(m)')
    ylabel('y(m)')
```

运行 MATLAB 程序，电场分布如图 3.11 所示。

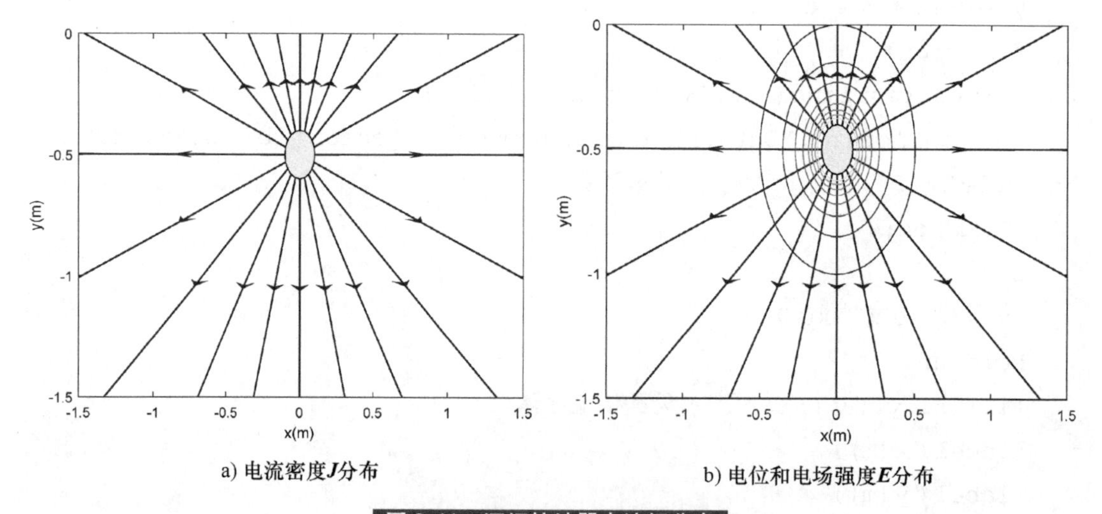

a) 电流密度J分布　　b) 电位和电场强度E分布

图 3.11　深埋接地器电流场分布

第五步：计算接地导体电位和接地电阻

```
    u=I./gama/R/(4*pi)
    Rd=u/I
```

运行程序，得到：

```
u=3.978e+04
Rd=39.7887
```

3.4.2　浅埋球形接地器的电流分布和场分布

如果接地器是浅埋的，则考虑地面对电流的影响，电流不再均匀分布，可用静电比拟法或镜像法求解。

设半径为 a 的浅埋导体球接地器，球心距离地面 $h=0.9\text{m}$，$h \gg a$，导体球电位 $U=100\text{V}$，土壤电导率为 $\gamma=0.025\text{S/m}$。

方法一：静电比拟法

建立直角坐标系，地面为 xOy 平面，导体球的球心位于（0，0，-h）处，则由于 $h \gg a$，可将导体球近似看作点电荷，根据 $U=\dfrac{q}{4\pi\varepsilon_0 a}$，得出点电荷带电量为 $q=4\pi\varepsilon_0 aU$。

$\boldsymbol{E}$ 和 φ 是关于 z 轴对称的，只要绘制平面 xOz 的场图就能表示清楚全空间的场分布。在 xOz 平面上，φ 可写为

$$\varphi=Ua\left[\frac{1}{\sqrt{x^2+(z-h)^2}}+\frac{1}{\sqrt{x^2+(z+h)^2}}\right] \tag{3.27}$$

$$\boldsymbol{E}=-\nabla\varphi \tag{3.28}$$

用 contour 命令可绘制等位面，如图 3.12 所示。用 gradient 命令可得电场后，用 streamline 绘制出电力线。其详细代码如下：

```
clear;
V=100;                                          %导体球电压
b=2.5;                                          %绘图区域半宽度
h=0.9;                                          %导体球埋深
height=2.5;                                     %绘图区域高度
a=0.01;                                         %m,导体球半径
M=101;
[x,z]=meshgrid(-b:2*b/(M-1):b,-height:2*height/(M-1):0);
                                                %设置网格点
phi=V*a*(1./sqrt(x.^2+(z-h).^2)+1./sqrt(x.^2+(z+h).^2));
                                                %电位
figure(1)
contour(x,z,phi);                               %绘制等位面
hold on;                                        %固定当前图形
axis equal;                                     %设置 x,z 方向单位长度相等
[Ex,Ez]=gradient(-phi);                         %电场
```

```
E=sqrt(Ex.^2+Ez.^2);                                    %求电场强度
  N=30;
  kk=1:N;
  aa=20*a;                                              %电力线起点所在圆的半径
  theta=0:2*pi/N:2*pi+pi/2;
  x1=aa*cos(theta);
  z1=-h+aa*sin(theta);                                  %起点坐标
  for i=1:N
    h1=streamline(x,z,Ex,Ez,x1(i),z1(i));               %绘制电力线
    arrowPlot(h1.XData,h1.YData,'number',1,'color','b','LineWidth',1);
                                                        %画箭头
    hold on
  end
xlabel('x(m)')
ylabel('y(m)')
```

运行代码后，得到浅埋导体球附近电位和电力线分布如图 3.12 所示。

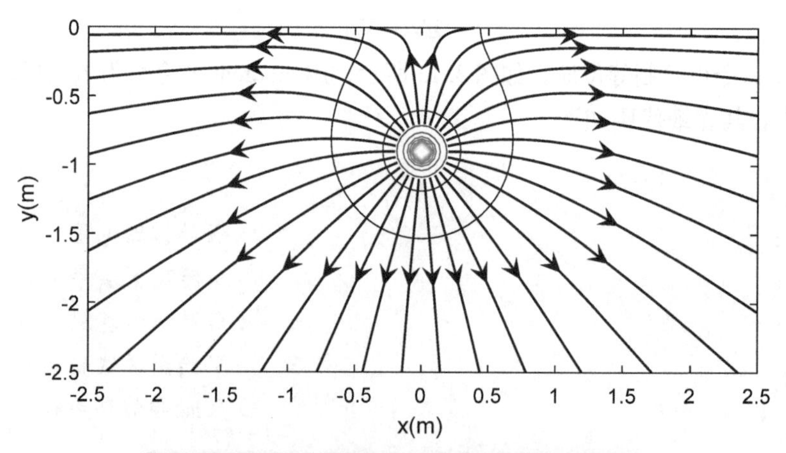

图 3.12　浅埋导体球附近电位和电力线分布图

方法二：镜像电流法

浅埋球形接地体如图 3.13a 所示，其镜像法求解如图 3.13b 所示。由叠加原理，接地球的电位表达式为

$$\varphi=\frac{I}{4\pi\gamma R}+\frac{I}{4\pi\gamma(2D)} \tag{3.29}$$

式中，D 为球心距离地面距离。

由于实际通过接地器的电流为 I，故其实际接地电阻为

$$R=\frac{\varphi}{I}=\frac{1}{4\pi\gamma R}+\frac{1}{4\pi\gamma(2D)} \tag{3.30}$$

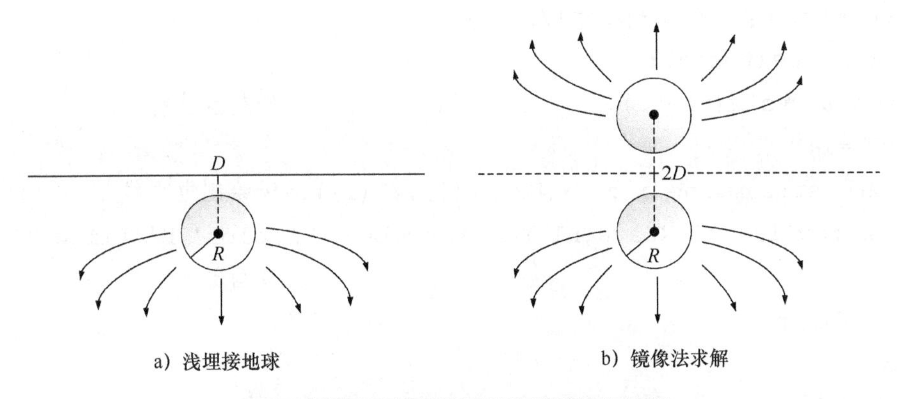

a）浅埋接地球　　b）镜像法求解

图 3.13　非深埋接地球及其镜像法求解

说明： 本方法的推导过程是存在疏漏的，因为没有考虑镜像法两导体球-球间电流场的相互作用，它使电流密度在球表面的分布是不均匀的，而在推导过程中没有考虑这种不均匀性，这在条件 $D \gg R$ 满足时，其误差很小。但是，当球心距离地面距离 D 与导体球半径 R 相比为同一数量级时，误差较大，这时电流场的作用中心发生偏移，电流的作用无法用点电流源（位于导体球中心）等效，使电位无法直接叠加。

采用镜像法求解浅埋接地球的电流场和电位代码如下：

```
I=100;                                          %导体电流
gama=1e-5;                                      %电导率
b=2.5;                                          %绘图区域半宽度
h=0.9;                                          %导体球埋深
height=2.5;                                     %绘图区域高度
a=0.01;                                         %m,导体球半径
M=101;
[x,z]=meshgrid(-b:2*b/(M-1):b,-height:2*height/(M-1):0);
                                                %设置网格点
phi=I*(1./sqrt(x.^2+(z-h).^2))/(4*pi)+I./sqrt(x.^2+(z+h).^2)/
…(4*pi);                                        %电位
contour(x,z,phi);                               %绘制等位面
hold on;                                        %固定当前图形
axis equal;                                     %设置 x,z 方向单位长度相等
[Ex,Ez]=gradient(-phi);                         %电场
E=sqrt(Ex.^2+Ez.^2);                            %求电场强度
N=30;
kk=1:N;
aa=20*a;                                        %电力线起点所在圆的半径
```

```
theta=0:2*pi/N:2*pi+pi/2;
x1=aa*cos(theta);
z1=-h+aa*sin(theta);                        %起点坐标
for i=1:N
    h1=streamline(x,z,Ex,Ez,x1(i),z1(i));  %绘制电力线
    arrowPlot(h1.XData,h1.YData,'number',1,'color','b','LineWidth',1);
                                            %画箭头
    hold on
end
xlabel('x(m)')
ylabel('y(m)')
```

程序运行后，得到浅埋导体球附近电位和电力线分布如图 3.14 所示。

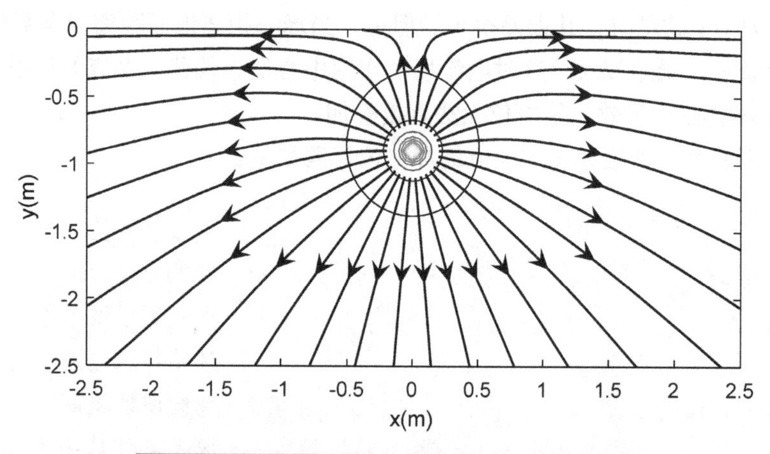

图 3.14　浅埋导体球附近电位和电力线分布图

接地球电位和电阻计算程序为

```
R=1/(4*pi*gama*a)+1/(4*pi*gama*2*h)
```

运行结果为

```
R=8.0020e+05
```

3.4.3　浅埋直管接地器的电流分布和场分布

当接地器深埋在地下时，可不考虑地面的影响。接地器的扩散电流可近似看成以接地体中心为中心均匀向外扩散；然而当接地器改成浅埋时，必须考虑地面的影响，可采用镜像法计算。

对于半径为 $R=0.05\text{m}$ 的管形接地器直立于电导率为 γ 的土壤中，如图 3.15 所示，接

地器与地面接触点电位为 $U=5\text{V}$，埋入土壤部分长为 $l=1\text{m}$，设无穷远处电位为 0，求土壤中的电位 φ，并绘制场分布图。

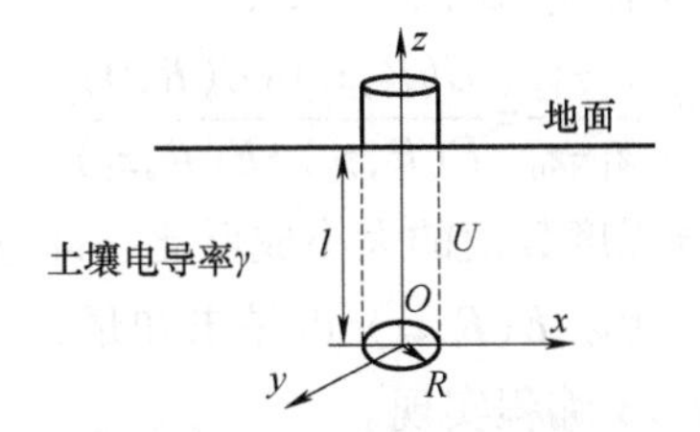

图 3.15　浅埋直管接地器示意图

解析：以地面为 xOy 平面，以导线轴线为 z 轴建立直角坐标系，根据对称性，只要求解 xOz 平面内的 φ 即可。地面上 $\boldsymbol{E}$ 的切向分量连续，$\boldsymbol{J}$ 的法向分量为零，根据静电比拟方法和镜像法，其相当于求解介电常数为 ε 的无限大媒质中的有限长带电导线的电场强度和电位。利用有限长带电直导线的电位公式可得

$$\varphi=\frac{U}{\ln\frac{\sqrt{l^2+R^2}+l}{\sqrt{l^2+R^2}-l}}\ln\frac{\sqrt{(z+l)^2+x^2}+z+l}{\sqrt{(z-l)^2+x^2}+z-l}\tag{3.31}$$

使用 contour 命令可绘制出导体管的等位面，如图 3.15 中虚线所示。用 [$\boldsymbol{E}_x$，$\boldsymbol{E}_z$] = gradient($-\varphi$) 命令求得电场分量 $\boldsymbol{E}_x$ 和 $\boldsymbol{E}_z$，再用 streamline 绘制出电力线。

绘制电力线时需要确定其起点坐标，该值需要根据电场计算公式确定，根据电位 $U=5\text{V}$ 可以计算得出接地导体单位长度的带电量为

$$\tau=\frac{4\pi\varepsilon U}{\ln\frac{\sqrt{l^2+R^2}+l}{\sqrt{l^2+R^2}-l}}\tag{3.32}$$

因此，总带电量 $Q=\tau l$，接地器的电位可以表示为

$$\varphi=\frac{\tau}{4\pi\varepsilon}\ln\frac{\sqrt{(z+l)^2+x^2}+z+l}{\sqrt{(z-l)^2+x^2}+z-l}\tag{3.33}$$

故土壤中的电场强度为

$$E_x=\frac{\pi lE_0}{2}\left[\frac{z+l}{x\sqrt{(z+l)^2+x^2}}-\frac{z-l}{x\sqrt{(z-l)^2+x^2}}\right]\tag{3.34}$$

$$E_z=\frac{\pi lE_0}{2}\left[\frac{l}{x\sqrt{(z+l)^2+x^2}}-\frac{l}{x\sqrt{(z-l)^2+x^2}}\right]\tag{3.35}$$

$$E^2=E_x^2+E_z^2\tag{3.36}$$

式中，$E_0=\frac{Q}{4\pi^2\varepsilon l^2}$。

将上述表达式进行直观化的最大困难是确定各电力线的起点。据此确定电力线起点相对位置，需要用到式（3.33）~式（3.35），且需要进行迭代计算。电力线起点在接地圆管表

面 $x=\pm R$ 处和 $z=-l$ 处，现设右边 $x=R$ 上的电力线起点。设从上往下第 k（$k=0$，1，2，3，…）条电力线的坐标为（R，z_k），其中 $z_0=0$ 和 $z_1=-l$ 已知，则：

1）第 2 条电力线起点的 z 坐标 z_2 由下式确定：

$$\frac{z_2-z_1}{z_1-z_0}=\frac{E(R,z_1)+E(R,0)}{E(R,z_2)+E(R,z_1)} \tag{3.37}$$

此式含义是电力线的间距与电场强度数值的大小成反比，即电力线的疏密反映电场强度的大小。式（3.37）中 z_2是未知量，所以 $E(R,z_2)$ 也是未知量，化简后的方程不能求得解析解，可以用迭代法求解，易用 MATLAB 编程实现。

2）用同样的方法可求解第 k（$k\geqslant 2$）条电力线起点的 z 坐标 z_k，对应的公式为

$$\frac{z_k-z_{k-1}}{z_1-z_0}=\frac{E(R,z_1)+E(R,0)}{E(R,z_k)+E(R,z_{k-1})} \tag{3.38}$$

通过迭代计算可确定所有电力线的起点坐标。

在程序中需要采用二分法进行求解下一条电力线起点位置，以绘制直埋管的电场线，将其定义为子函数，如下所示。在主函数中只需要调用该子函数即可。

```
function root=Erfen(f,a,b,epsilon)
%功能:二分法求非线性方程 f(x)=0 的根
%输入参数:
%f 是表示非线性函数 f(x)的参数(变量),数据类型:函数句柄对象
%a--区间左端点,b--区间右端点,epsilon--控制精度的参数
%输出参数
%root--非线性方程 f(x)=0 在[a,b]内的根
if f(a) * f(b) >0
    root=NaN;        %无解
    return
end
while b-a>epsilon
    m=(a+b)/2;
    if f(a) * f(m) <=0
        b=m;
    else
        a=m;
    end
end
root=(a+b)/2;
end
```

因此，浅埋直管接地器电流和场分布的 MATLAB 代码如下：

第一步：参数定义

```
U0=5;                                                      %设置基本参数
L=1;
R=0.05;
Xm=2;
Ym=3.5;
x9=linspace(-Xm,Xm,400);y=linspace(0,-Ym,200);  %制作网格
[X,Y]=meshgrid(x9,y);
```

第二步：计算电位和绘制电位云图

```
U=U0/log((sqrt(L^2+R^2)+L)/(sqrt(L^2+R^2)-L))*log((sqrt((Y+L).
^2+X.^2)+Y+L)./(sqrt((Y-L).^2+X.^2)+Y-L));             %电位公式
u=linspace(0,U0,10);                                   %画等位线
[C,H]=contour(X,Y,U,u,'r--');
hold on;
patch([-R,R,R,-R],[0,0,-L,-L],[0.7 0.6 0.5]);          %画导电体
hold on;
axis equal
E0=4*pi*U0*L/log((sqrt(L^2+R^2)+L)/(sqrt(L^2+R^2)-L))/(4*pi^
2*L^2);
[Ex1,Ey1]=gradient(-U);                                %电场公式
E=@(Y)sqrt((pi*L*E0/2*((Y+L)/(R*sqrt((Y+L)^2+R^2))-(Y-L)/
(R*sqrt((Y-L)^2+R^2))))^2+(pi*L*E0/2*(L/(R*sqrt((Y+L)^2+R^2))-L/
(R*sqrt((Y-L)^2+R^2))))^2);                            %导电体表面电位函数
```

第三步：绘制直管接地器右边电场线

```
z=[0 -0.25];                              %设置第一条电力线间距
a=E(z(2))*abs(z(2));                      %电场强度大小与电力线间距成
                                           反比
for i=3:15                                %设置电力线条数上限
    f=@(x)E(-x)*abs(z(i-1)-x)-a;          %求解下一条电力线起点位置
    b=Erfen(f,-1,z(i-1),1e-3);            %使用二分法求解
    if(b>=-L)
        z(end+1)=b;
    else
        break;                            %到达边界后停止
```

```
      end
    end
    for i=1:length(z)                                    %画右边电力线
      k2=streamline(X,Y,Ex1,-Ey1,R,z(i));
      set(k2,'LineWidth',1.2)
      for j=1:length(k2)
        xData=k2(j).XData;
        yData=k2(j).YData;
        hold on
    arrowPlot(xData,yData,'number',1,'color','b','LineWidth',1.5,'scale',1);
    end
    hold on
    end
```

第四步： 计算直管接地器左边电场线

```
    for i=1:length(z)                                     %画左边电力线
      k2=streamline(X,Y,Ex1,-Ey1,-R,z(i));
      set(k2,'LineWidth',1.2)
      for j=1:length(k2)
          xData=k2(j).XData;
          yData=k2(j).YData;
          hold on
          arrowPlot(xData,yData,'number',1,'color','b','LineWidth',1.5,
…'scale',1);
    end
    hold on
    end
```

第五步： 绘制直管接地器底端周围电场线

```
    adx=[-2/3*R 0 2/3*R];     %补充导电体下方的电力线
    for i=1:length(adx)
      k2=streamline(X,Y,Ex1,-Ey1,adx(i),-L);
      set(k2,'LineWidth',1.2)
      for j=1:length(k2)
          xData=k2(j).XData;
```

```
        yData=k2(j).YData;
      hold on
       arrowPlot(xData,yData,'number',1,'color','b','LineWidth',1.5,
'scale',1);
    end
    hold on
    end
    xlabel('x(m)','fontsize',16);
    ylabel('y(m)','fontsize',16);
    title('浅埋直管接地器的电流分布和场分布','fontsize',16)
```

运行 MATLAB 代码，运行结果如图 3. 16 所示。

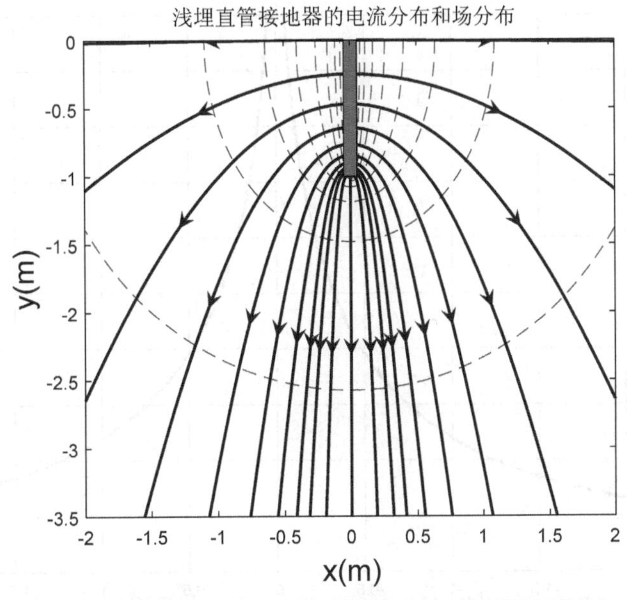

图 3.16　浅埋直管接地器附近的等位面和电力线分布图

同时，直管接地器附近的电压分布可以用如下 MATLAB 代码得到：

```
    U0=5;                                            %设置基本参数
    L=1;
    R=0.05;
    Xm=2;
    x9=linspace(-Xm,Xm,400);
    figure
    plot([-Xm,Xm],[0 0]);                            %画 x 轴
    hold on
```

```
U1=U0.*(x9<=R&x9>=-R);                                    %求地面的电位
U2=U0/log((sqrt(L^2+R^2)+L)/(sqrt(L^2+R^2)-L))*log((sqrt((L)^
2+x9.^2)+L)./(sqrt((-L)^2+x9.^2)-L)).*(x9>=R|x9<=-R)+U1;
plot(x9,U2,'k','LineWidth',1.5);                          %画电位曲线
hold on
xlabel('x(m)','fontsize',16);                             %完善
ylabel('U(V)','fontsize',16);
title('浅埋直管接地器的地面电压','fontsize',16);
grid on
```

运行 MATLAB 代码，得到浅埋直管接地器的地面电压如图 3.17 所示。

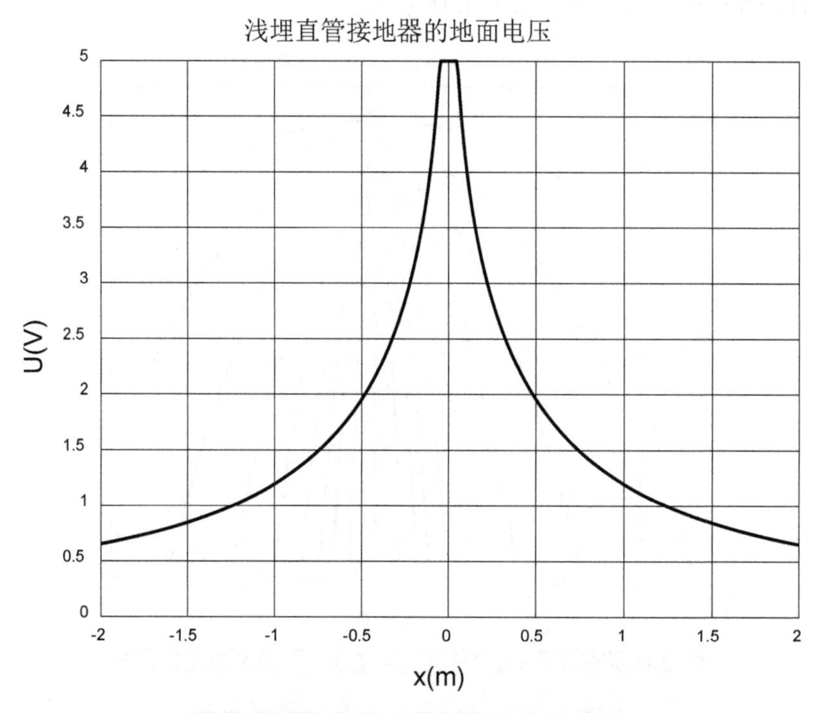

图 3.17　浅埋直管接地器的地面电压分布

3.4.4　半球形接地器的电流场分布和接地电阻

对于浅埋的半球形接地器，如图 3.18a 所示，求其电流场和接地电阻。

解析： 利用镜像法，其示意图如图 3.18b 所示，对埋于大地的半球形接地体可近似认为电流密度均匀分布，故 $\boldsymbol{J}$ 为

$$\boldsymbol{J}=\frac{2I}{4\pi r^2}=\frac{I}{2\pi r^2} \tag{3.39}$$

式中，r 为土壤中任一点到球心的距离。

电场强度 $\boldsymbol{E}$ 为

$$\boldsymbol{E}=\frac{\boldsymbol{J}}{\gamma}=\frac{I}{2\pi\gamma r^2} \tag{3.40}$$

因此，浅埋半球形接地器的电阻 $R_{球}$ 为

$$R_{球}=\frac{U}{I}=\frac{1}{I}\int_a^{\infty}\frac{I}{2\pi r^2\gamma}\mathrm{d}r=\frac{1}{2\pi\gamma a} \tag{3.41}$$

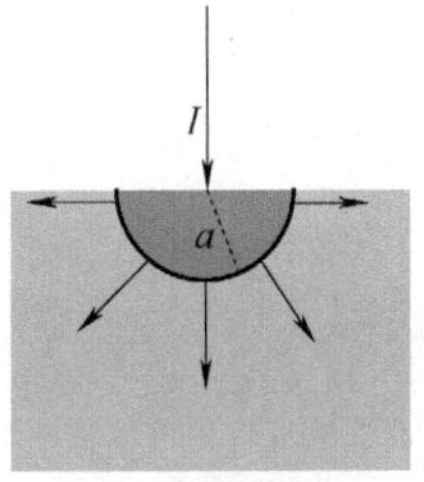

a) 电流密度的分布

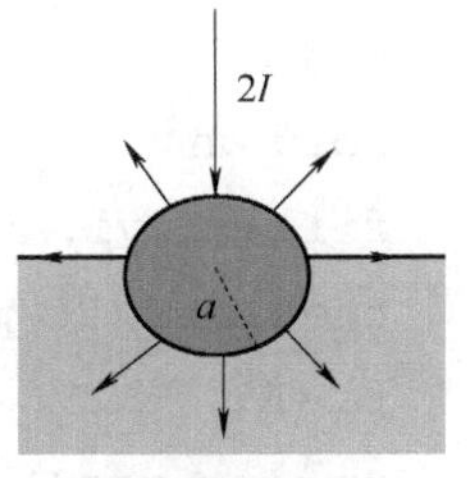

b) 镜像法图示

图 3.18　浅埋的半球形接地器

浅埋半球形接地器的电流场分布 MATLAB 实现代码为

第一步：定义各变量

```
clear
gama=1e-5;                    %土壤电导率
R=0.1;                        %球半径
I=1000;
x0=1.5;
```

第二步：计算电流场

```
x2=linspace(-x0,x0,60);
y2=linspace(-x0,x0,50);
[X,Y]=meshgrid(x2,y2);
Jx=I./(X.^2+Y.^2).*X/(2*pi);
Jy=I./(X.^2+Y.^2).*Y/(2*pi);
Jx(sqrt(X.^2+Y.^2)<R)=0;
Jy(sqrt(X.^2+Y.^2)<R)=0;
```

第三步：绘制电流场分布

```
N=20;
thetal=pi:2*pi/N:2*pi;
ra=R;
x1=ra*cos(thetal);
y1=ra*sin(thetal);
for i=1:size(thetal,2)
    h1=streamline(X,Y,Jx,Jy,x1(i),y1(i));
    arrowPlot(h1.XData,h1.YData,'number',1,'color','b','LineWidth',1,
…'scale',2);                                                  %画箭头
    hold on;
```

```
end
hold on
fill(x1,y1,'r');                                        %画接地导体球
thetau=0:2*pi/N:pi;
ra=R;
xu=ra*cos(thetau);
yu=ra*sin(thetau);
for i=1:size(thetau,2)
    hu=streamline(X,Y,Jx,Jy,xu(i),yu(i));
    set(hu,'LineWidth',1.5);
      set(hu,'LineStyle','--','LineWidth',2,'color','r');
    arrowPlot(hu.XData,hu.YData,'number',1,'LineWidth',1,'scale',2);
                                                        %画箭头
    hold on;
end
axis([-x0 x0 -x0 x0])
u=I./gama/(2*pi)./sqrt(X.^2+Y.^2);
u(Y>0)=0;
u0=I./gama/(2*pi)/0.5;
u0=linspace(1,4,8)*u0;
contour(X,Y,u,u0)
xlabel('x(m)','fontsize',16);
ylabel('y(m)','fontsize',16);
```

运行 MATLAB 程序，其结果如图 3.19 所示。

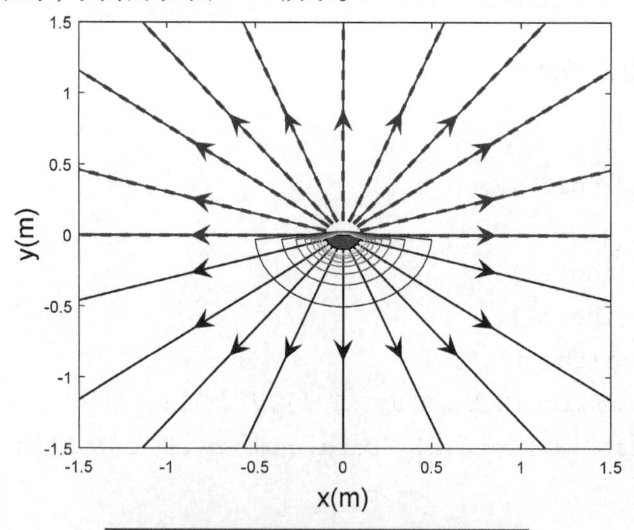

图 3.19　浅埋半球形接地器电流场分布

第四步：计算接地器电阻 R

```
U=I./gama/R/(2*pi)
Rd=U/I
```

运行程序，得到：

```
u=1.5915e+08
Rd=1.5915e+05
```

3.5　半球形接地器与跨步电压

在电力系统接地体附近，当有电流流过大地时，因为有接地电阻的存在，大地表面电位分布不均匀。此时，人体跨步的两足之间的电压称为跨步电压。当跨步电压超过允许值时，将对人有危险，甚至威胁人的生命。

对于浅埋的半球形接地器，由镜像法，地面上任意点 P 的电位为（见图 3.20）

$$\phi(\boldsymbol{r}) = \int_P^{\infty} \boldsymbol{E} \cdot \mathrm{d}\boldsymbol{r} = \int_r^{\infty} \frac{I}{2\pi\gamma r^2}\mathrm{d}r = \frac{I}{2\pi\gamma r} \tag{3.42}$$

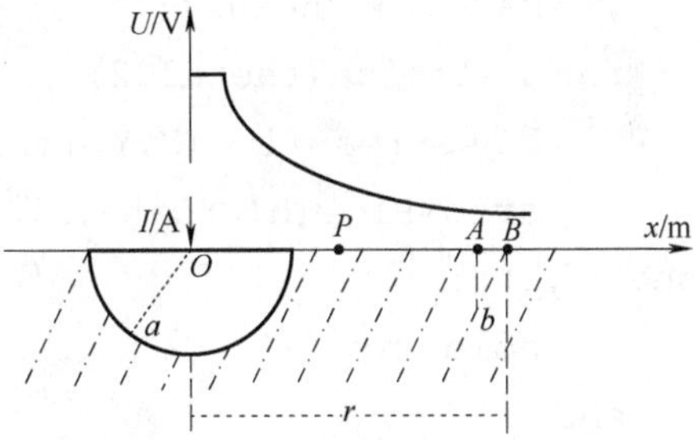

图 3.20　半球形接地球跨步电压示意图

假设人的跨步距离为 b，在距半球中心距离 r 点的跨步电压为

$$U_{AB} = \int_A^B \boldsymbol{E} \cdot \mathrm{d}\boldsymbol{l} = \int_{r-b}^{r} \frac{I}{2\pi\gamma r}\mathrm{d}r = \frac{I}{2\pi\gamma}\left(\frac{1}{r-b} - \frac{1}{r}\right) \approx \frac{Ib}{2\pi\gamma r^2} \tag{3.43}$$

设 U_0 为人体安全的临界跨步电压（通常小于 50~70V），可以确定危险区半径 r_0 为

$$r_0 = \sqrt{\frac{Ib}{2\pi\gamma U_0}} \tag{3.44}$$

浅埋半球形接地器的电流场分布 MATLAB 实现代码如下：

第一步：定义各变量

```
clear
gama=1e-2;           %土壤电导率
R=0.1;               %球半径
I=100;
x0=3;
```

第二步：计算电流场

```
x2=linspace(-x0,x0,60);
```

```
y2=linspace(-x0,0,50);
[X,Y]=meshgrid(x2,y2);
Jx=I./(X.^2+Y.^2).*X/(2*pi);
Jy=I./(X.^2+Y.^2).*Y/(2*pi);
Jx(sqrt(X.^2+Y.^2)<R)=0;
Jy(sqrt(X.^2+Y.^2)<R)=0;
```

第三步：绘制电流场分布

```
N=20;
thetal=-pi:2*pi/N:0;
ra=R;
x1=ra*cos(thetal);
y1=ra*sin(thetal);
for i=1:size(thetal,2)
    h1=streamline(X,Y,Jx,Jy,x1(i),y1(i));
    arrowPlot(h1.XData,h1.YData,'number',1,'color','b','LineWidth',1,
'scale',2);                        %画箭头
    hold on;
end
hold on
fill(x1,y1,'r');                   %画接地导体球
axis([-x0 x0 -x0 0.06])
xlabel('x(m)','fontsize',16);
ylabel('y(m)','fontsize',16);
```

运行 MATLAB 程序，其结果如图 3.21 所示。

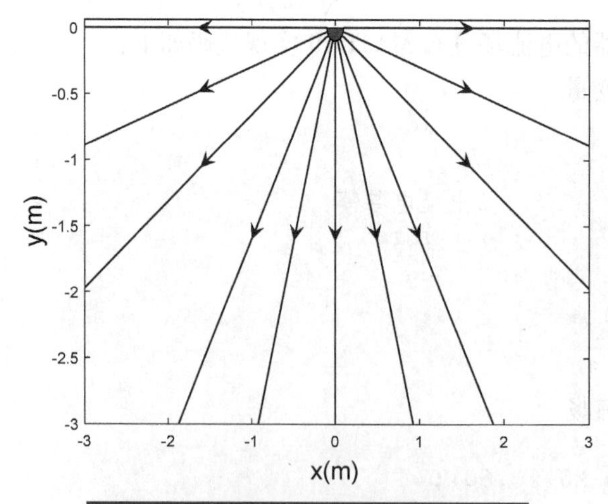

图 3.21 浅埋半球形接地器电流场分布

第四步：计算跨步电压分布规律

```
u=I./gama/(2*pi)./sqrt(X.^2+Y.^2);
u(Y>0)=0;
u0=I./gama/(2*pi)/0.5;
u0=linspace(1,4,8)*u0;
contour(X,Y,u,u0)
[A,B]=find(Y==0&X>=0);
figure
plot(X(A(1,1),B),u(A(1,1),B),'LineWidth',2,'Color','r')
ylabel('跨步电压大小(V)');
xlabel('人与接地体之间的距离(m)');
grid on
```

结果如图 3.22 所示。

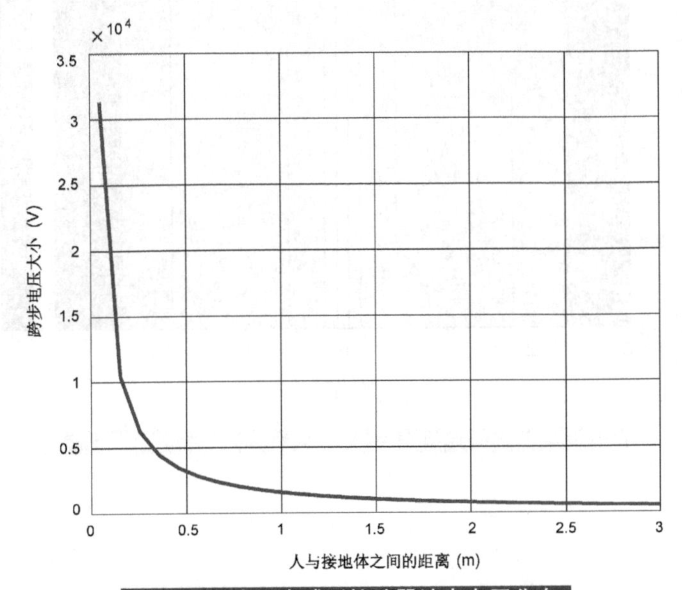

图 3.22　浅埋半球形接地器地表电压分布

第五步：危险区域警示

```
b=0.2;
UAB=I*b./(2*pi*gama*X.^2);
U0=60;
r0=sqrt(I*b/(2*pi*gama*U0))
UAB(X>r0 |X<-r0)=1e-3;
figure
```

```
contourf(X,Y,log10(UAB))
xlabel('x(m)','fontsize',16);
ylabel('y(m)','fontsize',16);
```

运行 MATLAB 程序，得到

```
r0=2.3033
```

因此，当远离接地器 2.3033m 之后跨步电压比较小，2.3033m 是安全半径。运行结果如图 3.23 所示。

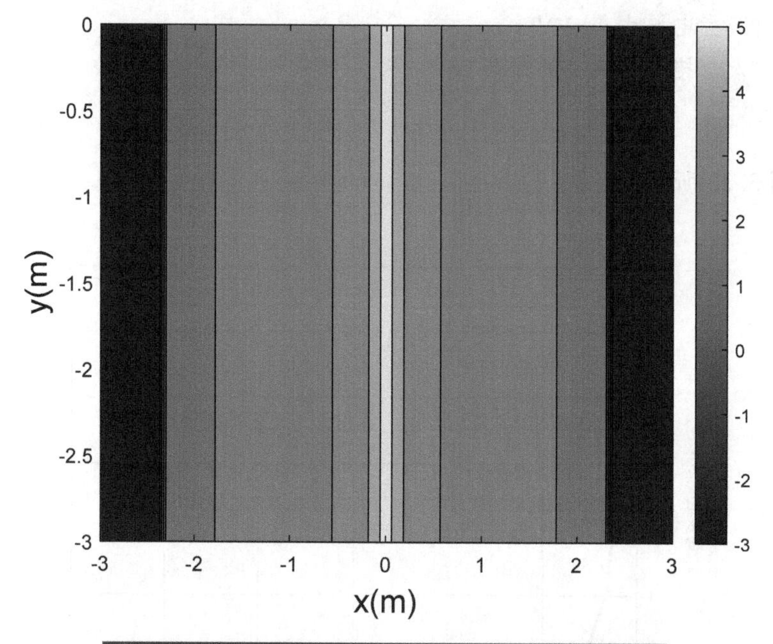

图 3.23　浅埋半球形接地器地表跨步电压警示图分布

第 4 章　恒定磁场的 MATLAB 直观化

4.1　用毕奥-萨伐尔定律求电流圆环的磁场分布

毕奥-萨伐尔定律是以实验为基础经过科学抽象而得到的，描述的是电流元在空间任一点产生的磁感应强度。理论上利用毕奥-萨伐尔定律并结合磁感应强度叠加原理，可以计算任意形状的电流所产生的磁场。下面通过毕奥-萨伐尔定律计算出电流元的磁场。

如图 4.1 所示，根据毕奥-萨伐尔定律，任一电流元 $I\mathrm{d}\boldsymbol{l}$ 在 P 点产生的磁感应强度为

$$\mathrm{d}\boldsymbol{B}=\frac{\mu_0}{4\pi}\frac{I\mathrm{d}\boldsymbol{l}\times\boldsymbol{e}_r}{r^2} \tag{4.1}$$

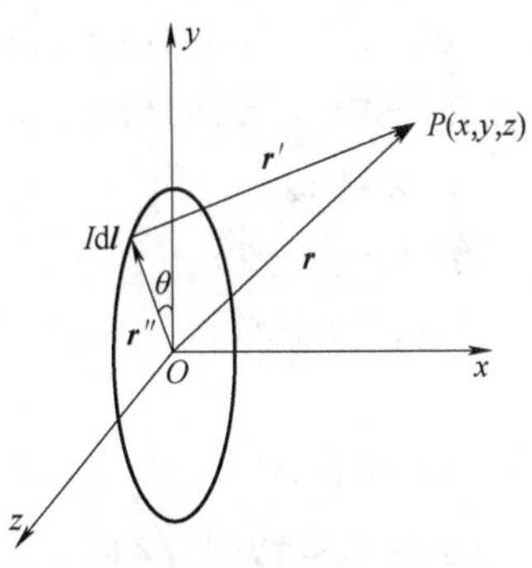

图 4.1　圆环电流磁场分析

$\boldsymbol{r}$ 和 $\boldsymbol{r}'$ 为 P 点相对于坐标原点和电流元的位置矢量，$\boldsymbol{r}''$ 为电流元相对于坐标原点的位置矢量，并且 $\boldsymbol{r}'=\boldsymbol{r}+\boldsymbol{r}''$，$\boldsymbol{r}=x\boldsymbol{e}_x+y\boldsymbol{e}_y+z\boldsymbol{e}_z$

对于距离矢量，$\mathrm{d}\boldsymbol{l}=R\mathrm{d}\theta\left[\boldsymbol{e}_x\cos\left(\theta+\frac{\pi}{2}\right)+\boldsymbol{e}_y\sin\left(\theta+\frac{\pi}{2}\right)\right]=R\mathrm{d}\theta(-\boldsymbol{e}_x\sin\theta+\boldsymbol{e}_y\cos\theta)$

式中，R 为圆环电流半径，在图 4.1 中以 z 轴上某点为圆心、圆面平行于圆环电流的圆周上各点的磁场大小相同，方向表述也相同，故有

$$\mathrm{d}\boldsymbol{B}=\frac{\mu_0}{4\pi}\frac{IR\mathrm{d}\theta}{r^3}[\boldsymbol{e}_x z\cos\theta+\boldsymbol{e}_y z\sin\theta+(R-x\cos\theta)\boldsymbol{e}_z] \tag{4.2}$$

直观化方法： 采用 quiver+surfc 实现

```
%用毕奥-萨伐尔定律计算电流环产生的磁场
%第一步:参数定义
```

```
clear all;                                   %初始化,给定圆环半径、电流
mu0=4 * pi * 1e-7;                           %真空磁导率
I0=10.0;                                     %圆环电流
Rh=1;                                        %圆环半径
C0=mu0 /(4 * pi) * I0;                       %磁场常数
NGx=150;
NGy=150;                                     %设定观测点网格数
x=linspace(-2,2,150);
y=linspace(-2,2,150);
z=linspace(-2,2,150);                        %设定观测点范围
%第二步:电流圆环离散化
%y=x; z=y;
Nh=20;                                       %电流环分段数
theta0=linspace(0,2 * pi,Nh+1);              %环的圆周角分段
theta1=theta0(1:Nh);
y1=Rh * cos (theta1);
z1=Rh * sin(theta1);                         %环各段的矢量的起点坐标 y1,z1
theta2=theta0(2:Nh+1);
y2=Rh * cos (theta2);
z2=Rh * sin(theta2);                         %环各段的矢量的终点坐标 y2,z2
dlx=0;
dly=y2-y1;
dlz=z2-z1;                                   %计算环各段矢量 dl 的三个长度
                                               分量
xc=0;
yc=(y2+y1) /2;
zc=(z2+z1) /2;                               %计算环各段矢量中点的三个坐标
                                               分量
%第三步:磁场计算,观测点在 z=0 平面上
for i=1:NGy                                  %循环计算各网格点上的 B(x,y) 值
for j=1:NGx
rx=x(j)-xc;
ry=y(i)-yc;
rz=0-zc;                                     %观测点在 z=0 平面上
r3=sqrt(rx.^2+ry.^2+rz.^2).^3;               %计算距离
dlXr_x=dly.* rz-dlz.* ry;                    %计算叉乘积
```

```
dlXr_y=dlz.*rx-dlx.*rz;
Bx(i,j)=sum(C0*dlXr_x./r3);                    %把环各段产生的磁场分量累加
By(i,j)=sum(C0*dlXr_y./r3);
B(i,j)=sqrt(Bx(i,j)^2+By(i,j)^2);
  end
end
%第四步:磁场分布矢量图绘制
%轴线上磁场分布:
plot(x,Bx);
xlabel('x 轴','FontSize',12);
ylabel('磁场 x 方向分量 Bx','FontSize',12);
%平面 x=0 上的磁场(包括 Bx,By) 分布
figure
surfc(y,z,Bx);
xlabel('y 轴','FontSize',12);
ylabel('z 轴','FontSize',12);
zlabel('磁场强度 Bx');
```

运行 MATLAB 程序，电流圆环磁场分布如图 4.2 所示。

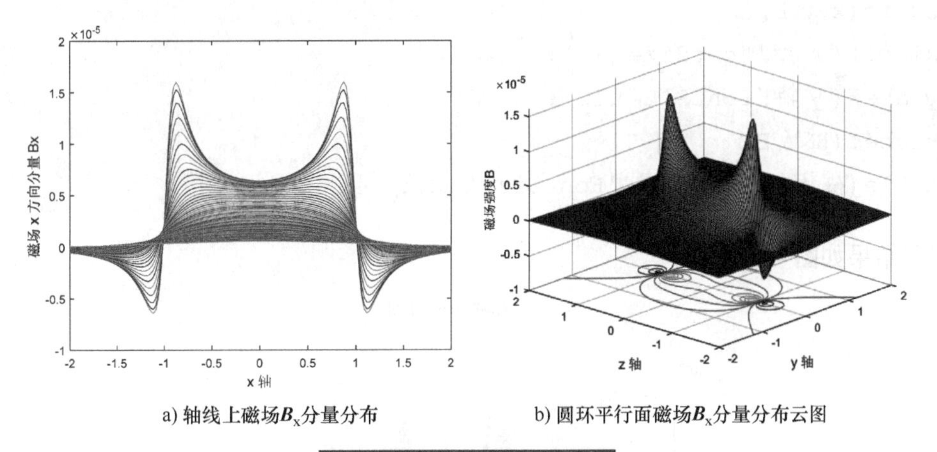

a) 轴线上磁场B_x分量分布　　b) 圆环平行面磁场B_x分量分布云图

图 4.2　电流圆环磁场分布

同理，通过修改观测平面和磁场分量，可以得到不同观测平面下的磁场分布，例如：

```
%y-z 面上 By 分量分布
surfc(y,z,By);
xlabel('y 轴','FontSize',12);
ylabel('z 轴','FontSize',12);
```

```
zlabel('磁场 By 分量 By');
title('圆环所在平面 x=0 上磁场分量 By 分布图','FontSize',16);
```

运行 MATLAB 程序，计算结果如图 4.3 所示。

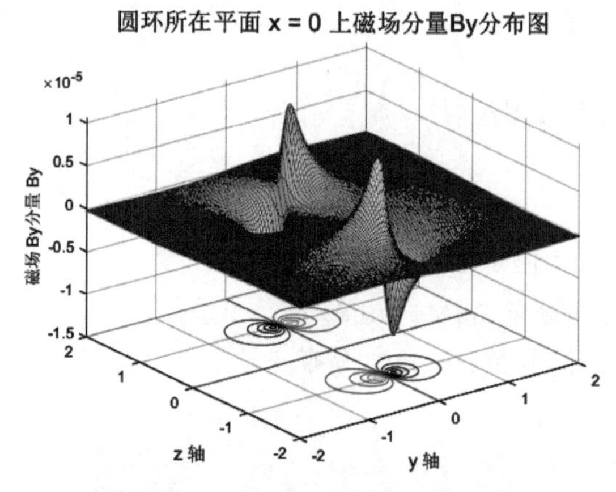

图 4.3　平面 $x=0$ 上磁场分量 B_y 分布图

```
%x-y 面上 B 分布
surfc(x,y,B);
xlabel('x 轴','FontSize',12);
ylabel('y 轴','FontSize',12);
zlabel('磁场 B');
title('磁场 B 分布三维图','FontSize',12);
```

运行结果如图 4.4 所示。

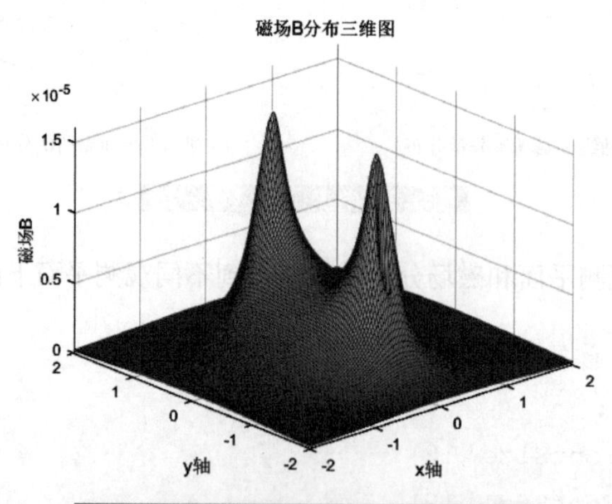

图 4.4　平面 x-y 上磁场强度 B 分布图

4.2　无限长带电导线的磁力线分布

已知真空中一无限长细导线通有电流 I（见图 4.5），求该导线周围的磁场。

解析：如图 4.5 所示，对于无限长导线，截取线元，其在空间任一点 P 处产生的磁场为

$$\mathrm{d}\boldsymbol{B}=\frac{\mu_0}{4\pi}\frac{I\mathrm{d}\boldsymbol{s}\times\boldsymbol{r}}{r^3}=\frac{\mu_0}{4\pi}\frac{Iy\mathrm{d}x}{r^3}\boldsymbol{k}$$

$$=\frac{\mu_0}{4\pi}\frac{I\sin\theta\mathrm{d}x}{r^2}\boldsymbol{k} \tag{4.3}$$

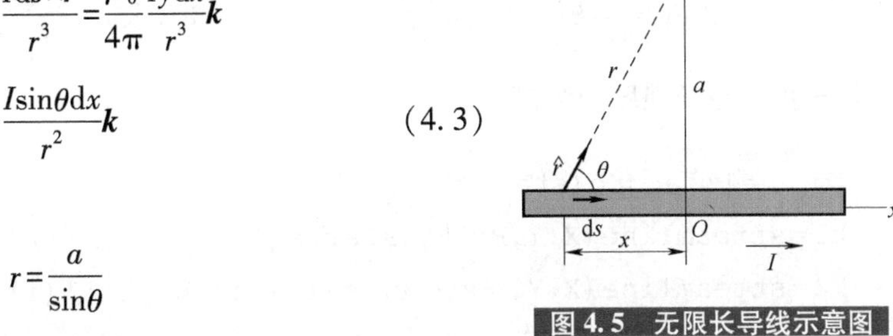

图 4.5　无限长导线示意图

式中

$$r=\frac{a}{\sin\theta}$$

$$x=-\frac{\cos\theta}{\sin\theta}a$$

$$\mathrm{d}x=a\mathrm{d}\theta+a\frac{\cos^2\theta}{\sin^2\theta}\mathrm{d}\theta=\frac{a}{\sin^2\theta}\mathrm{d}\theta \tag{4.4}$$

因此

$$\mathrm{d}\boldsymbol{B}=\frac{\mu_0 I}{4\pi a}\sin\theta\mathrm{d}\theta\boldsymbol{k} \tag{4.5}$$

$$\boldsymbol{B}=\frac{\mu_0 I}{4\pi a}(\cos\theta_1-\cos\theta_2)\boldsymbol{k} \tag{4.6}$$

无限长带电导线磁场分布的 MATLAB 代码分为四步：

第一步：参数定义

```
clear
x=-0.5:0.001:0.5;
y=x;
I=100;
d=0.1;
mu0=4*pi*1e-7;
C0=mu0/(4*pi);
[X,Y]=meshgrid(x,y);
t=0:pi/100:2*pi;
x1=0.01*sin(t);
y1=0.01*cos(t);
plot(x1,y1,'r')
```

第二步：磁场强度计算

```
Bx=-2.*C0.*I.*Y./(X.^2+Y.^2).^(3./2)./(1./(X.^2+Y.^2)).^(1./2);
By=2.*C0.*I.*X./(X.^2+Y.^2).^(3./2)./(1./(X.^2+Y.^2)).^(1./2);
B=(4.*C0.^2.*I.^2.*Y.^2./(X.^2+Y.^2).^2+4.*C0.^2.*I.^2.*X.^
2./(X.^2+Y.^2).^2).^(1./2);
startx=[0.03,0.09,0.18,0.3,0.45];
l1=[88 258 512 852 1280];                %线长
```

第三步：磁场强度图绘制

```
for i=1:length(startx)
k1=streamline(X,Y,Bx,By,startx(i),0,[1,l1(i)]);
k2=streamline(X,Y,-Bx,-By,startx(i),0,[1,l1(i)]);
for j=1:length(k1)
    xData=k1(j).XData;
    yData=k1(j).YData;
    set(k1,'Linewidth',1,'color','blue');
    hold on
      h1=arrowPlot(xData,yData,'number',1,'color','r','LineWidth',1,
'scale',20);
    set(h1,'Linewidth',1,'color','blue');
end
for j=1:length(k2)
    xData=k2(j).XData;
    yData=k2(j).YData;
    set(k2,'Linewidth',1,'color','blue');
    hold on
end
end
axis([-0.5,0.5,-0.5,0.5]);
axis square;
xlabel('x','fontsize',16);               %用16号字体标出x轴
ylabel('y','fontsize',16);               %用16号字体标出y轴
```

第四步：磁场强度立体图绘制

```
daspect([1,1,1])                                %设置显示比例
box on;
```

```
    camproj perspective;
    camva(0)                                    %设置摄像机观察角度
    axis tight                                  %轴的范围为数据范围
    campos([100 100 90]);                       %设置摄像机位置
    %camtarget([5 3 0])                         %设置摄像机拍摄目标
    camlight left;                              %设置摄像机灯光位置
    lighting gouraud                            %设置灯光算法
    title('无限长直导线磁场','fontsize',15);    %显示标题
    x0=0.5;
    axis([-x0 x0 -x0 x0 -x0 x0]);              %固定视角
    hold on
    plot3(zeros(1,10),zeros(1,10),linspace(-x0,x0,10),'LineWidth',5,
'color','r')
    text(0,0.02,0.3,'I','Fontsize',20)
    xlabel('x(m)','fontsize',10)                %用 10 号字体标出 x 轴
    ylabel('y(m)','fontsize',10)                %用 10 号字体标出 y 轴
    zlabel('z(m)','fontsize',10)                %用 10 号字体标出 z 轴
```

运行 MATLAB 代码，无限长导线的磁场分布如图 4.6 所示。

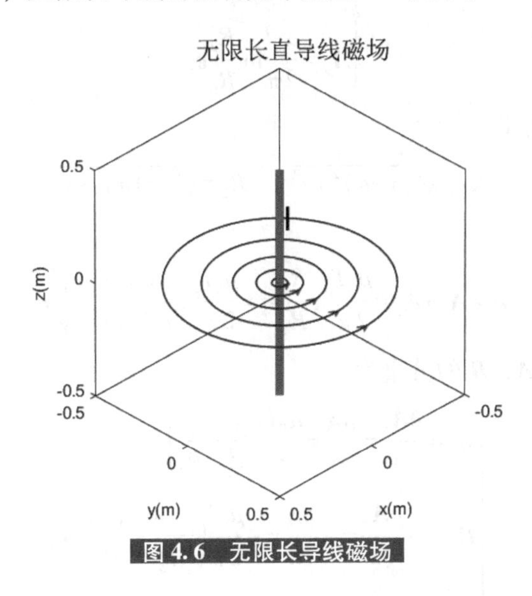

图 4.6　无限长导线磁场

4.3　无限长载流平行双线（电流反向）的磁力线分布

两条彼此平行、载有方向相反的恒定电流的无限长直导线产生的磁场，在工程中具有实际意义。例如输电线路，由于交流电频率较低，在其随时间变化的每个瞬间，可以近似看成

是恒定电流。比如 220V 双线输电线的磁场可以看成两条彼此平行、载有方向相反的恒定电流的无限长直导线产生的磁场。

如图 4.7 所示，两条彼此平行、载有方向相反的恒定电流的无限长直导线，彼此间距离为 $2a=0.2$m，导线半径为 3mm，电流 I 分别为+1A 和-1A，试求导线周围磁场分布。

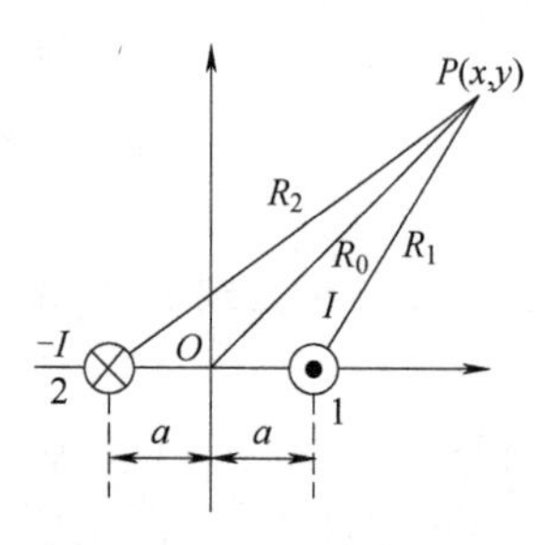

图 4.7　无限长载流平行双线示意图

解析：由于两导线的轴间距离 $2a$ 远大于导线的半径，可以认为电流集中于几何轴上。取直角坐标系，令导线与 z 轴平行，y 轴过这两条直导线的连线的中点，如图 4.7 所示。取场点 P 落在 xy 平面内，从磁矢势角度计算磁场强度。导线 1 和导线 2 中的电流各自激发的磁矢势分别为

$$\begin{cases} \boldsymbol{A}_1=-\dfrac{\mu_0 I}{2\pi}\ln\dfrac{R_1}{R_0}\boldsymbol{e}_z \\ \boldsymbol{A}_2=\dfrac{\mu_0 I}{2\pi}\ln\dfrac{R_2}{R_0}\boldsymbol{e}_z \end{cases} \tag{4.7}$$

在式（4.7）中，由于

$$R_1=\sqrt{(x-a)^2+y^2},\quad R_2=\sqrt{(x+a)^2+y^2}$$

P 点的磁矢势为

$$\boldsymbol{A}=\boldsymbol{A}_1+\boldsymbol{A}_2=\frac{\mu_0 I}{2\pi}\ln\frac{R_2}{R_1}\boldsymbol{e}_z=\frac{\mu_0 I}{2\pi}\ln\frac{(x+a)^2+y^2}{(x-a)^2+y^2}\boldsymbol{e}_z \tag{4.8}$$

磁感应强度 $\boldsymbol{B}=\nabla\times\boldsymbol{A}$，$\boldsymbol{B}$ 的分量为

$$\begin{cases} \boldsymbol{B}_x=\dfrac{\partial \boldsymbol{A}_z}{\partial y}=\dfrac{\partial \boldsymbol{A}}{\partial y}=\dfrac{\mu_0 I}{2\pi}\left(\dfrac{y}{R_2^2}-\dfrac{y}{R_1^2}\right)\boldsymbol{e}_x \\ \boldsymbol{B}_y=-\dfrac{\partial \boldsymbol{A}_x}{\partial x}=-\dfrac{\partial \boldsymbol{A}}{\partial x}=-\dfrac{\mu_0 I}{2\pi}\left(\dfrac{x+a}{R_2^2}-\dfrac{x-a}{R_1^2}\right)\boldsymbol{e}_y \\ \boldsymbol{B}_z=0 \end{cases} \tag{4.9}$$

无限长带电导线磁场分布的 MATLAB 代码如下：

```
clear
x=-7:0.01:7;
```

```
y=x;
I=100;
d=0.1;
mu0=4*pi*1e-7;C0=mu0/(4*pi);
[X,Y]=meshgrid(x,y);
t=0:pi/100:2*pi;
x1=0.01*sin(t);
y1=0.01*cos(t);
plot(x1,y1,'r');
hold on
r1=((X-1).^2+Y.^2);
r2=((X+1).^2+Y.^2);
Bx=-I*Y./r1+I*Y./r2;
By=I*(X-1)./r1-I*(X+1)./r2;
startx=[0,-0.3,0.3,-0.9,0.9,-1.9,1.9,-2.5,2.5,-4.5,4.5,-7,7];
starty=[0,0,0,0,0,0,0,0,0,0,0,0,0,0,0,0,0,0,0,0,0];
j=1;
for i=1:1:26
    if mod(i,2)~=0
      h(i)=streamline(X,Y,Bx,By,startx(j),starty(j));
    else
      h(i)=streamline(X,Y,-Bx,-By,startx(j),starty(j));
      j=j+1;
    end
end
h1=h(1);h2=h(2);h3=h(3);h4=h(4);h5=h(5);h6=h(6);h7=h(7);h8=h(8);
h9=h(9);h10=h(10);h11=h(11);h12=h(12);h13=h(13);h14=h(14);
h15=h(15);h16=h(16);
h17=h(17);h18=h(18);h19=h(19);h20=h(20);h21=h(21);h22=h(22);
h23=h(23);h24=h(24);h25=h(25);h26=h(26);
set(h7,'Linewidth',2,'color','red');
set(h8,'Linewidth',2,'color','red');
set(h9,'Linewidth',2,'color','red');
set(h10,'Linewidth',2,'color','red');
set(h7,'Linewidth',2,'color','red');
set(h8,'Linewidth',2,'color','red');
```

```
    set(h9,'Linewidth',2,'color','red');
    set(h10,'Linewidth',2,'color','red');
    for j=1:length(h2)
        xData=h2(j).XData;
        yData=h2(j).YData;
        hold on
        set(h2,'Linewidth',1,'color','blue');
        set(h1,'Linewidth',1,'color','blue');
        k1=arrowPlot(xData,yData,'number',1,'color','r','LineWidth',1,
…'scale',1.5);
        set(k1,'Linewidth',1,'color','blue');
      end
    for j=1:length(h4)
        xData=h4(j).XData;
        yData=h4(j).YData;
        hold on
        set(h4,'Linewidth',1,'color','blue');
        set(h3,'Linewidth',1,'color','blue');
        k1=arrowPlot(xData,yData,'number',1,'color','r','LineWidth',1,
…'scale',1.5);
        set(k1,'Linewidth',1,'color','blue');
      end
    for j=1:50:length(h6)
        xData=h6(j).XData;
        yData=h6(j).YData;
        hold on
        set(h5,'Linewidth',1,'color','blue');
        set(h6,'Linewidth',1,'color','blue');
        k1=arrowPlot(xData,yData,'number',1,'color','r','LineWidth',1,
…'scale',1.5);
        set(k1,'Linewidth',1,'color','blue');
      end
    for j=1:50:length(h12)
        xData=h12(j).XData;
        yData=h12(j).YData;
```

```
        hold on
        set(h12,'Linewidth',1,'color','blue');
        set(h11,'Linewidth',1,'color','blue');
        k1 = arrowPlot(xData,yData,'number',1,'color','r','LineWidth',1,
…'scale',1.5);
        set(k1,'Linewidth',1,'color','blue');
     end
    for j=1:50:length(h14)
        xData=h14(j).XData;
        yData=h14(j).YData;
        hold on
        set(h13,'Linewidth',1,'color','blue');
        set(h14,'Linewidth',1,'color','blue');
        k1 = arrowPlot(xData,yData,'number',1,'color','r','LineWidth',1,
…'scale',1.5);
        set(k1,'Linewidth',1,'color','blue');
     end
    for j=1:50:length(h16)
        xData=h16(j).XData;
        yData=h16(j).YData;
        hold on
        set(h15,'Linewidth',1,'color','blue');
        set(h16,'Linewidth',1,'color','blue');
        k1 = arrowPlot(xData,yData,'number',1,'color','r','LineWidth',1,
…'scale',1.5);
        set(k1,'Linewidth',1,'color','blue');
     end
    for j=1:50:length(h18)
        xData=h18(j).XData;
        yData=h18(j).YData;
        hold on
        set(h17,'Linewidth',1,'color','blue');
        set(h18,'Linewidth',1,'color','blue');
        k1 = arrowPlot(xData,yData,'number',1,'color','r','LineWidth',1,
…'scale',1.5);
```

```
        set(k1,'Linewidth',1,'color','blue');
     end
    for j=1:50:length(h20)
        xData=h20(j).XData;
        yData=h20(j).YData;
        hold on
        set(h19,'Linewidth',1,'color','blue');
        set(h20,'Linewidth',1,'color','blue');
        k1=arrowPlot(xData,yData,'number',1,'color','r','LineWidth',1,
…'scale',1.5);
        set(k1,'Linewidth',1,'color','blue');
     end
    for j=1:50:length(h22)
        xData=h22(j).XData;
        yData=h22(j).YData;
        hold on
        set(h22,'Linewidth',1,'color','blue');
        set(h21,'Linewidth',1,'color','blue');
        k1=arrowPlot(xData,yData,'number',1,'color','r','LineWidth',1,
…'scale',1.5);
        set(k1,'Linewidth',1,'color','blue');
     end
    for j=1:50:length(h24)
        xData=h24(j).XData;
        yData=h24(j).YData;
        hold on
        set(h24,'Linewidth',1,'color','blue');
        set(h23,'Linewidth',1,'color','blue');
        k1=arrowPlot(xData,yData,'number',1,'color','r','LineWidth',1,
…'scale',1.5);
        set(k1,'Linewidth',1,'color','blue');
     end
    xlabel('x')
    ylabel('y')
```

在程序中增加下列代码，可以得到其三维立体分布规律。

```
daspect([1,1,1])                                    %设置显示比例
box on;
camproj perspective;
camva(0)                                            %设置摄像机观察角度
axis tight                                          %轴的范围为数据范围
campos([100 100 90]);                               %设置摄像机位置
camlight left;                                      %设置摄像机灯光位置
lighting gouraud                                    %设置灯光算法
title('无限长直导线磁场','fontsize',15);              %显示标题
x0=8;
axis([-x0 x0 -x0 x0 -x0/2 x0/2]);                   %固定视角
hold on
plot3(zeros(1,10)+1,zeros(1,10),linspace(-x0/2,x0/2,10),'LineWidth',
…5,'color','r')
hold on
plot3(zeros(1,10)-1,zeros(1,10),linspace(-x0/2,x0/2,10),'LineWidth',
…5,'color','r')
axis equal;
xlabel('x(m)','fontsize',10)                        %用 10 号字体标出 x 轴
ylabel('y(m)','fontsize',10)                        %用 10 号字体标出 y 轴
zlabel('z(m)','fontsize',10)                        %用 10 号字体标出 z 轴
```

运行 MATLAB 代码，无限长带电导线的磁力线分布如图 4.8 所示。

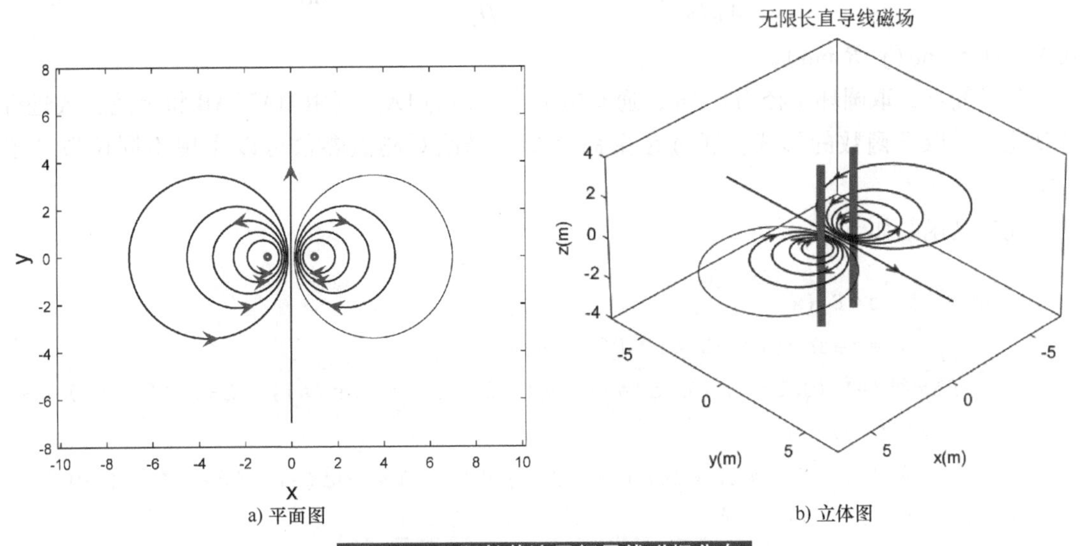

图 4.8　无限长载流平行导线磁场分布

4.4 “8”形载流线圈的磁场分布

在 xOy 平面内有一通有恒定电流 I 的“8”形线圈，电流方向如图 4.9 所示，试求其磁场分布。

解析：该线圈形状由两个半径均为 R 的圆环相切而成，两圆环交点位于坐标原点 O。在两个圆环上与 x 轴正向夹角 α 处分别取一电流元 $Id\boldsymbol{l}_1$ 和 $Id\boldsymbol{l}_2$，根据毕奥-萨伐尔定律，该“8”形载流线圈在 P 点的磁感应强度等于两个相切圆环激发磁场的矢量和

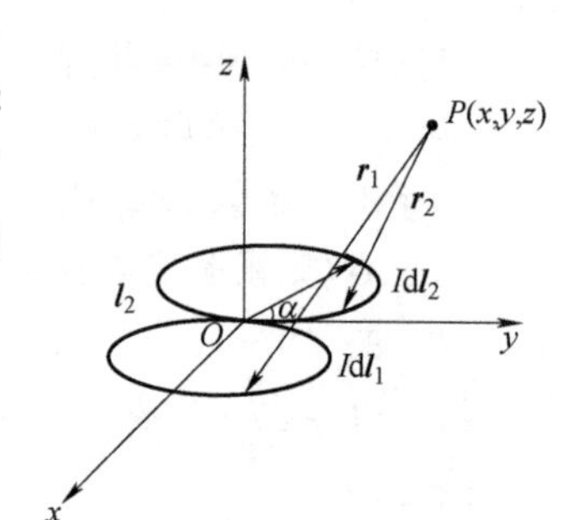

图 4.9 “8”形载流线圈

$$\mathrm{d}\boldsymbol{B}=\frac{\mu_0}{4\pi}\frac{I\mathrm{d}\boldsymbol{l}_1\times\boldsymbol{r}_1}{r_1^3}+\frac{\mu_0}{4\pi}\frac{I\mathrm{d}\boldsymbol{l}_2\times\boldsymbol{r}_2}{r_2^3} \tag{4.10}$$

设

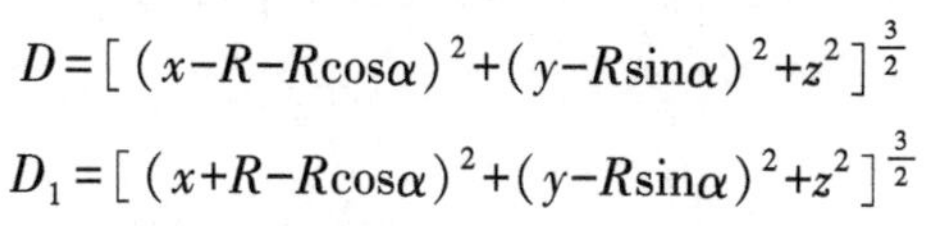

$$D=[(x-R-R\cos\alpha)^2+(y-R\sin\alpha)^2+z^2]^{\frac{3}{2}}$$

$$D_1=[(x+R-R\cos\alpha)^2+(y-R\sin\alpha)^2+z^2]^{\frac{3}{2}}$$

因此，场的各分量可表示为

$$B_x=\frac{\mu_0}{4\pi}\int_0^{2\pi}\frac{IRz\cos\alpha}{D}\mathrm{d}\alpha+\frac{\mu_0}{4\pi}\int_0^{2\pi}\frac{-IRz\cos\alpha}{D_1}\mathrm{d}\alpha \tag{4.11}$$

$$B_y=\frac{\mu_0}{4\pi}\int_0^{2\pi}\frac{IRz\sin\alpha}{D}\mathrm{d}\alpha+\frac{\mu_0}{4\pi}\int_0^{2\pi}\frac{-IRz\sin\alpha}{D_1}\mathrm{d}\alpha \tag{4.12}$$

$$B_z=-\frac{\mu_0}{4\pi}\int_0^{2\pi}IR\frac{D_2+\cos\alpha(x-R-R\cos\alpha)}{D}\mathrm{d}\alpha+\frac{\mu_0}{4\pi}\int_0^{2\pi}IR\frac{D_2+\cos\alpha(x+R-R\cos\alpha)}{D_1}\mathrm{d}\alpha \tag{4.13}$$

式中，$D_2=\sin\alpha(y-R\sin\alpha)$。

为了简单，取圆环半径为0.1m，通有电流大小恒为1A。利用MATLAB将上述三式进行直观化，采取子函数的形式，通过在主命令窗口修改观测点参数可以实现不同位置的磁观察。

先定义函数如下：

```
function s=B (x)
    [y,z]=meshgrid(-0.4:0.02:0.4);
    f1=@ (a) (0.1*z.*cos(a))./((x-0.1-0.1*cos(a)).^2+z.^2+(y-0.1*
sin(a)).^2).^(3/2);
    f2=@ (a) (-0.1*z.*cos(a))./((x+0.1-0.1*cos(a)).^2+z.^2+(y-0.1*
sin(a)).^2).^(3/2);
    b1=integral(f1,0,2*pi,'ArrayValued',true);
```

```
    b2=integral(f2,0,2*pi,'ArrayValued',true);
    bx=10^(-7)*(b1+b2);
    f3=@(a) (0.1*z.*sin(a))./((x-0.1-0.1*cos(a)).^2+z.^2+(y-0.1*
sin(a)).^2).^(3/2);
    f4=@(a) (-0.1*z.*sin(a))./((x+0.1-0.1*cos(a)).^2+z.^2+(y-0.1*
sin(a)).^2).^(3/2);
    b3=integral(f3,0,2*pi,'RelTol',1e-20,'ArrayValued',true);
    b4=integral(f4,0,2*pi,'RelTol',1e-20,'ArrayValued',true);
    by=10^(-7)*(b3+b4);
    f5=@(a) (-0.1*sin(a)).*(y-0.1*sin(a))-0.1*cos(a).*(x-0.1-
0.1*cos(a))./((x-0.1-0.1*cos(a)).^2+z.^2+(y-0.1*sin(a)).^2).^(3/2);
    f6=@(a) (0.1*sin(a)).*(y-0.1*sin(a))+0.1*cos(a).*(x-0.1-
0.1*cos(a))./((x+0.1-0.1*cos(a)).^2+z.^2+(y-0.1*sin(a)).^2).^(3/2);
    b5=integral(f5,0,2*pi,'RelTol',1e-20,'ArrayValued',true);
                                                  %分别求两部分积分
    b6=integral(f6,0,2*pi,'RelTol',1e-20,'ArrayValued',true);
    bz=10^(-7)*(b5+b6);                           %Bx 表达式
    b=sqrt(bx.^2+by.^2+bz.^2);
    s=surfc(y,z,b);
    xlabel('y');
    ylabel('z');
    zlabel('B');
end
```

在环外各个方向上取不同平面观察磁场分布特点：

1）x 轴正方向：以 $x=0.25$m 处为起点，分别显示 $x=0.25$m，$x=0.4$m 平面上的磁场分布只需在主窗口里面输入：

```
figure(1)
subplot(2,2,1);
B(0.4),title('x=0.4');
subplot(2,2,2);
B(0.25),title('x=0.25');
```

运行程序得到如图 4.10 所示结果。

2）y 轴正方向：以 $y=0.15$m 处为起点，分别显示 $y=0.15$m，$y=1$m 平面上的磁场分布。

只需要修改相应子函数，函数名、网格剖分和图形绘制语句即可：

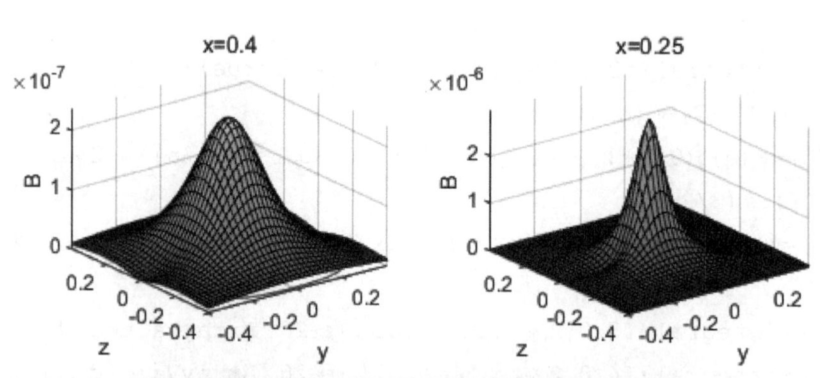

图 4.10　*x* 轴正方向上不同位置平面上的磁场分布

```
function s=B (y)
    [x,z]=meshgrid(-0.4:0.02:0.4);
      s=surfc(x,z,b);
```

在主命令窗口输入如下程序：

```
figure(2)
subplot(2,2,1);
B(0.15),title('y=0.15');
subplot(2,2,2);
B(1),title('y=1');
```

运行程序得到如图 4.11 所示结果。

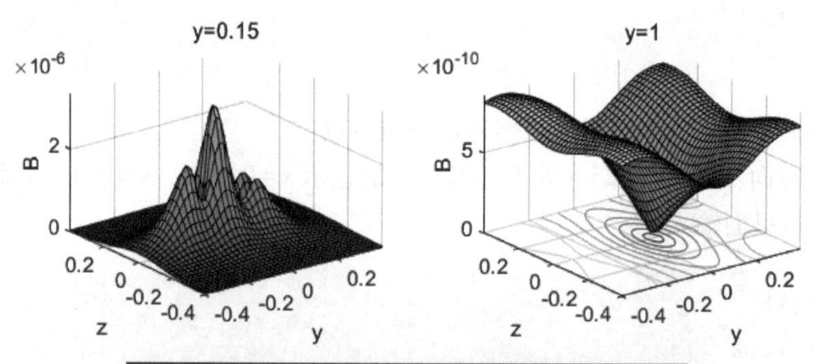

图 4.11　*y* 轴正方向上不同位置平面上的磁场分布

3）*z* 轴正方向上：分别显示 $z=0.2$m，$z=0.5$m 平面上的磁场分布。

只需要修改子函数，函数名、网格剖分和图形绘制语句：

```
function s=B (z)
    [x,y]=meshgrid(-0.4:0.02:0.4);
      s=surfc(x,y,b);
```

在主命令窗口输入如下程序：

```
figure(3)
subplot(2,2,1);
B(0.2),title('z=0.2');
subplot(2,2,2);
B(0.5),title('z=0.5');
```

运行程序得到如图 4.12 所示的结果。

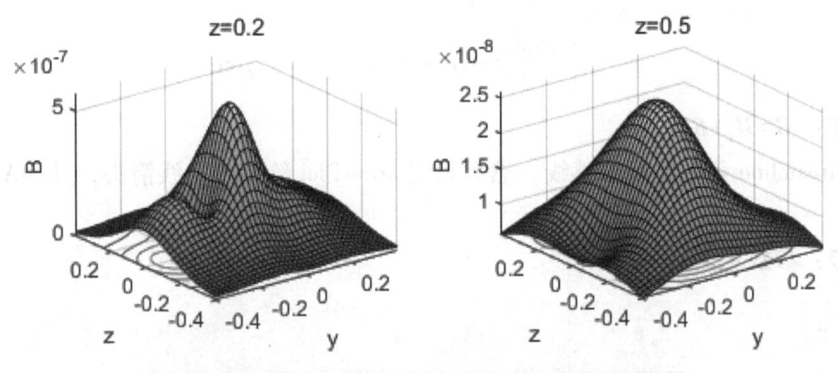

图 4.12　z 轴正方向上不同位置平面上的磁场分布

4.5　有空洞的无限大载流平板的磁场分布

真空中有一厚度为 d 的无限大载流（均匀密度 $J_0\boldsymbol{e}_z$）平板，在其中心位置有一半径等于 a 的圆柱形空洞，如图 4.13 所示，试求各处的磁感应强度。

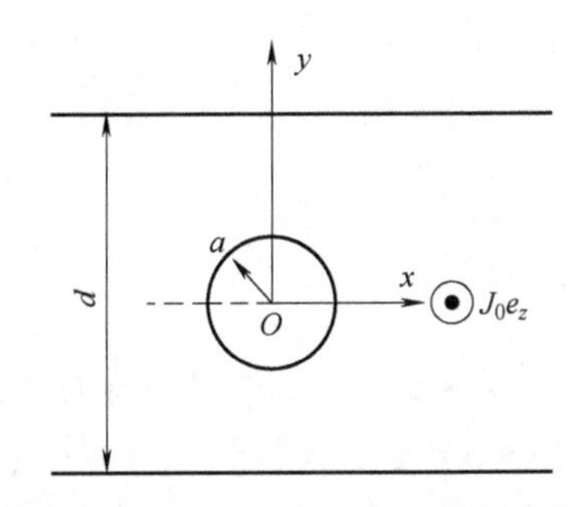

图 4.13　有空洞的无限大载流平板

解析： 利用补偿法，假设空洞中存在 $J_0\boldsymbol{e}_z$ 和 $-J_0\boldsymbol{e}_z$ 的电流，求各点处的磁感应强度可视为一个无限大均匀载流 $J_0\boldsymbol{e}_z$ 的平板与一个载流为 $J_0\boldsymbol{e}_z$ 的无限长直圆柱各自在该处产生的磁感强度的矢量和。

通有 $J=J_0\boldsymbol{e}_z$ 的无限大平板在空间各点产生的磁感应强度，可利用安培环路定律求出：

$$\boldsymbol{B}_1=\begin{cases}-\dfrac{\mu_0 J_0 d}{2}\boldsymbol{e}_x & y\geqslant\dfrac{d}{2}\\ -\mu_0 J_0 y\boldsymbol{e}_x & -\dfrac{d}{2}<y<\dfrac{d}{2}\\ \dfrac{\mu_0 J_0 d}{2}\boldsymbol{e}_x & y\leqslant-\dfrac{d}{2}\end{cases} \tag{4.14}$$

通有 $J=-J_0\boldsymbol{e}_z$ 的无限长直圆柱产生的磁感应强度，也可利用安培环路定律求出

$$\boldsymbol{B}_2=\begin{cases}-\dfrac{\mu_0 J_0 a^2}{2(x^2+y^2)}(-y\boldsymbol{e}_x+x\boldsymbol{e}_y) & \rho>a\\ -\dfrac{\mu_0 J_0}{2}(-y\boldsymbol{e}_x+x\boldsymbol{e}_y) & \rho<a\end{cases} \tag{4.15}$$

各处场强 $\boldsymbol{B}=\boldsymbol{B}_1+\boldsymbol{B}_2$

使用 streamline 函数绘制磁感线，然后采用 arrowPlot 绘制磁力线箭头，其 MATLAB 程序分为四步：

第一步：参数定义

```
clear
d=10;
a=3;
J0=100;
m0=4*pi*1e-7;
```

第二步：网格划分和磁场计算

```
N=40;
t=linspace(-20,20,N);
[x,y]=meshgrid(t);
for i=1:N
    for j=1:N
        if y(i,j)<=-5
            B2x=m0*J0*a*a*y(i,j)/[2*(x(i,j)^2+y(i,j)^2)];
            B2y=-m0*J0*a*a*x(i,j)/[2*(x(i,j)^2+y(i,j)^2)];
            B1x=+m0*J0*d/2;
            B1y=0;
            Bx(i,j)=B1x+B2x;
            By(i,j)=B1y+B2y;
        elseif y(i,j)>=5
            B4x=m0*J0*a*a*y(i,j)/[2*(x(i,j)^2+y(i,j)^2)];
```

```
            B4y=-m0*J0*a*a*x(i,j)/[2*(x(i,j)^2+y(i,j)^2)];
            B3x=-m0*J0*d/2;
            B3y=0;
            Bx(i,j)=B3x+B4x;
            By(i,j)=B3y+B4y;
        elseif-5<y(i,j)&&y(i,j)<5&&[x(i,j)^2+y(i,j)^2]>a^2
            B6x=m0*J0*a*a*y(i,j)/[2*(x(i,j)^2+y(i,j)^2)];
            B6y=-m0*J0*a*a*x(i,j)/[2*(x(i,j)^2+y(i,j)^2)];
            B5x=-m0*J0*y(i,j);
            B5y=0;
            Bx(i,j)=B5x+B6x;
            By(i,j)=B5y+B6y;
        elseif [x(i,j)^2+y(i,j)^2]<=a^2
            B8x=m0*J0*y(i,j)/2;
            B8y=-m0*J0*x(i,j)/2;
            B7x=-m0*J0*y(i,j);
            B7y=0;
            Bx(i,j)=B7x+B8x;
            By(i,j)=B7y+B8y;
        end
    end
end
```

第三步：绘制有空洞无限大平板

```
axis equal;
axis([-20,20,-20,20]);
hold on
plot([-20,20],[-5,-5],'k','linewidth',2);
plot([-20,20],[5,5],'k','linewidth',2);
fill([-20,-20,20,20],[-5,5,5,-5],'y');
theta=0:pi/100:2*pi;
x0=a*cos(theta);
y0=a*sin(theta);
plot(x0,y0,'-','linewidth',2);
fill(x0,y0,'w');
title('无限大载流平板挖掉一个圆柱形空洞后的磁场','fontsize',10);
xlabel('x','fontsize',12);
```

```
    ylabel('y','fontsize',12);
    hold on
```

第四步：磁力线绘制

```
    x1=linspace(-20,-20,40);
    y1=linspace(-20,20,40);
    for k=1:2:39
        h1=streamline(x,y,Bx,By,x1(k),y1(k));
        arrowPlot(h1.XData,h1.YData,'number',1,'color','k','LineWidth',1,
'scale',1);
      hold on
    end

    x2=linspace(20,20,40);
    y2=linspace(-20,20,40);
    for kk=1:2:39
        h2=streamline(x,y,Bx,By,x2(kk),y2(kk));
        arrowPlot(h2.XData,h2.YData,'number',1,'color','k','LineWidth',1,
'scale',1);
    hold on
    end
```

运行结果如图 4. 14 所示。

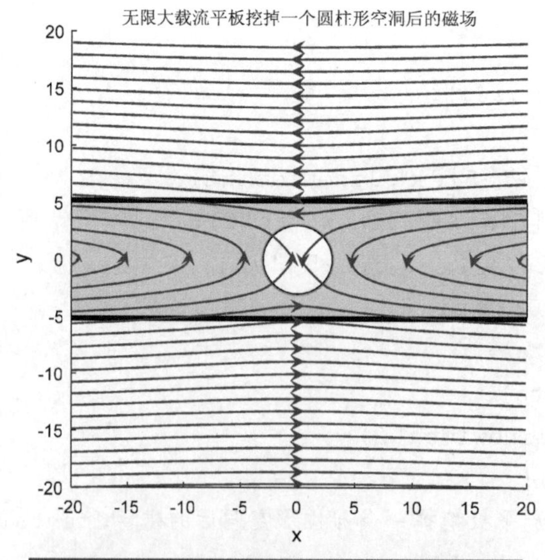

图 4. 14　有空洞的无限大载流平板磁力线分布

4.6　恒定磁场中的镜像法

如图 4.15 所示两种磁导率不同的媒质，媒质 1 和 2 的磁导率分别为 μ_1 和 μ_2。与分界面平行的长直导线位于媒质 1 中，导线的电流为 I，试求媒质中磁场分布。

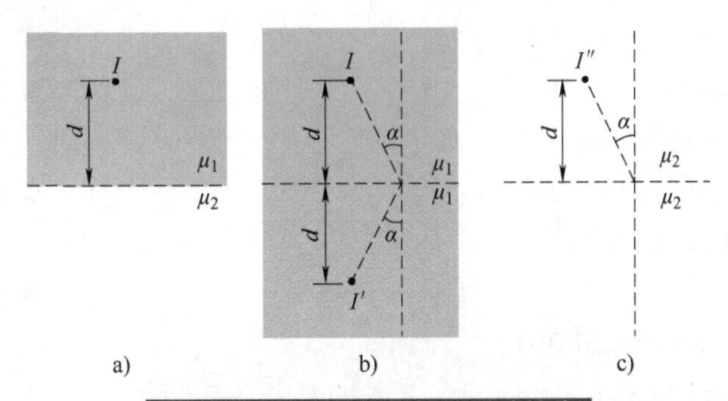

图 4.15　线电流与媒质平面的镜像

解析：和静电场类似，可用镜像法求解两种媒质中的磁场。设媒质 1 充满整个空间，并在 I 的镜像位置放置镜像电流 I'，则媒质 1 中的磁场由电流 I 和 I' 共同产生；设媒质 2 充满整个空间，在电流 I 所在位置设置镜像电流 I''，则媒质 2 中的磁场由 I'' 产生。

根据解的唯一性，只需满足同样的衔接条件，则可求得整个空间的磁场。

下面根据分界面的衔接条件确定 I' 和 I''。由衔接条件知，分界面两侧场量满足

$$\begin{cases} H_{1t}=H_{2t} \\ B_{1n}=B_{2n} \end{cases} \tag{4.16}$$

将分界面上任一点的场量表达式代入上式，可得

$$\begin{cases} \dfrac{I}{2\pi r}\cos\alpha-\dfrac{I'}{2\pi r}\cos\alpha=\dfrac{I''}{2\pi r}\cos\alpha \\ \dfrac{\mu_1 I}{2\pi r}\sin\alpha+\dfrac{\mu_1 I'}{2\pi r}\sin\alpha=\dfrac{\mu_2 I''}{2\pi r}\sin\alpha \end{cases} \tag{4.17}$$

即

$$I-I'=I''$$

$$\mu_1 I-\mu_1 I'=\mu_2 I'' \tag{4.18}$$

由此便可求得镜像电流 I 和 I'' 的大小分别为

$$\begin{cases} I'=\dfrac{\mu_2-\mu_1}{\mu_2+\mu_1}I \\ I''=\dfrac{2\mu_1}{\mu_2+\mu_1}I \end{cases} \tag{4.19}$$

当两种媒质分别为铁磁媒质和非铁磁媒质时，由于铁磁媒质的磁导率远大于非铁磁媒质，需根据电流所处媒质不同分为两种情况：若电流处于铁磁媒质中，即 $\mu_1 \gg \mu_2$ 时，则有 $I'\approx -I$，$I''\approx 2I$，这表明：没有电流的半空间由空气换成铁磁物质，其中的磁感应强度将比

原来增加一倍。若电流处于非铁磁媒质中，即 $\mu_1 \ll \mu_2$ 时，则有 $I' \approx I$、$I'' \approx 0$，这时铁磁媒质中磁场强度近似为零，但磁感应强度不为零。

在分层均匀的媒质中，电流产生的磁场可以借助 MATLAB 进行分析，其代码为

```
clear
h=0.5;
I=1e+7;
u0=4*pi*1e-7;                                              %设置参数
u1=2*u0;u2=10*u0;
I1=(u2-u1)/(u2+u1)*I;                                      %计算镜像电流大小
I2=2*u1/(u1+u2)*I;
x9=2.5;                                                    %网格
x=linspace(-x9,x9,5000);
[X,Y]=meshgrid(x);
plot([-x9,x9],[0,0]);                                      %分界线
hold on
patch([-x9,-x9,x9,x9],[0,x9,x9,0],[0.99 0.99 0.9]);%画背景
patch([-x9,-x9,x9,x9],[0,-x9,-x9,0],[0.75 0.9 0.8]);
hold on
axis equal;                                                %使 x 轴与 y 轴等比例
hold on
alpha=0:pi/100:2*pi;
R0=0.1;                                                    %设定半径
x0=R0*sin(alpha);
y0=0.5+R0*cos(alpha);
plot(x0,y0,'.k');                                          %画导电线
R1=0.01;                                                   %设定半径
plot(R1*sin(alpha),h+R1*cos(alpha),'.k');                  %画电流方向
hold on
r1=sqrt(X.^2+(Y-h).^2);                                    %I 的磁场
dx1=-I*u1/(2*pi)*(Y-h)./r1.^2;
dy1=I*u1/(2*pi)*X./r1.^2;
r2=sqrt(X.^2+(Y+h).^2);                                    %I1 的磁场
dx2=-I1*u1/(2*pi)*(Y+h)./r2.^2;
dy2=I1*u1/(2*pi)*X./r2.^2;
dx3=dx1+dx2;                                               %I 和 I1 的合磁场
dy3=dy1+dy2;
B1=sqrt(dx3.^2+dy3.^2);                                    %单位化
```

```
    Bx1=dx3./B1;By1=dy3./B1;
    r4=sqrt(X.^2+(Y-h).^2);                                 %I2 的磁场
    dx4=-I2*u2/(2*pi)* (Y-h)./r2.^2;
    dy4=I2*u2/(2*pi)*X./r2.^2;
    B2=sqrt(dx4.^2+dy4.^2);
    Bx2=dx4./B2;By2=dy4./B2;
    Bmin=I/(2.5-h)+I1/(2.5+h);                              %设置磁场最小值
    Bmax=I/0.15+I1/(2*h+0.15);
    B9=linspace(Bmin,Bmax,10);
    y1=[];
    for i=1:length(B9)                                      %计算点位
        a=B9(i);b=-(I+I1);c=-I*h+I1*h-h^2*B9(i);
        y1(end+1)=(-b+sqrt(b^2-4*a*c))/2/a;
    end
    x2=[-2.3 -1.12 -0.6981 -0.4555 -0.2668];
    x3=[2.3 1.12 0.6981 0.4555 0.2688 0 0 0 0 0];
    y3=[0 0 0 0 0 0.0315 0.167 0.234 0.2775 0.308];
    l1=[3440 1850 1350 1110 975 930 750 630 545 480];      %线长
    l2=[5670 2480 1440 910 540];
    for i=1:length(y1)                                      %画左上方
      k2=streamline(X,Y,Bx1,By1,0,y1(i),[1,l1(i)]);
      set(k2,'LineWidth',1.2)
      for j=1:length(k2)
        xData=k2(j).XData;
        yData=k2(j).YData;
        hold on
        h1=arrowPlot(xData,yData,'number',1,'color','r','LineWidth',1,
'scale',1);
    end
    hold on
    end
    for i=1:length(x3)                                      %画右上方
      k3=streamline(X,Y,Bx1,By1,x3(i),y3(i),[1,l1(i)]);
      set(k3,'LineWidth',1.2)
      for j=1:length(k3)
        xData=k3(j).XData;
        yData=k3(j).YData;
```

```
        hold on
        h1 = arrowPlot (xData, yData,'number',1,'color','r','LineWidth',1,
'scale',1);
    end
    hold on
    end
    for i=1:length(x2)                                          %画下方
      k2=streamline(X,Y,Bx2,By2,x2(i),0,[1,l2(i)]);
      set(k2,'LineWidth',1.2)
      for j=1:length(k2)
        xData=k2(j).XData;
        yData=k2(j).YData;
        hold on
        h1 = arrowPlot (xData, yData,'number',1,'color','r','LineWidth',1,
'scale',1);
    end
    hold on
    end
    text(1.85,2,'μr1=2','Color','k','FontSize',12);         %完善
    text(1.7,-2,'μr2=10','Color','k','FontSize',12);
    title('不同介质分界面上的磁场变化图','fontsize',15);
    axis equal;                                                 %使 X 轴与 Y 轴等比例
    hold on
    xlabel('x(m)')
    ylabel('y(m)')
```

运行结果如图 4.16 所示。

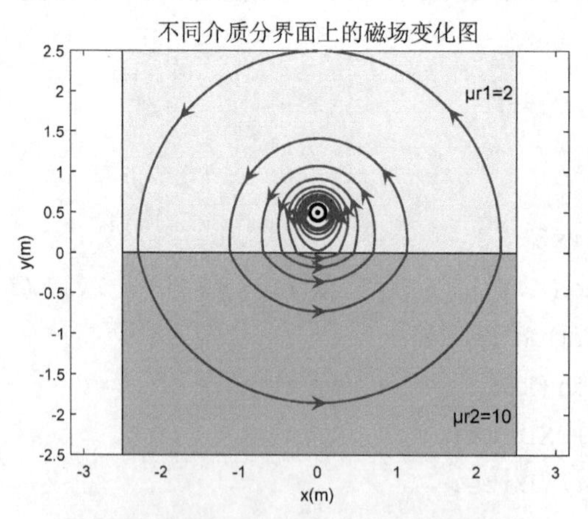

图 4.16 不同介质分界面的磁场分布

4.7　同轴电缆的磁场分布

已知长直同轴电缆内导体半径为 a_1、磁导率为 μ_1，内外导体间介质的磁导率为 μ_2，外导体内、外半径分别为 a_2、a_3，外导体磁导率为 μ_3。设内外导体分别流过大小为 I、方向相反的电流，且电流均匀分布，如图 4.17 所示。求同轴电缆内导体内部、内外导体间、外导体内部和外导体外各区域的 $\boldsymbol{H}$、$\boldsymbol{B}$。

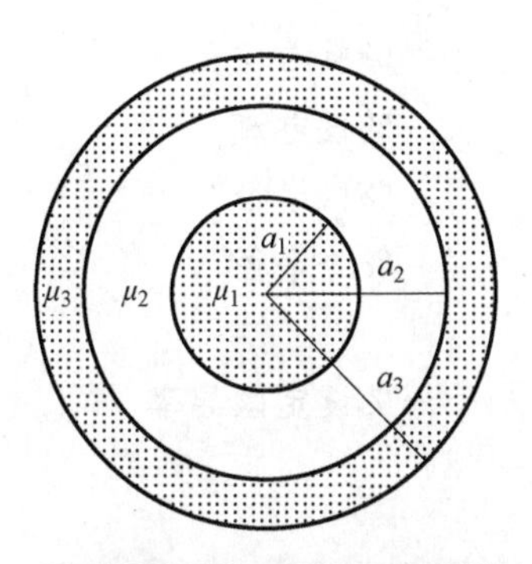

图 4.17　同轴电缆示意图

解析：由对称性分析可知，长直同轴电缆附近磁场为以电缆轴线为轴心的轴对称场。因此采用柱坐标，取同轴电缆轴线为 z 轴，内导体电流方向为 z 轴正方向。磁场只有 $\boldsymbol{e}_\varphi$ 分量，大小只与场点到 z 轴的距离 ρ 有关。

（1）在内导体内部，$0<\rho<a_1$。由于电流均匀分布，因此内导体电流面密度 $\boldsymbol{J}=\dfrac{I}{\pi a_1^2}\boldsymbol{e}_z$，选取圆心在 z 轴上、半径为 ρ 且垂直于 z 轴的圆（截面为圆）l，则由安培环路定理有

$$\oint_l \boldsymbol{H}\cdot \mathrm{d}\boldsymbol{l}=\frac{\rho^2}{a_1^2}I \tag{4.20}$$

$$\boldsymbol{H}=\frac{\rho I}{2\pi a_1^2}\boldsymbol{e}_\varphi,\quad \boldsymbol{B}=\frac{\mu_1\rho I}{2\pi a_1^2}\boldsymbol{e}_\varphi \tag{4.21}$$

（2）内外导体间 $a_1<\rho<a_2$。同样由安培环路定理有

$$\oint_l \boldsymbol{H}\cdot \mathrm{d}\boldsymbol{l}=I \tag{4.22}$$

$$\boldsymbol{H}=\frac{I}{2\pi\rho}\boldsymbol{e}_\varphi,\quad \boldsymbol{B}=\frac{\mu_2 I}{2\pi\rho}\boldsymbol{e}_\varphi \tag{4.23}$$

（3）外导体内部，$a_2<\rho<a_3$，由于电流均匀分布，因此外导体电流面密度 $\boldsymbol{J}=\dfrac{I}{\pi(a_3^2-a_2^2)}\boldsymbol{e}_z$。对于圆心在 z 轴上、半径为 ρ 且垂直于 z 轴的圆 l，有

$$\oint_l \boldsymbol{H}\cdot \mathrm{d}\boldsymbol{l}=\frac{a_3^2-\rho^2}{a_3^2-a_2^2}I \tag{4.24}$$

由此可得

$$\boldsymbol{H}=\frac{I(a_3^2-\rho^2)}{2\pi\rho(a_3^2-a_2^2)}\boldsymbol{e}_\varphi,\quad \boldsymbol{B}=\frac{\mu_3 I(a_3^2-\rho^2)}{2\pi\rho(a_3^2-a_2^2)}\boldsymbol{e}_\varphi \tag{4.25}$$

（4）外导体外，$\rho>a_3$。有 $\oint_l \boldsymbol{H}\cdot \mathrm{d}\boldsymbol{l}=I-I=0$，因此该区域的 $\boldsymbol{H}$ 和 $\boldsymbol{B}$ 均为零。

同轴电缆中磁场分布的 MATLAB 代码分为四步：

第一步：参数定义

```
clear
h=0.5;                          %轴心位置
I=1;                            %设电流
R1=0.5;                         %内半径
R2=2;                           %外半径
u1=pi*4e-7;
u2=1;                           %设定磁导率
v1=u1/(2*pi);
v2=u2/(2*pi);
```

第二步：绘制同轴电缆

```
alpha=0:pi/100:2*pi;
x0=R1*sin(alpha);
y0=R1*cos(alpha)+h;
x1=R2*sin(alpha);
y1=R2*cos(alpha)+h;
patch((R2-0.03)*sin(alpha),(R2-0.03)*cos(alpha)+h,[0.9 0.9 0.9]);
patch(x0,y0,[0.99 0.99 0.8]);hold on
plot(x0,y0,'r.','MarkerIndices',1:5:length(y0));  %内导体电流方向
plot(x1,y1,'x','Color',[1 0 0],'LineWidth',1.2,'MarkerIndices',1:3:
length(y1));                                       %外导体电流方向
R3=0.01;                                           %设定半径
plot(R3*sin(alpha),h+R3*cos(alpha),'.r');
plot((R2-0.03)*sin(alpha),(R2-0.03)*cos(alpha)+h,'k','LineWidth',
0.8);
plot((R2+0.03)*sin(alpha),(R2+0.03)*cos(alpha)+h,'k','LineWidth',
0.8);
hold on
axis equal;
x2=2.5;                                            %网格
```

```
x=linspace(-x2,x2,5000);
[X,Y]=meshgrid(x);
R=sqrt(X.^2+(Y-h).^2);                          %空间中任意点到轴心距离
Bmin=I/6.5;
Bmax=I/0.15;
B9=linspace(Bmin,Bmax,1);
```

第三步：计算内导体中磁场分布

```
dx1=-I*v1*(Y-h)./(R.^2).*(R>=R3&R<R1);
dy1=I*v1*X./(R.^2).*(R>=R3&R<R1);
B1=sqrt(dx1.^2+dy1.^2);
Bx1=dx1./B1;By2=dy1./B1;                               %分解磁场
x3=[-0.4555 -0.2836 -0.1668 -0.098];                   %取点位
l1=[2597 1628 965 571];                                %设线长
%画磁场分布线
for i=1:length(x3)
  k1=streamline(X,Y,Bx1,By2,x3(i),0.5,[1,l1(i)]);
  set(k1,'LineWidth',1.2)
    arrowPlot(k1.XData,k1.YData,'number',1,'color','b','LineWidth',1,
'scale',1);
  hold on
end
hold on
```

第四步：计算内外导体间磁场分布

```
dx2=-I*v2*(Y-h)./(R.^2).*(R>=R1&R<R2);
dy2=I*v2*X./(R.^2).*(R>=R1&R<R2);
B2=sqrt(dx2.^2+dy2.^2);
Bx2=dx2./B2;By2=dy2./B2;                                      %分解磁场
x4=[-1.9 -1.45 -1.10 -0.88 -0.75 -0.63 -0.55];                %取点位
l2=[10765 8225 6245 5005 4265 3585 3135];                     %设线长
for i=1:length(x4)
  k2=streamline(X,Y,Bx2,By2,x4(i),h,[1,l2(i)]);
  set(k2,'LineWidth',1.2)
    arrowPlot(k2.XData,k2.YData,'number',1,'color','b','LineWidth',1,
'scale',1);
```

```
    hold on
  end
  text(1,1.85,'μ1','Color','k','FontSize',12);
  text(0.2,0.275,'μ2','Color','k','FontSize',9);
  title('同轴电缆的磁场分布','fontsize',15);                    %完善
  xlabel('x(m)')
  ylabel('y(m)')
```

运行结果如图 4.18 所示。

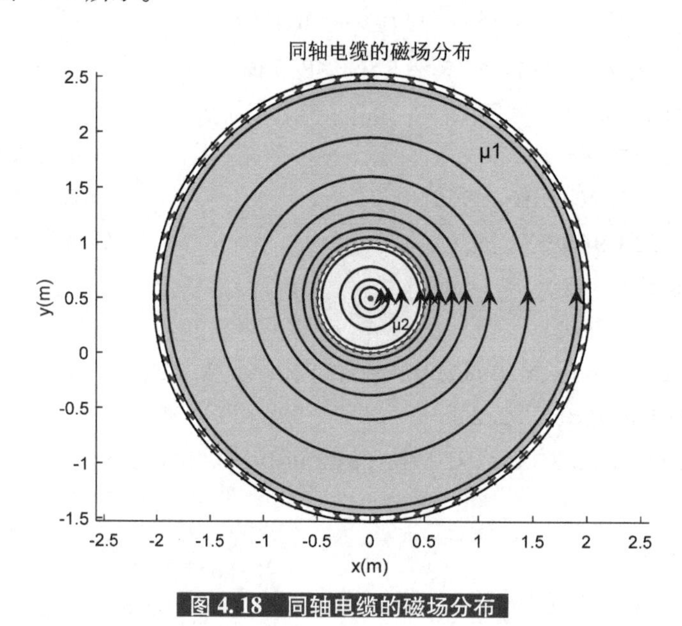

图 4.18　同轴电缆的磁场分布

4.8　偏心电缆的磁场分布

假设有一直无限长偏心电缆，其截面如图 4.19 所示，试求其磁场分布。

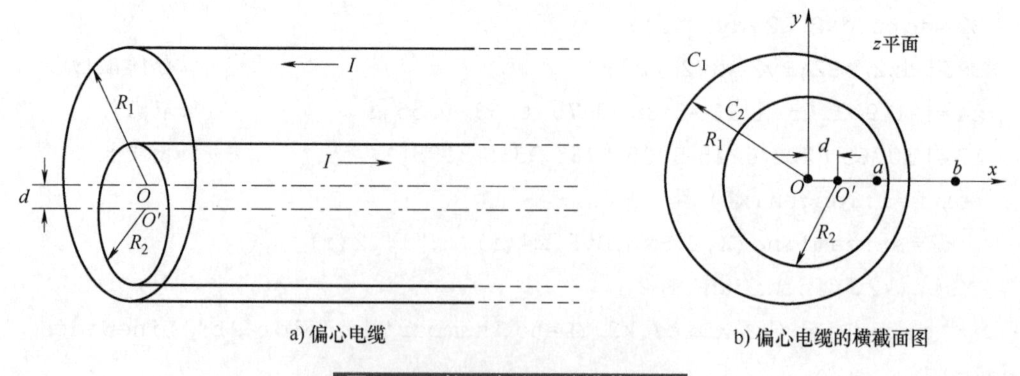

图 4.19　偏心电缆及其横截面图

解析：单芯偏心电缆可看作半径为 R_1 的空心圆柱套着磁导率为 μ_1，半径为 R_2 的圆柱，两柱的轴线平行且相距为 $d(d<R_1-R_2)$。设其间充满磁导率为 μ_2 的介质，且电流在内圆柱体截面和外圆柱表面上是均匀分布的。两圆柱的横截面为两个圆 C_1 和 C_2，以圆 C_1 的圆心为坐标原点，两圆的圆心连线为 x 轴建立坐标取 x 轴上的 a、b 两点为两圆的镜像点，其坐标分别为 x_1 和 x_2。根据镜像值有

$$\begin{cases} x_1x_2=R_1^2 \\ (x_1-d)(x_2-d)=R_2^2 \end{cases} \tag{4.26}$$

解之得

$$\begin{cases} x_1=\dfrac{1}{2d}[(d^2+R_1^2-R_2^2)-\sqrt{(d^2+R_1^2-R_2^2)^2-4R_1^2d^2}] \\ x_2=\dfrac{1}{2d}[(d^2+R_1^2-R_2^2)+\sqrt{(d^2+R_1^2-R_2^2)^2-4R_1^2d^2}] \end{cases} \tag{4.27}$$

设 $R_2'=\left|\dfrac{d+R_2-X_1}{d+R_2-X_2}\right|$，电缆内圆柱体中的磁场分布为

$$\begin{aligned} H_i&=\frac{I}{2\pi R_2'^2}\cdot\sqrt{\frac{(x-x_1)^2+y^2}{(x-x_2)^2+y^2}} \\ &=\frac{I}{2\pi}\cdot\left[\frac{R_1^2-(d+R_2)^2+\sqrt{(d^2-R_1^2-R_2^2)^2-4R_1^2R_2^2}}{(d+R_2)^2-R_1^2+\sqrt{(d^2-R_1^2-R_2^2)^2-4R_1^2R_2^2}}\right]^2\cdot\sqrt{\frac{(x-x_1)^2+y^2}{(x-x_2)^2+y^2}} \end{aligned} \tag{4.28}$$

$$B_i=\frac{\mu_iI}{2\pi}\cdot\left[\frac{R_1^2-(d+R_2)^2+\sqrt{(d^2-R_1^2-R_2^2)^2-4R_1^2R_2^2}}{(d+R_2)^2-R_1^2+\sqrt{(d^2-R_1^2-R_2^2)^2-4R_1^2R_2^2}}\right]^2\cdot\sqrt{\frac{(x-x_1)^2+y^2}{(x-x_2)^2+y^2}} \tag{4.29}$$

内圆柱体和外空心圆柱之间的磁场分布为

$$H_e=\frac{I}{2\pi}\sqrt{\frac{(x-x_2)^2+y^2}{(x-x_1)^2+y^2}} \tag{4.30}$$

$$B_e=\frac{\mu_2I}{2\pi}\sqrt{\frac{(x-x_2)^2+y^2}{(x-x_1)^2+y^2}} \tag{4.31}$$

电缆的外部磁场为零。

偏心电缆中磁场分布的 MATLAB 代码分为四步：

第一步：参数定义

```
clear
d=0.39;          %偏心距离
I=1e+7;
R1=0.5;
R2=1.2;
u1=pi*4e-7;
u2=1;
```

```
    v1=u1/(2*pi);
    v2=u2/(2*pi);
```

第二步：绘制同轴电缆

```
    alpha=0:pi/100:2*pi;
    x0=R1*sin(alpha)+d;
    y0=R1*cos(alpha);
    x1=R2*sin(alpha);
    y1=R2*cos(alpha);
    patch((R2-0.02)*sin(alpha),(R2-0.02)*cos(alpha),[0.9 0.9 0.9]);
    patch(x0,y0,[0.99 0.99 0.8]);
    hold on
    plot(x0,y0,'r.','MarkerIndices',1:5:length(y0));
    plot(x1,y1,'x','Color',[1 0 0],'LineWidth',1.2,'MarkerIndices',1:3:
length(y1));
    R3=0.01;%设定半径
    plot(R3*sin(alpha)+d,R3*cos(alpha),'.r');
    plot(R3*sin(alpha),R3*cos(alpha),'.k');

    plot([R3,d-R3],[0,0],'-k','LineWidth',1);
    plot((R2-0.02)*sin(alpha),(R2-0.02)*cos(alpha),'k','LineWidth',
0.8);
    plot((R2+0.02)*sin(alpha),(R2+0.02)*cos(alpha),'k','LineWidth',
0.8);
    hold on
    x=linspace(-1.5,1.5,5000);
    y=linspace(-1.5,1.5,5000);
    axis equal;
    [X,Y]=meshgrid(x,y);
    R=sqrt((X-d).^2+Y.^2);
    x5=((d.^2+R2.^2-R1.^2)-sqrt((d.^2+R2.^2-R1.^2).^2-4*(R2.^2)*(d.^
2)))./(2*d);
    x6=((d.^2+R2.^2-R1.^2)+sqrt((d.^2+R2.^2-R1.^2).^2-4*(R2.^2)*(d.^
2)))./(2*d);
    c1=((X-x5).^2+Y.^2)./((X-x6).^2+Y.^2);
    c2=((X-x6).^2+Y.^2)./((X-x5).^2+Y.^2);
```

```
x7=(c1*x6-x5)./(c1-1);
R7=abs((sqrt(c1)*(x5-x6))./(c1-1));
x8=(c2*x5-x6)./(c2-1);
R8=abs((sqrt(c2)*(x6-x5))./(c2-1));
```

第三步：计算内导体中磁场分布

```
%R<R1
dx1=-I*v1*Y./R7.^2.*(R<R1);
dy1=I*v1*(X-x7)./R7.^2.*(R<R1);
B1=sqrt(dx1.^2+dy1.^2);
Bx1=dx1./B1;By1=dy1./B1;
Bmin=I/0.45;
Bmax=I/0.12;
B5=linspace(Bmin,Bmax,4);
y6=[0,0,0,0,0];
x9=[-0.05,0,0.07,0.16,0.28];
l1=[5320 6595 5745 5230 5630];
for i=1:length(y6)
  k1=streamline(X,Y,Bx1,By1,x9(i),y6(i),[1,l1(i)]);
  set(k1,'LineWidth',1.2)
  arrowPlot(k1.XData,k1.YData,'number',1,'color','b','LineWidth',1,
'scale',1);
hold on
end
```

第四步：计算内外导体间磁场分布

```
%R1<R<R2
Bmin=I/0.45;
Bmax=I/0.12;
B4=linspace(Bmin,Bmax,4);
y4=[];
for i=1:length(B4)
    a=B4(i);b=-I;
    y4(end+1)=(-b+sqrt(b^2-4*a*b))/2/a;
end
dx2=-I*v2*Y./R8.^2.*(R>=R1&R<R2);
```

```
    dy2=I*v2*(X-x8)./R8.^2.*(R>=R1&R<R2);
    B2=sqrt(dx2.^2+dy2.^2);
    Bx2=dx2./B2;By2=dy2./B2;
    l2=[8970 6595 5745 5230];
    for i=1:length(y4)
      k2=streamline(X,Y,Bx2,By2,0,y4(i),[1,l2(i)]);
      set(k2,'LineWidth',1.2)
      arrowPlot(k2.XData,k2.YData,'number',1,'color','b','LineWidth',1,
'scale',1);
    hold on
    end
    plot(R3*sin(alpha)+x5,R3*cos(alpha),'.b');
    plot(R3*sin(alpha)+x6,R3*cos(alpha),'.b');
    text(0.06,0.07,'d','Color','k','FontSize',8);
    text(1,0.85,'μ1','Color','k','FontSize',12);
    text(0.2,0.175,'μ2','Color','k','FontSize',9);
    text(x5,-0.13,'x1','Color','k','FontSize',12);
    text(x6,-0.13,'x2','Color','k','FontSize',12);
    title('偏心电缆的磁场分布','fontsize',15);
    xlabel('x(m)')
    ylabel('y(m)')
```

运行结果如图 4.20 所示。

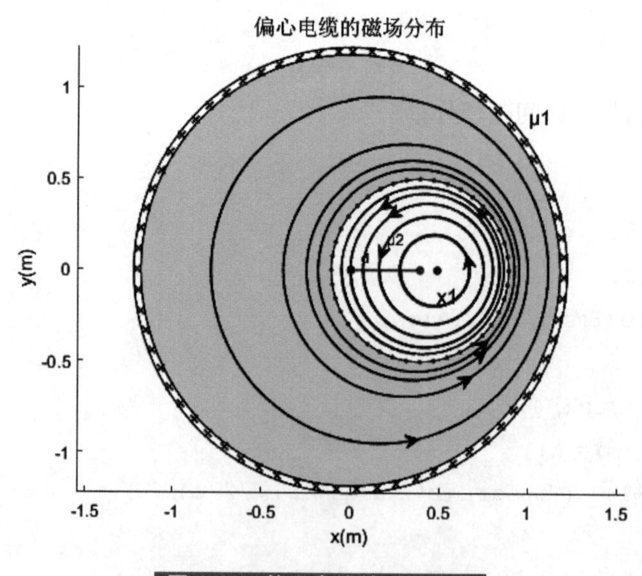

图 4.20 偏心电缆的磁场分布

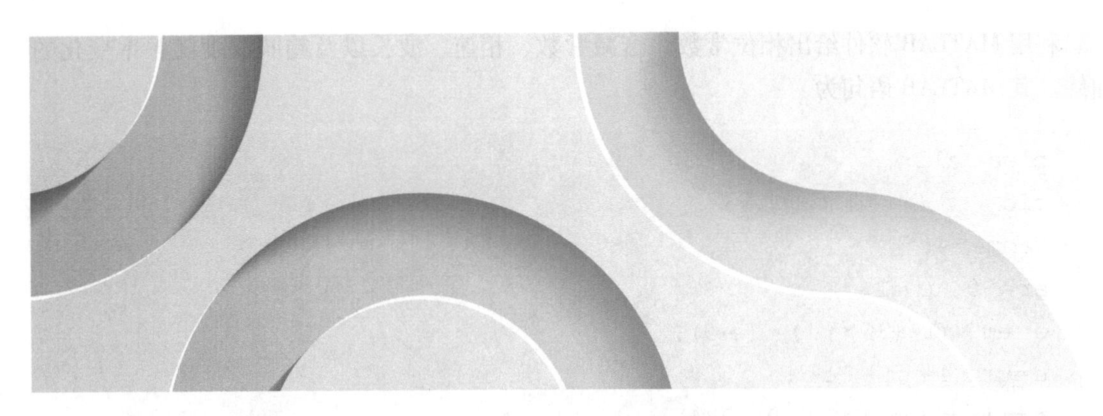

第 5 章　电磁波在无界空间的传播

5.1　媒质参数随频率的变化规律

设无界导电媒质的介电常数、磁导率和电导率分别为 ε、μ 和 γ，若电磁波为沿+z 轴方向传播的均匀平面波，设 $\varepsilon_c=\varepsilon-\mathrm{j}\dfrac{r}{\omega}$，则电场和磁场强度矢量的复矢量可表示为

$$\boldsymbol{E}=\boldsymbol{e}_x E_{\mathrm{m}}\mathrm{e}^{-kz},\quad \boldsymbol{H}=\boldsymbol{e}_y\frac{H_{\mathrm{m}}}{Z_c}\mathrm{e}^{-kz}$$

式中，Z_c为波阻抗，且 $Z_c=\sqrt{\dfrac{\mu}{\varepsilon_c}}=\sqrt{\dfrac{\mu}{\varepsilon}}\left[1+\left(\dfrac{\gamma}{\omega\varepsilon}\right)^2\right]^{-1/4}\mathrm{e}^{\mathrm{j}\frac{1}{2}\arctan\frac{\gamma}{\omega\varepsilon}}$；$k$ 为媒质的复传播常数，且 $k=\mathrm{j}k_c=\mathrm{j}\omega\sqrt{\mu\varepsilon_c}=\alpha+\mathrm{j}\beta$。

其中，α 和 β 分别为衰减常数和相位常数，且

$$\alpha=\omega\sqrt{\frac{\mu\varepsilon}{2}\left[\sqrt{1+\left(\frac{\gamma}{\omega\varepsilon}\right)^2}-1\right]},\quad \beta=\omega\sqrt{\frac{\mu\varepsilon}{2}\left[\sqrt{1+\left(\frac{\gamma}{\omega\varepsilon}\right)^2}+1\right]}$$

例如，已知海水的媒质参数为 $\gamma=4\mathrm{S/m}$，$\varepsilon_{\mathrm{r}}=81$，$\mu_{\mathrm{r}}=1$。设海水中传播的电磁波频率 f 变化范围为 1MHz~2GHz，可以求得$\dfrac{\gamma}{\omega\varepsilon}$的变化范围为［0.45，900］。因此，当电磁波的频率在 1GHz 附近时，海水是有损媒质；而当电磁波的频率在 1MHz 以下时由于$\dfrac{\gamma}{\omega\varepsilon}\gg1$，可以看成良导体。

例如，当 $f=\dfrac{\omega}{2\pi}=5\times10^6\mathrm{Hz}$ 时，$\dfrac{\gamma}{\omega\varepsilon}=\dfrac{4}{10^7\pi\times\dfrac{1}{36\pi}\times10^{-9}\times80}=180\gg1$，海水可以看成良导体。

此时，存在明显的趋肤效应。

利用 MATLAB 软件给出相位常数、衰减常数、相速、波长以及趋肤深度随频率变化的曲线。其 MATLAB 语句为

```
clear all;
clc
gamma=4;
er=80; ur=1;
e=er*(1/(36*pi)*1e-9);
u=ur*4*pi*1e-7;
f=linspace(1e6,2e9,1024);
w=f*2*pi;
c=gamma./w./e;
figure(1)
plot(f,c,'r');
title('c-f');xlabel('f(Hz)');ylabel('\c:electroconductibility');

a=w.*sqrt(e.*u/2.*(sqrt(1+(gamma/e./w).^2)+1));
b=w.*sqrt(e.*u/2.*(sqrt(1+(gamma/e./w).^2)-1));
figure(2)
plot(f,a);
title('a-f');xlabel('f(Hz)');ylabel('\alpha:attenuation constant');

figure(3)
plot(f,b);
title('b-f'); xlabel('f (Hz)'); ylabel('\beta:phase constant');

vp=w./a;
figure(4)
plot(f,vp);
title('vp-f'); xlabel('f(Hz)'); ylabel('vp:phase velocity(m/s)');

lambd=2*pi./a;delta=1./b;
figure(5)
plot(f,lambd);
title('lambd-f');
xlabel('f(Hz)');
ylabel('\lambda:wave length(m)')
```

```
d=1./b;
figure(6)
plot(f,d);
title('d-f');
xlabel('f(Hz)');
ylabel('\d:skin depth(m)')
```

其中，衰减常数 α、相位常数 β 频率的变化曲线如图 5.1 所示。

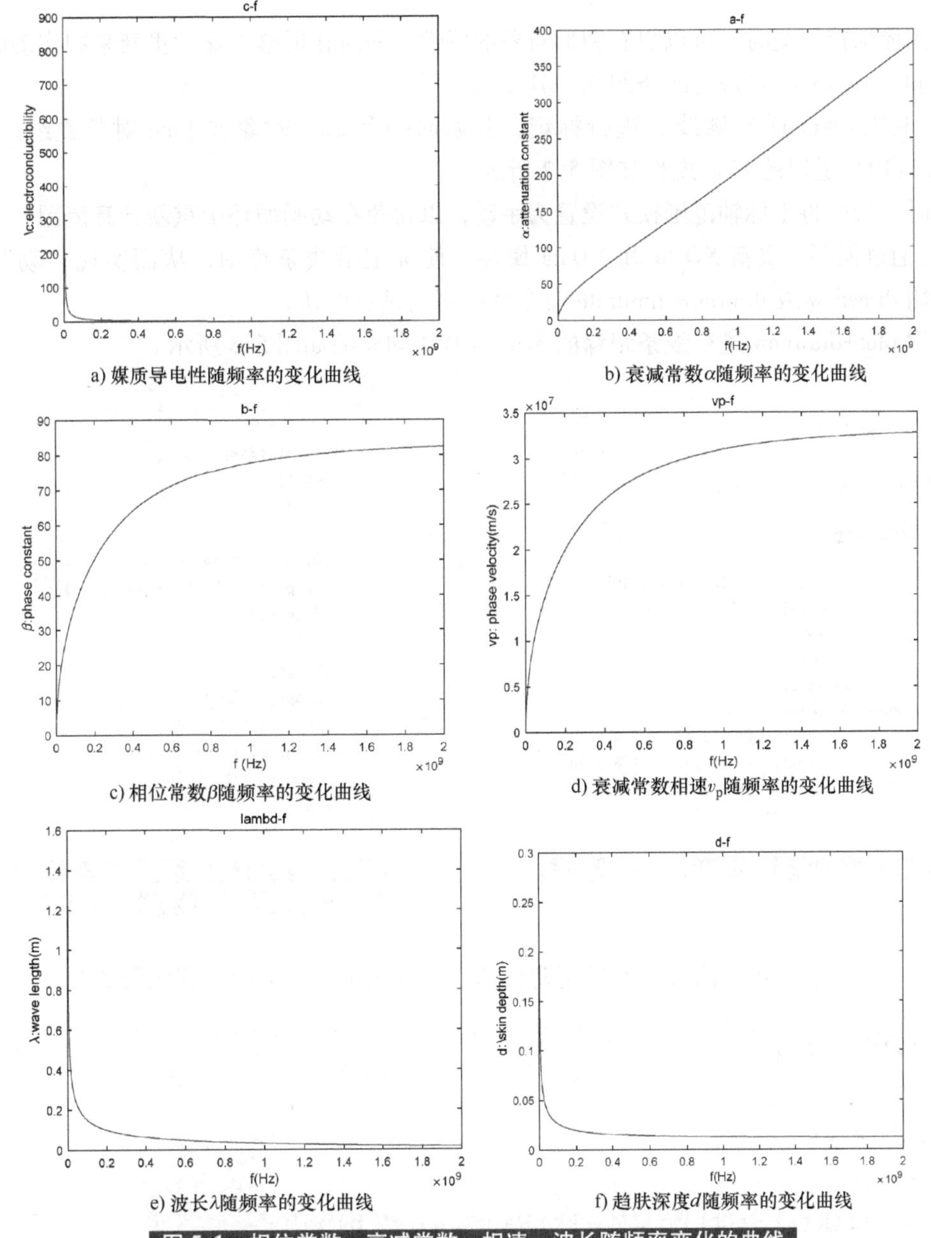

a) 媒质导电性随频率的变化曲线

b) 衰减常数 α 随频率的变化曲线

c) 相位常数 β 随频率的变化曲线

d) 衰减常数相速 v_p 随频率的变化曲线

e) 波长 λ 随频率的变化曲线

f) 趋肤深度 d 随频率的变化曲线

图 5.1　相位常数、衰减常数、相速、波长随频率变化的曲线

从图 5.1 中可以看出，导电媒质（损耗媒质）中的电磁波为色散波。

5.2 用 MATLAB 生成动图的方法

在电磁波的传播过程中，场量是时间和空间坐标的函数，采用动图可以形象生动地表示电磁波的传播过程。

用 MATLAB 生成动图的方法有多种，这里介绍简单的几种。

5.2.1 更新图形对象的属性，同时在屏幕上显示更新

当图形保持不变时，可以更新图形对象的属性，同时在屏幕上显示更新来制作动画。例如采用 plot+drawnow 可进行线条跟踪。其步骤如下：

1）利用 p=plot( ) 随线条进行标记，并返回一个 Line 对象或 Line 对象数组，例如，p=plot(1:10) 返回的 Line 属性如图 5.2 所示。

此时，最好将坐标轴范围模式设置为手动，以避免在动画循环中重新计算范围。

2）通过循环，更新 XData 和 YData 属性，使标记沿线条移动，从而实现“动”的效果：使用 drawnow 或 drawnow limitrate 命令在屏幕上显示更新。

采用 plot+drawnow 进行线条跟踪的 MATLAB 语句模板如图 5.3 所示。

```
>> p = plot(1:10)

p =

  Line (具有属性):

              Color: [0 0.4470 0.7410]
          LineStyle: '-'
          LineWidth: 0.5000
             Marker: 'none'
         MarkerSize: 6
    MarkerFaceColor: 'none'
              XData: [1 2 3 4 5 6 7 8 9 10]
              YData: [1 2 3 4 5 6 7 8 9 10]
              ZData: [1x0 double]
```

图 5.2 p=plot(1:10) 返回的 Line 属性

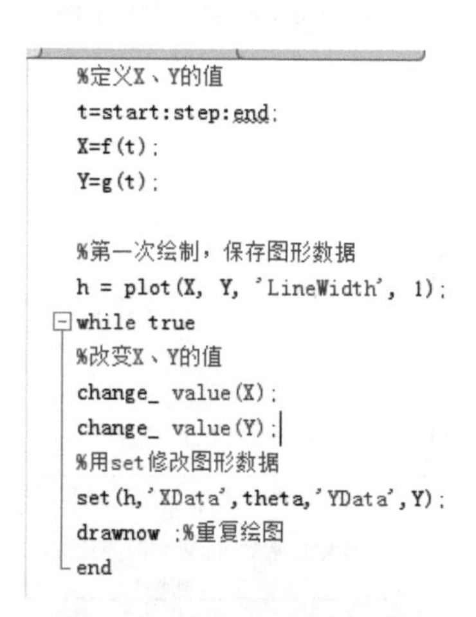

```
%定义X、Y的值
t=start:step:end;
X=f(t);
Y=g(t);

%第一次绘制，保存图形数据
h = plot(X, Y, 'LineWidth', 1);
while true
%改变X、Y的值
change_ value(X);
change_ value(Y);
%用set修改图形数据
set(h,'XData',theta,'YData',Y);
drawnow ;%重复绘图
end
```

图 5.3 采用 plot+drawnow 进行线条跟踪的 MATLAB 语句模板

例如，先画一个正弦曲线，然后用蓝色圆点沿着线条跟踪标记，其代码如下：

```
x=0:0.01:20;
y=sin(2*x);
plot(x,y)
hold on
p=plot(x(1),y(1),'o','MarkerFaceColor','blue');
```

```
hold off
axis manual

L=length(x);
for k=2:L
    p.XData=x(k);
    p.YData=y(k);
    drawnow
end
```

线条跟踪动图 1

程序运行后，其部分截图如图 5.4 所示。其动图见线条跟踪 1. gif。

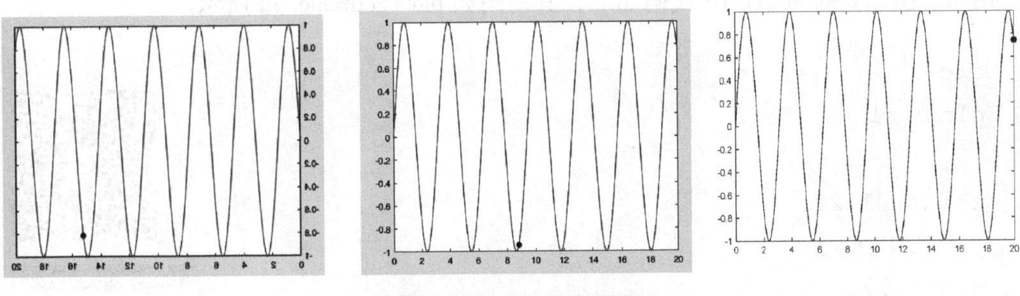

图 5.4　线条跟踪截图

如果借助创建动画线条函数 animatedline，可更简单地创建动画。上例的 MATLAB 代码如下。其动图见线条跟踪 2. gif。

```
h=animatedline;
x=0:0.01:20;
y=sin(2*x);
L=length(x);
for k=1:length(x)
addpoints(h,x(k),y(k));
drawnow
end
```

线条跟踪动图 2

5.2.2　采用 getframe 创建影片帧，和不同函数组合生成动画

getframe 是函数捕获显示在屏幕上的当前坐标区作为影片帧。getframe 可以和不同函数组合生成动画。

方法 1： plot+getframe

借助 plot 语句和 getframe 函数，可以很方便得到动图，其 MATLAB 语句模板如图 5.5 所示。

```
%定义X、Y的值
t=start:step:end;
X=f(t);
Y=g(t);

while true
%改变X、Y的值
change_ value(X);
change_ value(Y);
plot(X, Y, 'LineWidth', 1);%重复绘图
Frame=getframe;%获取帧
end
```

图 5.5　用 plot+getframe 实现动图的 MATLAB 语句模板

例如，图 5.6 的 MATLAB 代码如下，其动图如 plot+getframe. gif 所示。

```
clc
clear all

x=0:0.01:20;
y=sin(2*x);
plot(x,y)

for i=1:50
for i=1:50
      x=0.90*x;
    end
plot(x,y,'LineWidth',1);
  Frame=getframe;
end
```

plot+getframe 动图

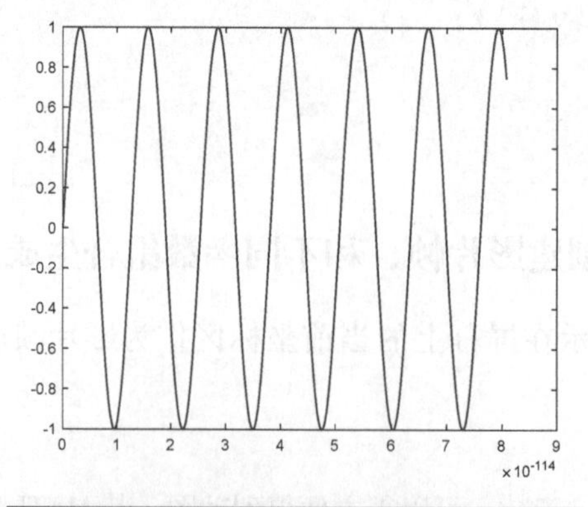

图 5.6　用 plot+getframe 产生的动图截图

例如，采用 plot+getframe 可以很方便产生立体图形，如产生三维旋转麻花（动图见麻花 . gif）的代码如下：

```
clc
clear all
R=1.5;
t=0:pi/100:2*pi;
p=0:pi/100:2*pi;
[theta,phi]=meshgrid(t,p);

time=0:0.1:100;
for n=1:length(time)
r=1+0.2*cos(8*(phi-theta+time(n)));
x=(R+r.*cos(theta)).*cos(phi);
y=(R+r.*cos(theta)).*sin(phi);
z=r.*sin(theta);
p=plot3(x,y,z);
axis equal
axis([-3.5 3.5 -3.5 3.5 -2 2])
%axis off
  Frame=getframe;
end
```

麻花旋转动图

方法 2：getframe+movie

使用 getframe 和 movie 函数组合，创建影片很方便。例如，先产生正弦函数，在 for 循环使用 getframe 和 movie 函数组合，即可产生动画，其 MATLAB 代码如下，动图的部分截图如图 5.7 所示，动图见 getframe 和 movie 创建动图实例 . gif。

```
t=0:0.01:6*pi;
y=sin(t);
for i=1:length(t)
plot(t(1:i),y(1:i))
axis([0 15 -1.2 1.2])
grid on
hold on
plot(t(i),y(i),'r.','markersize',20)
xlabel('t'),ylabel('y')
M(i)=getframe;
```

getframe 和 movie 创建动图实例

```
end
movie(M,10)
```

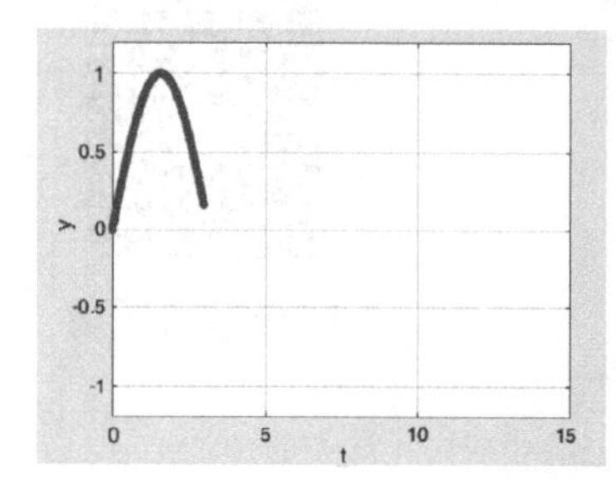

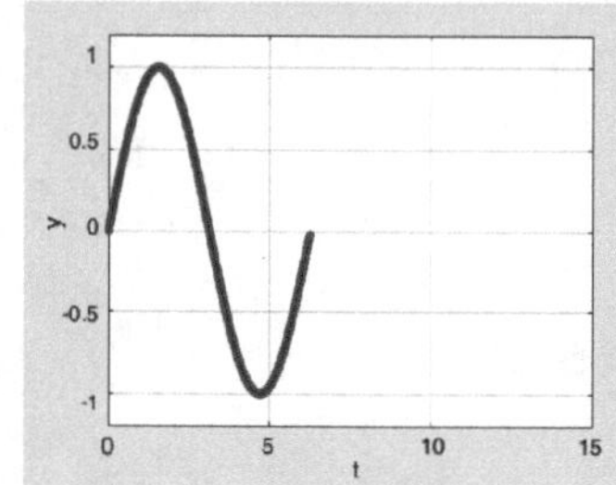

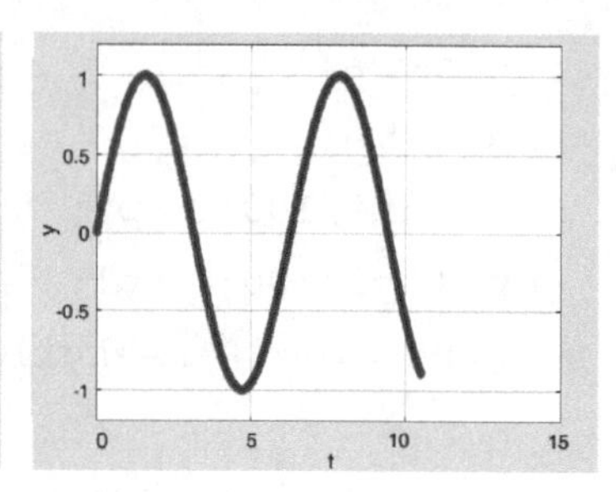

图 5.7　用 getframe+movie 创建动图的部分截图

5.2.3　采用 hgtransform+Matrix 进行图形变换

使用 hgtransform 创建变换对象，再通过设置变换对象的 Matrix 属性，可以产生三维动画。

例如下面的代码可以将三维曲面图（称为父对象）转换为三维星形图（称为子对象），并让子对象绕 z 轴旋转，同时进行大小缩放。其动图见 hgtransform 和 Matrix 创建动图实例 . gif

```
clear all;
ax=axes('XLim',[-10 10],'YLim',[-10 10],'ZLim',[-10
10]);                %首先设置坐标区范围
view(3)              %调整视图
[x,y,z]=cylinder([.2 0]);
%创建父对象
h(1)=surface(x,y,z,'FaceColor','red');
h(2)=surface(x,y,-z,'FaceColor','green');
h(3)=surface(z,x,y,'FaceColor','blue');
h(4)=surface(-z,x,y,'FaceColor','cyan');
h(5)=surface(y,z,x,'FaceColor','magenta');
h(6)=surface(y,-z,x,'FaceColor','yellow');
%将父对象变换为子对象
t=hgtransform('Parent',ax);
set(h,'Parent',t)

Rz=eye(3);
```

hgtransform 和 Matrix 创建动图实例

```
Sxy=Rz;
grid on
for r=1:.1:10*pi
    Rz=makehgtform('zrotate',r);   %Z-axis rotation matrix
    Sxy=makehgtform('scale',r/4);  %Scaling matrix
        set(t,'Matrix',Rz*Sxy)     %set the transform Matrix property
    drawnow
end
```

5.3　电磁波在无界媒质中的传播

5.3.1　电磁波在无界媒质中的传播 1（通用程序，适用于所有媒质，用 plot3 语句）

根据电场、磁场及传播方向建立三维坐标系，设电磁波沿 x 轴方向极化，传播方向为 $+z$ 方向。以时间 t 为变量进行循环，将空间 z 坐标离散，并利用 MATLAB 矩阵运算，计算各时刻空间点的场值，画出电场、磁场的空间分布，实现场量随时间动态演示。

设电磁波的频率为 ω，传输媒质的电磁参数为：相对介电常数 ε_r、相对磁导率 μ_r 和电导率 γ。电磁波在无界媒质中的传播程序代码如下，本程序是通用程序，适用于所有性质的媒质，只需要修改媒质的参数即可。

在代码中，相对介电常数 ε_r、相对磁导率 μ_r 和电导率 γ，分别用 Epsilon_ref、Mu_ref，以及 Sigma 表示。

```
clc; clear;                                   %清除屏幕,清除变量。
set(gcf,'color','w');                         %设置画图背景白色。
Epsilon0=(1/36/pi)*1e-9;Mu0=4*pi*1e-7;        %真空介电常数和真空磁
                                               导率
Epsilon_ref=1; Mu_ref=1; Sigma=0;             %媒质的电磁参数设置
Epsilon=Epsilon0* Epsilon_ref; Mu=Mu0* Mu_ref;
                                              %媒质的电磁参数设置
Em=1; W=2*pi*1e6; T=2*pi/W;                   %入射电磁波的电场振幅、频
                                               率和周期
EpsilonC=Sigma/W/Epsilon;
Z=sqrt(Mu/(Epsilon*(1-j*EpsilonC)));          %阻抗为复数
Z_real=real(Z); Z_imag=imag(Z);               %本征阻抗的实部和虚部
Zs_quart=Z_real^2+Z_imag^2;
Z_abs=sqrt(Zs_quart);                         %本征阻抗的模值
Phi=acos(Z_real/Z_abs);                       %本征阻抗的相角
```

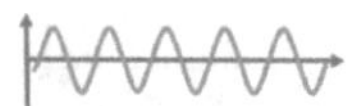

```
Gamma=j*W*sqrt(Mu*Epsilon*(1-j*EpsilonC)); %传播常数
Alpha=real(Gamma); BZ=imag(Gamma);          %电磁波的衰减常数和相位常数
Lamda=2*pi/BZ;                              %电磁波的波长
xmax=3*Lamda;                               %传播方向上的传播距离预设值
n=0; m=0; Emax=0; Hmax=0;                   %用于动态可视化的辅助变量预设值
%以下循环是可视化时控制坐标最大值
for t=0:0.05*T:10*T
x=0:0.05* Lamda:xmax;                       %传播方向上坐标离散,区域为0到3倍波长范围
E=Em*exp(-1* Alpha*x).*cos(W*t-BZ*x);       %电磁波的电场值
H=(1/Z_abs)*Em*exp(-1*Alpha*x).*cos(W*t-BZ* x-Phi);
                                            %电磁波的磁场值
Emax1=max(abs(E)); Emax=max([Emax Emax1]);  %用于控制可视化图形的电场坐标
Hmax1=max(abs(H)); Hmax=max([Hmax Hmax1]);  %用于控制可视化图形的磁场坐标
end
%以下循环是可视化图形
for t=0:0.05*T:10*T
clf;                                        %清除上一循环的图形
x=0:0.05*Lamda:xmax;                        %传播方向上的坐标离散
y=zeros(size(x));                           %产生与x坐标维数相同的y坐标向量
%以下计算空间各离散点的电场和磁场值
E=Em*exp(-1*Alpha*x).*cos(W*t-BZ*x);        %电磁波的电场值
H=(1/Z_abs)*Em*exp(-1*Alpha*x).*cos(W*t-BZ*x-Phi);
                                            %电磁波的磁场值
%以下是对产生动画图的初始效果数据处理
n=n+1; N=length(x);                         %坐标向量的维数
if n<N;
x(n:N)=[];y(n:N)=[ ];
```

```
E(n:N)=[ ];
H(n:N)=[ ];
else;E=E*1;
H=H*1;
end
%以下绘制可视化图形的辅助坐标轴线条,电场与磁场的分布图
grid on; box off;
axis([0,xmax,-Emax,Emax,-Hmax,Hmax]);
X0=[0,xmax];Y0=[0,0];EE=[-Emax,Emax];HH=[-Hmax,Hmax];
line(X0,Y0,'Color','k','LineWidth',2);
line(Y0,EE,'Color','b','LineWidth',2);
line(Y0,HH,'Color','r','LineWidth',2);

hold on;
plot3(x,E,y,'b','LineWidth',2); stem(x,E,'b.');     %绘制电场分布图
plot3(x,y,H,'r','LineWidth',2); stem3(x,y,H,'r.'); %绘制磁场分布图
xlabel('z');ylabel('E(V/m)');zlabel('H(A/m)')
pause(0.1);
end
```

1. 无界无损媒质中的电磁波传播

设无界空气（相对介电常数 ε_r Epsilon_ref = 1、相对磁导率 Mu_ref = 1，以及电导率 Sigma = 0）中的电磁波电场振幅为 1V/m，电磁波频率为 1MHz，仿真结果如图 5.8 所示。可以看出，电磁波在无损媒质中是等幅传播。

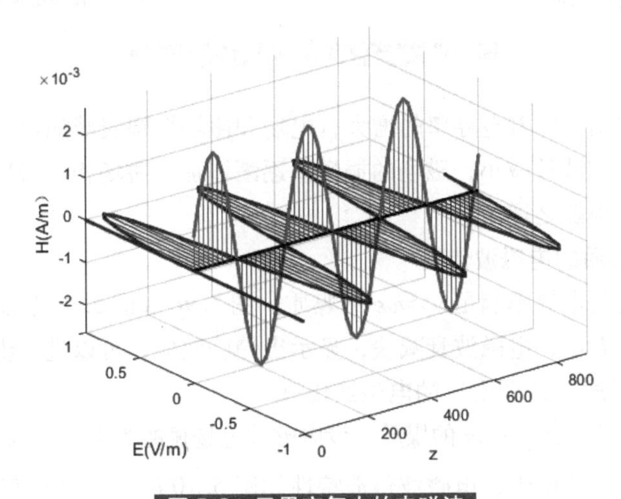

图 5.8　无界空气中的电磁波

2. 无界有损媒质的电磁波传播

媒质的 $\varepsilon_r=4$，$\mu_r=1$，γ 分别为 0.0001S/m、0.1S/m、1S/m、100S/m 时，设电磁波电场振幅为 1V/m，电磁波频率为 1MHz，即对应于不同的导电媒质，电磁波传播特性如图 5.9 所示，图中仅给出了某一时刻的波形图。

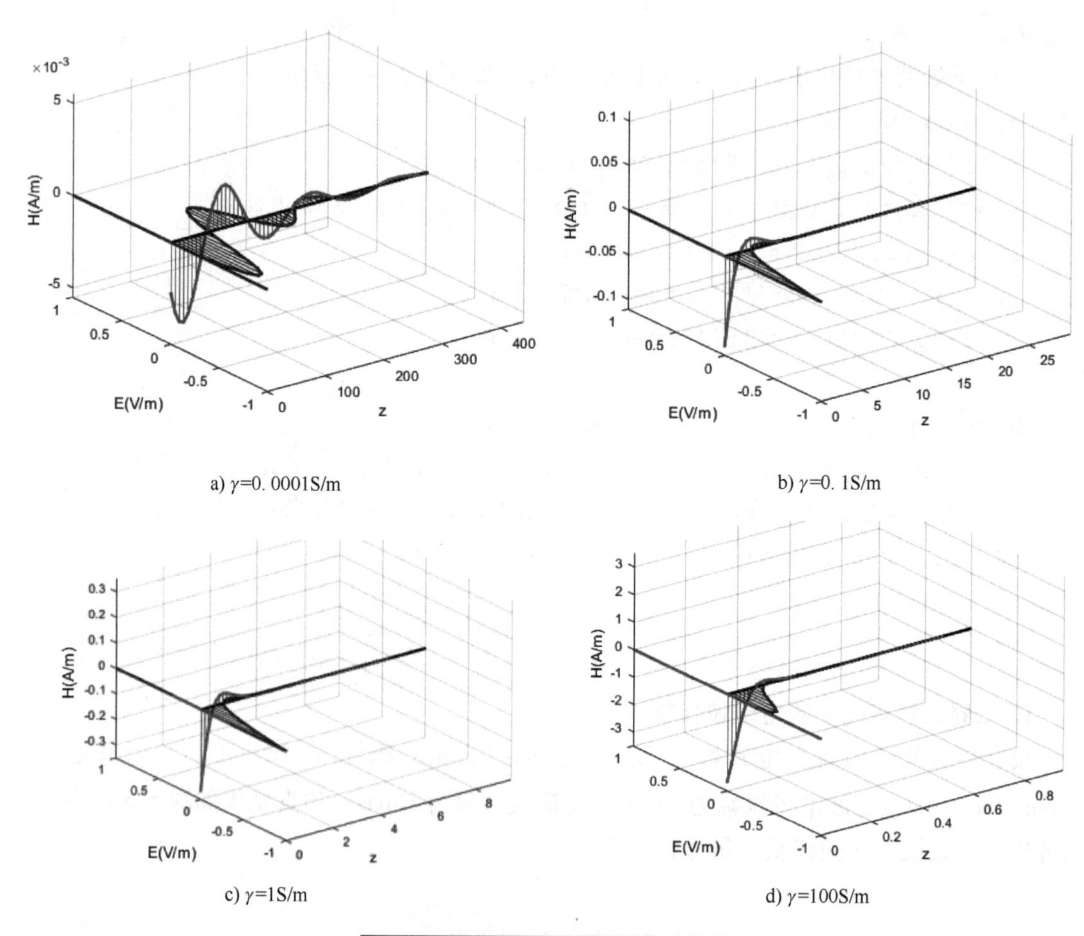

a) γ=0.0001S/m

b) γ=0.1S/m

c) γ=1S/m

d) γ=100S/m

图 5.9　无界导电媒质中的电磁波

由图 5.9 可以看出，随着电导率的增大，电场和磁场振幅衰减加快，即电磁波在媒质中的损耗增大，且电磁波波长减小，磁场的振幅值逐渐增加，磁场相位滞后于电场相位，随着电导率的增加相位差也随之增大。

3. 无界良导体媒质的电磁波传播

良导体媒质指的是电导率满足 $\gamma\gg\omega\varepsilon$ 的媒质。图 5.9c 和图 5.9d 显示的就是良导体中电磁波传播特性。可以看出，电磁波衰减快，显示出趋肤效应，可以进一步求出趋肤深度。

4. 无界弱导电媒质（良介质）的电磁波传播

弱导电媒质指的是满足 $\gamma\ll\omega\varepsilon$ 的媒质。设电磁波电场振幅为 1V/m，频率为 1MHz，$\varepsilon_r=4$，$\mu_r=1$、$\gamma=0.1$S/m，$\omega=10$GHz，电磁波传播特性如图 5.10 所示（图中仅给出了某一时刻的波形图）。

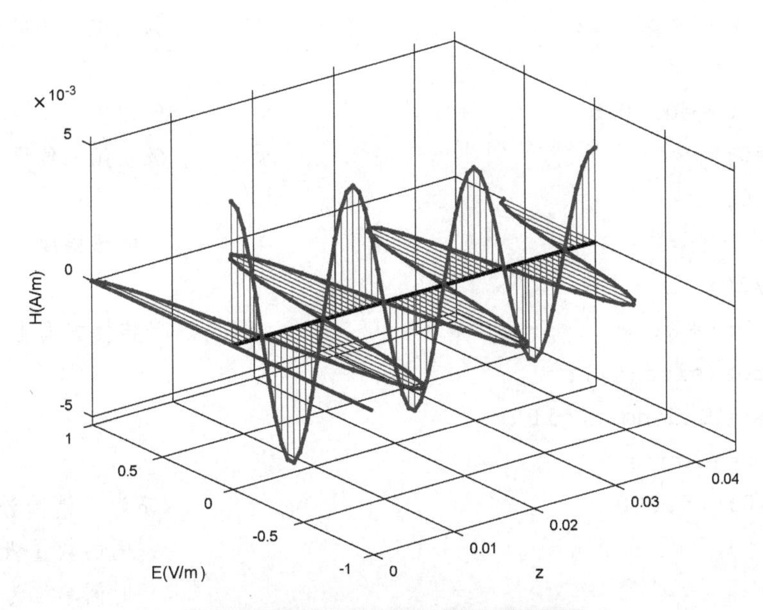

图 5.10　无界弱导电媒质中的电磁波

可以看出，弱导电媒质中的电磁波传播特性和无界无损媒质基本相同，近似为等幅传播。

5.3.2　电磁波在无界媒质中的传播 2（用 getframe+imwrite 语句）

采用 MATLAB 模拟自由空间的电磁波传播动图，有多种方法。方法之一是采用 getframe+imwrite 生成 gif 动图。

例如，在无界理想介质中，若均匀平面波向+z 向传播，且电场方向指向 $\boldsymbol{e}_x$ 方向，则其电场场量表达式为 $\boldsymbol{E}=\boldsymbol{e}_x E_0\cos(\omega t-kz+\phi)$，则其相伴的磁场为 $\boldsymbol{H}=\sqrt{\dfrac{\varepsilon}{\mu}}\boldsymbol{e}_z\times\boldsymbol{E}$。

MATLAB 中提供了 imwriter 函数，可用来制作 GIF 格式动画文件：调用 f=getframe 函数抓取捕获显示在屏幕上的当前坐标区，返回的 f 是一个包含图像数据的结构体。因为 GIF 文件不支持三维数据，所以调用 rgb2ind 将图像数据中的 RGB 数据转换为索引图像。再调用 imwrite 函数把索引图像写入 GIF 格式动画文件中。

设自由空间中的电磁波的频率为 100MHz，则其 MATLAB 代码如下：

```
%本程序用来模拟平面电磁波在自由空间中的传播
clear
close all
u0=4*pi*1e-7;                          %自由空间中的磁导率
e0=1e-9/(36*pi);                       %自由空间中的电介质常数
Z0=(u0/e0)^0.5;                        %自由空间中的波阻抗
```

```
f=1e8; w=2*pi*f;                                %电磁波的频率

k=w*(u0*e0)^0.5;                                %波数
phi_E=0;                                        %初始相位设为 0
phi_H=0;
EE=20;                                          %电场幅度
HH=EE/Z0;
x=0:0.1:4*k;                                    %传播方向上的采样点
m0=zeros(size(x));
gifname='EHdengfu.gif';
figure1=figure;
for t=0:0.5:300                                 %为了消除波数与频率之
                                                  间的数量级带来的影响,
                                                  时间单位为 ns
Ez=EE*cos(k*x-w*t*1e-9+phi_E);%.*exp(-x/8);
                                                %电场强度值
Hy=HH*cos(k*x-w*t*1e-9+phi_H);%.*exp(-x/8);
                                                %磁场强度值
    plot3(x,m0,Ez,'r','LineWidth',4);           %绘制电场传播曲线
    hold on
    plot3(x,Hy,m0,'b','LineWidth',4);           %绘制磁场传播曲线
    hold on

    x1=0:0.1:8.1;

    L1=length(x1);
    Ez1=zeros([1 L1]);
    Hy1=zeros([1 L1]);
    for i=1:1:L1;
        Ez1(i)=EE*cos(k*x1(i)-w*t*1e-9+phi_E);%*exp(-x1(i)/8);
        xline1=[x1(i) x1(i) x1(i)];
        yline1=[0 0 0];
        zline1=[0 Ez1(i)/2 Ez1(i)];
        plot3(xline1,yline1,zline1,'r','LineWidth',2);
                                                %z 轴
        hold on
```

```
        Hy1(i)=HH*cos(k*x1(i)-w*t*1e-9+phi_H);%*exp(-x1(i)/8);
        xline2=[x1(i) x1(i) x1(i)];
        yline2=[0 Hy1(i)/2 Hy1(i)];
        zline2=[0 0 0];
        plot3(xline2,yline2,zline2,'b','LineWidth',2);%z 轴
        hold on
    end

    xaxis=0:0.1:8.5;
    m1=zeros(size(xaxis));
    plot3(xaxis,m1,m1,'k','LineWidth',2);                    %x 轴
    hold on

    yaxis=-0.1:0.01:0.1;
    m2=zeros(size(yaxis));
    plot3(m2,yaxis,m2,'k','LineWidth',2);                    %y 轴
    hold on

    zaxis=-22:1:22;
    m3=zeros(size(zaxis));
    plot3(m3,m3,zaxis,'k','LineWidth',2);                    %z 轴

    text(4.7,0,0,'z','interpreter','latex','color','k','fontsize',18);
    text(-0.1,0.01,24,'$E_x$','interpreter','latex','color','r',
'fontsize',18);
    text(-0.3,-0.12,0,'$H_y$','interpreter','latex','color','b',
'fontsize',18);

    hold off
    box off;
    axis([0 4.5,-0.1 0.1,-20 20]);
    axis off;
    set(gcf,'color','white')
    drawnow
        frame=getframe(1);                                   %获取当前图像
    im=frame2im(frame);
```

```
    [imind,cm]=rgb2ind(im,500);                    %格式转换
    if t==0;
        imwrite(imind,cm,gifname,'gif');           %创建一个 gif 文件
    else
        imwrite(imind,cm,gifname,'gif','WriteMode','append','DelayTime',
0.01);
        %向 gif 文件中添加一张图片
    end
end
```

程序运行后，可以看到无损媒质中的电磁波传播特性如图 5.11 所示。其传播动图见无损媒质中的电磁波（getframe+imwrite）. gif。

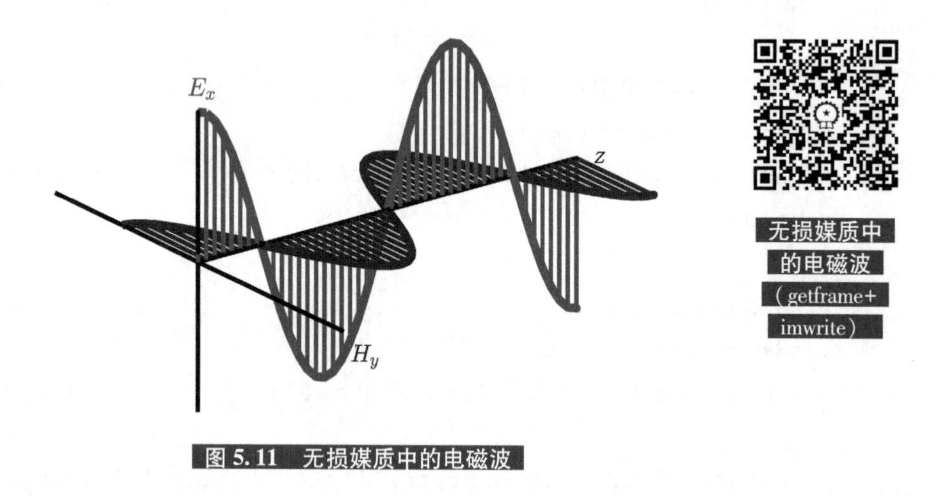

图 5.11 无损媒质中的电磁波

上面的程序只适用于无损媒质，大家可以仿照 6.3.1 的程序，将上面的程序改成适用于无损和有损媒质的通用程序。

5.3.3 电磁波在无界媒质中的传播 3（采用 quiver3+drawnow 生成 gif 动图）

设媒质的电磁参数为 $\gamma=0$，$\mu_r=1$，但是，其介电常数未知。已知电磁波的频率为 10Hz，波数 $k=1$，则根据 $k=\omega\sqrt{\mu\varepsilon}$ 可求介电常数，进一步可求得波阻抗。采用 MATLAB 自带函数 quiver3 和 drawnow，可生成电磁波传播 gif 动图，代码如下：

```
clear
close all
grid on;
x=[0:0.01:25];
zero=0*ones(size(x));
```

```
E=ones(size(x));
H=ones(size(x));

Mu0=4*pi*1e-7;                       %真空介电常数和真空磁导率
Mu_ref=1; Sigma=0;                   %媒质的电磁参数设置
Mu=Mu0*Mu_ref;                       %媒质的电磁参数设置

Em=1;%amplitude of wave
f=10;w=2*pi*f;%frequency
phi0=pi/6;%initial phase
wavelength=2*pi;k=2*pi/wavelength;
Epsilon=k*k/w/Mu;
Z=sqrt(Mu/Epsilon);

for t=0:0.02:100
    E=Em.*cos(w*t-k*x+phi0);
    H=Em*1/Z*cos(w*t-k*x+phi0);
quiver3(x,zero,zero,zero,zero,E,'R');
hold on;
    quiver3(x,zero,zero,zero,H,zero,'K');
    ti=title('electromagnetic wave in perfect dielectric','color','k');
    set(ti,'fontsize',16);
    xlabel('direction of propagation','fontSize',12);
    ylabel('direction of H','fontSize',12);
    zlabel('direction of E','fontSize',12);
    axis([0,25,-0.8,0.8,-0.8,0.8]);
    hold off;
    drawnow
    end
```

程序运行后，可以看到无损媒质中的电磁波传播特性如图 5.12 所示。其传播动图见无损媒质中的电磁波（quiver3+drawnow）.gif。

无损媒质中的电磁波（quiver3+drawnow）

5.3.4　电磁波在无界媒质中的传播 4（采用 plot3+drawon）

电磁波在无界媒质中的传播动图还可以用 plot3+drawon 实现。设媒质的电磁参数为 $\varepsilon_r=16$，$\gamma=0.005$，$\mu_r=1$。已知电磁波的频率为 50kHz，传播动图的代码如下：

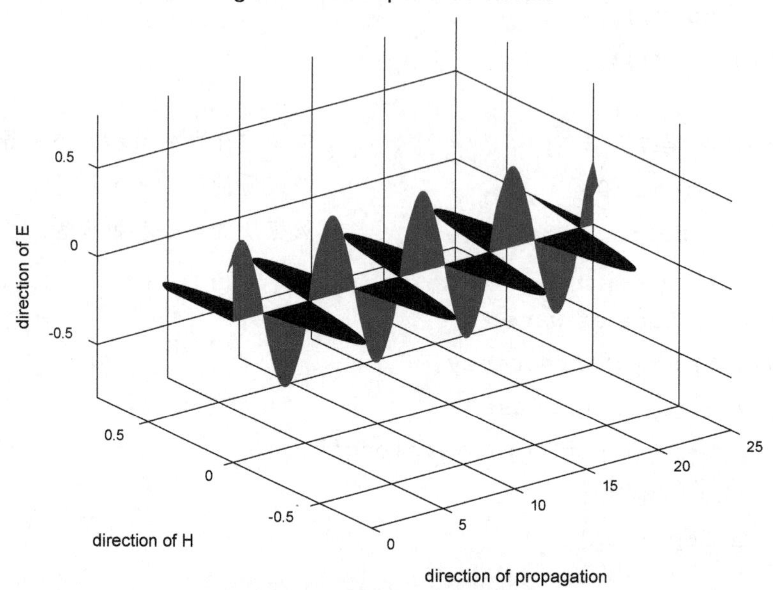

图 5.12　无界媒质中的电磁波

```
clear
close all
u0=4*pi*1e-7; e0=1e-9/(36*pi);gama=0.005;   %媒质的电磁参数
er=16; e=e0*er;                              %媒质的电介质常数
ur=1; u=u0*ur;

f=5e7; w=2*pi*f;                             %电磁波的频率
er=e-1*i*gama/w;
Z0=(u/er)^0.5;                               %媒质的波阻抗
a0=w*(e*u/2*(((gama/(w*e))^2+1)^0.5-1))^0.5;
b0=w*(e*u/2*(((gama/(w*e))^2+1)^0.5+1))^0.5;
kc0=b0-1i*a0;
phi_E=0;                                     %初始相位设为 0
phi_H=0;
EE=20;                                       %电场幅度

x1=0:0.1:8;                                  %入射波、反射波传播方向
                                               上的采样点
x2=4.5:0.1:8;
m1=zeros(size(x1));
m2=zeros(size(x2));
```

```
for t=0:0.5:30  %为了消除波数与频率之间的数量级带来的影响,时间单位为ns
   E1=EE.*exp(-1i*kc0*x1);
   Ez=real(E1.*exp(1i*w*t*1e-9));
   Hy=real(E1./Z0.*exp(1i*w*t*1e-9));

   plot3(x1,m1,Ez,'r','LineWidth',2);          %绘制电场传播入射曲线
   hold on
   plot3(x1,Hy,m1,'k','LineWidth',2);          %绘制磁场传播入射曲线
   hold on

   x11=0:0.15:8;
   L1=length(x11);
   Ez1=zeros([1 L1]);
   Hy1=zeros([1 L1]);
   for k1=1:1:L1

Ez1(k1)=real(EE.*exp(-1i*kc0*x11(k1)).*exp(1i*w*t*1e-9));
        xline1=[x11(k1) x11(k1) x11(k1)];
        yline1=[0 0 0];
        zline1=[0 Ez1(k1)/2 Ez1(k1)];
        plot3(xline1,yline1,zline1,'r','LineWidth',2);        %z轴
        hold on

Hy1(k1)=real(EE./Z0.*exp(-1i*kc0*x11(k1)).*exp(1i*w*t*1e-9));
        xline2=[x11(k1) x11(k1) x11(k1)];
        yline2=[0 Hy1(k1)/2 Hy1(k1)];
        zline2=[0 0 0];
        plot3(xline2,yline2,zline2,'k','LineWidth',2);        %z轴
        hold on
  end

  xaxis=0:0.1:8;
  m11=zeros(size(xaxis));
  plot3(xaxis,m11,m11,'k','LineWidth',2);                   %x轴
  hold on
```

```
    yaxis=-0.5:0.01:0.5;
    m22=zeros(size(yaxis));
    plot3(m22,yaxis,m22,'k','LineWidth',2);                          %y 轴
    hold on

    zaxis=-40:1:40;
    m33=zeros(size(zaxis));
    plot3(m33,m33,zaxis,'k','LineWidth',2);                          %z 轴

  text(4.7,0,0,'z','interpreter','latex','color','k','fontsize',18);

  text(-0.1,0.01,35,'$E_x$','interpreter','latex','color','k','fontsize',18);

  text(-0.3,-0.45,-5,'$H_y$','interpreter','latex','color','k','fontsize',18);

    ti=title('均匀平面波在有损媒质中传播','color','k');
    set(ti,'fontsize',16);
    xlabel('电磁波传播方向','fontSize',12);
    ylabel('磁场变化方向','fontSize',12);
    zlabel('电场变化方向','fontSize',12);

    hold off
    box on;
    axis([0 8,-0.5 0.5,-20 20]);
    axis on;
    drawnow

    [X,Y,Z]=meshgrid(-2:.2:2);
    V=X.*exp(-X.^2-Y.^2-Z.^2);
  End
```

值得注意的是，为了消除波数与频率之间的数量级带来的影响，在进行动图展示时，时间单位设成了纳秒（ns）。

程序运行后，可以看到电磁波在有损媒质中的传播如图 5.13 所示。其传播动图见有损媒质中的电磁波（plot3+drawon）.gif。

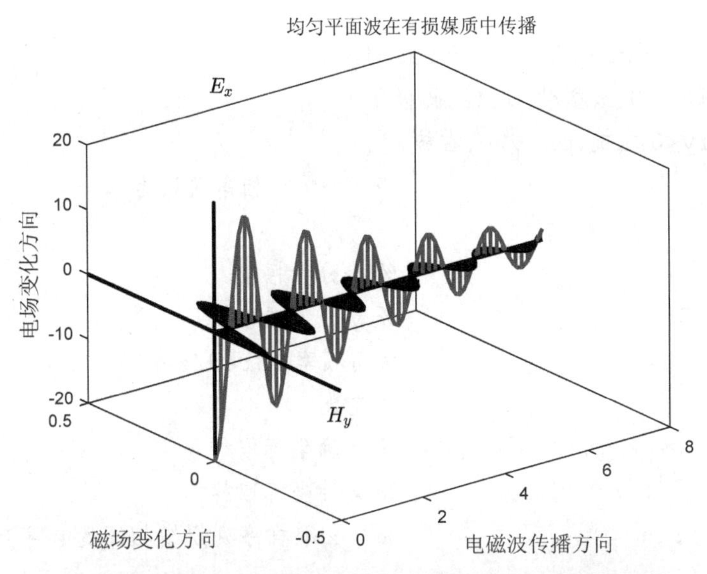

图 5.13　电磁波在有损媒质中的传播（采用 plot3+drawon）

有损媒质中的电磁波（plot3+drawon）

5.4　波的极化动图（通用程序，适用于不同媒质中不同类型的极化波）

设电磁波的传播方向为 z 方向，在理想介质中电场的 x 分量 $\boldsymbol{E}_x$ 和 y 分量 $\boldsymbol{E}_y$ 的表达式可写为

$$\begin{cases}\boldsymbol{E}_x=\boldsymbol{e}_x E_{xm}\cos(\omega t-kz+\phi_x)\\ \boldsymbol{E}_y=\boldsymbol{e}_y E_{ym}\cos(\omega t-kz+\phi_y)\end{cases}$$

极化波的表达式可写为

$$\boldsymbol{E}=\boldsymbol{E}_x+\boldsymbol{E}_y=\boldsymbol{e}_x E_{xm}\cos(\omega t-kz+\phi_x)+\boldsymbol{e}_y E_{ym}\cos(\omega t-kz+\phi_y)$$

根据电磁场理论，电磁波的极化类型见表 5.1。

表 5.1　电磁波的极化类型

线极化	圆极化	椭圆极化
$\phi_x=\phi_y$ 或 $\phi_x-\phi_y=\pm\pi$	$E_{xm}=E_{ym}$ 且 $\phi_x-\phi_y=\pm\pi/2$	$E_{xm}\neq E_{ym}$

为了显示极化动图，可将时间段 T 划分成步长很小的数组 k，利用一个 for 循环取数组 k 中的值，又对于每一个 k(i) 都有一个对应的波形图，由于每一次 for 循环 k(i) 的值在不断变化，所以在循环中每一次画的波形图都会相对于上一次的波形图往传播方向移动一点，多个波形图循环出现，会形成一个视觉上的动图。

极化波的 MATLAB 动图可以用自定义函数 polarizationwave 实现：函数输入 Qy 为 y 方向电场的初始相位，Qx 的默认为 0。

函数 polarizationwave 代码如下：

```
function polarizationwave (phiy,varargin)
%phiy 为 y 分量初相角  0:线极化 pi/2:圆极化
%其他:椭圆极化,phiy<0 左旋,phiy>0,右旋
phix=0                                      %y 分量初相角默认为零
Em=9.8;
Exm=8;                                      % x 分量幅值
Eym=(Em^2-Exm^2)^0.5;                       % y 分量幅值
w=10;                                       %角频率 10rad/s
k=3*pi;                                     %波数
z=0:0.01:2.3;                               % x 轴坐标取样
%x=0:0.01:2.3;                              % x 轴坐标取样
kk=zeros(size(z));                          %与 x 取样序列规模相同的 0 序列

ratio=get(gca,'DataAspectRatio');
default_options.star=1;
default_options.line=1;
default_options.kind=1;                     %介质 1 为理想介质 0 为损耗介质
default_options.numms=1;                    %1 为三种波,2 为只显示合成波,3 为
                                              只显示电场
Options=creat_options(varargin,default_options);

if Options.star==1
sizead='*r';
else
sizead='r';
end

if Options.kind==1
    abb=1;
else
    a=1;
    abb=exp(-a*z);
end
for t=0:200
    b=1;
```

```
    Ex=Exm*abb.*cos(-k*z+w*t*1e-2+phix);  %计算x方向幅值瞬时
                                            序列
    Ey=Eym*b*abb.*cos(-k*z+w*t*1e-2+phiy);%计算y方向幅值瞬时
                                            序列

    plot3(z,kk,kk,'black','LineWidth',3);  %画参考轴线
    hold on
    if Options.numms ~=2
    plot3(z,kk,Ex,'m','LineWidth',1.5);    %画x轴方向分量
    hold on
    plot3(z,Ey,kk,'b','LineWidth',1.1);    %画y轴方向分量
    hold on;
    end
    %向量y坐标为Y分量幅值,z坐标为X分量幅值
    if Options.numms ~=3
    plot3(z,Ey,Ex,sizead,'LineWidth',1.2);
    hold on;
    end
    if Options.line && Options.numms ~=3
        for ki=1:length(Ex)
            line([z(ki),z(ki)],[0,Ey(ki)],[0,Ex(ki)]);
        end
    end

    hold off;
    xlabel('传播方向(+z方向)');
    ylabel('电场Ey');
    zlabel('电场Ex');
    title(['平面电磁波极化示意图'],'fontsize',14)
    set(gca,'fontsize',12)
     axis([0 2.3 -10 10 -10 10]);
    drawnow;
    pause(0.1);
end
end
function Options=creat_options(user_choice,default_choice_struct)
    n=length(user_choice);
```

```
    if ~ispair(n)
        error('varargin is not an options''s struct.');
    end

    Options=default_choice_struct;
    i=1;
    while i <=n
        if isfield(default_choice_struct,user_choice{i})
            Options=setfield(Options,user_choice{i},user_choice{i+1});
        end
        i=i+2;
    end
end
function check=ispair(x)
    check=( isint(x) && isint( 1.0 * x / 2.0 ));
end
function check=isint(x)
    check=( floor(x)==x );
end
```

将上述函数存盘（文件名只能是 polarizationwave）后，在命令行窗口输入：

polarizationwave（-pi/2，'star'，1，'line'，1，'kind'，1），可以观察到理想介质中的左旋圆极化波，如图 5. 14 所示，其动图见理想介质中的左旋圆极化波极化 . gif。

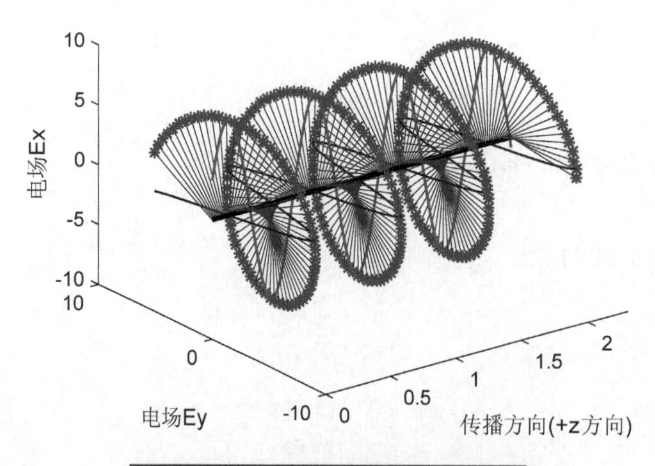

图 5. 14　理想介质中的左旋圆极化波

理想介质中的左旋圆极化波极化

从 polarizationwave 的输入参数可以看出，因为波的传播方向为 z 方向，在理想介质中 $\boldsymbol{E}_x$ 的初相位为零，$\boldsymbol{E}_y$ 的初相位为 $-\pi/2$，且 $\boldsymbol{E}_x$ 和 $\boldsymbol{E}_y$ 的幅度相同（$\boldsymbol{E}_x$ 和 $\boldsymbol{E}_y$ 的幅度，通过程序中的参数 b 进行设置），不难判断电磁波的极化类型为左旋圆极化。

上述代码中，varargin 参数设置包括 star、line、kind、numms，其含义见表 5.2。

表 5.2　varargin 参数的设置

参数	star	line	kind	numms
	默认值均为 1			
含义	线型	点与轴之间的连线开关	传输媒质	显示开关
说明	当 star 为 1 时，合成波的曲线上的点以 * 显示，star = 0 时为直线显示	当 line 为 1 时，极化波的曲线上的点与轴之间有一条连线显示，line = 0 时，点与轴之间无连线	当 kind = 1 代表传输媒质为理想介质，当 kind = 0 时代表有损媒质	当 numms = 1 时曲线同时显示电场分量和极化波，当 numms = 2 时只显示极化波，当 numms = 3 时则只显示电场分量

例如，在命令窗口输入“polarizationwave (pi/3, 'star', 1, 'line', 1, 'kind', 1)”，其输出波形如图 5.15 所示，其动图见理想介质中的右旋椭圆极化波极化 . gif。

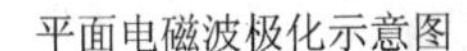

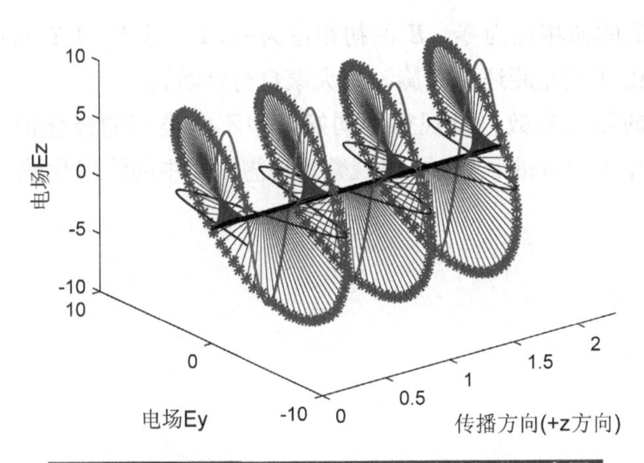

图 5.15　理想介质中右旋椭圆极化波的极化示意图

理想介质中的右旋椭圆极化波极化

从 polarizationwave 的输入参数可以看出，因为 kind = 1，故传输媒质为理想介质。波的传播方向为 z 方向，$\boldsymbol{E}_x$ 的初相位为零，$\boldsymbol{E}_y$ 的初相位为 $\pi/3$，故电磁波的极化类型为左旋椭圆极化。

再如，在命令窗口输入“polarizationwave (-pi/2, 'star', 0, 'line', 1, 'kind', 0, 'numms', 2)”，其输出波形如图 5.16 所示，其动图见有损媒质中的圆极化波 . gif。

从 polarizationwave 的输入参数可以看出，因为 kind = 0，故传输媒质为有损媒质。此时可以在程序中修改衰减按系数 a 的值，波的幅度按照 e^{-az} 进行衰减，对应的语句为

```
a=1;
abb=exp(-a*z);
```

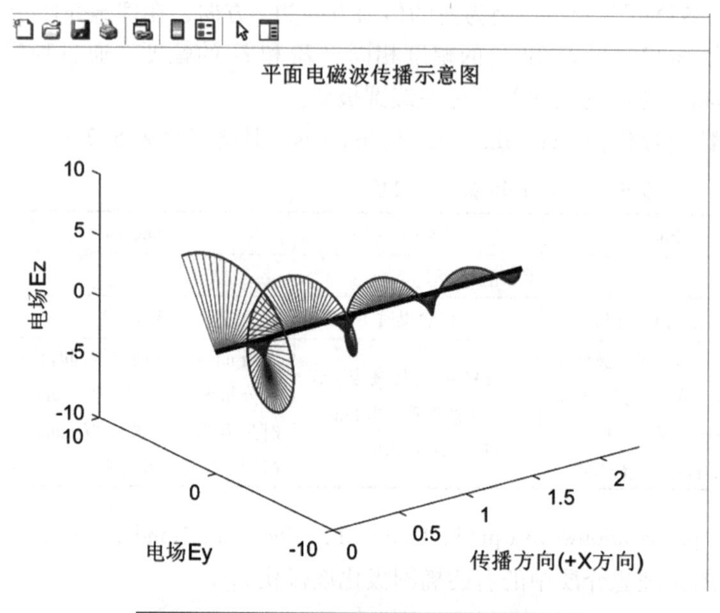

图 5.16　有损媒质中电磁波的极化示意图

有损媒质中的圆极化波

因为波的传播方向为 z 方向，$\boldsymbol{E}_x$的初相位为零，$\boldsymbol{E}_y$的初相位为$-\pi/2$，且 $\boldsymbol{E}_x$和 $\boldsymbol{E}_y$的幅度相同，故电磁波的极化类型为圆极化（是左旋还是右旋，请大家自行判断）。

通过设置 polarizationwave 函数的输入参数，可观察不同媒质中不同类型的极化波，如 polarizationwave（0，'star'，1，'line'，1，'kind'，1）可以观察到理想介质中的线极化波。

第6章　电磁波的反射和折射

6.1　正入射

设媒质的介电常数、磁导率和电导率分别为 ε、μ 和 γ，若电磁波为沿 $+z$ 轴方向传播的均匀平面波，波的极化方向为 x 方向，电场 $\boldsymbol{E}$ 和磁场强度矢量 $\boldsymbol{H}$ 的复矢量可表示为

$$\boldsymbol{E}=\boldsymbol{e}_x E_{\mathrm{m}} \mathrm{e}^{-kz} \tag{6.1}$$

$$\boldsymbol{H}=\boldsymbol{e}_y \frac{H_{\mathrm{m}}}{Z_c} \mathrm{e}^{-kz} \tag{6.2}$$

式中，复数 Z_c 为波阻抗，其表达式为

$$Z_c=\sqrt{\frac{\mu}{\varepsilon_c}}=\sqrt{\frac{\mu}{\varepsilon}}\left[1+\left(\frac{\gamma}{\omega\varepsilon}\right)^2\right]^{-\frac{1}{4}} \mathrm{e}^{\mathrm{j}\frac{1}{2}\arctan\frac{\gamma}{\omega\varepsilon}} \tag{6.3}$$

复介电常数 $\varepsilon_c=\varepsilon\left(1-\mathrm{j}\dfrac{\gamma}{\omega\varepsilon}\right)$，媒质的传播常数 $k=\mathrm{j}k_c=\mathrm{j}\omega\sqrt{\mu\varepsilon_c}=\alpha+\mathrm{j}\beta$，$\alpha$ 和 β 分别是衰减常数和相位常数，且

$$\alpha=\omega\sqrt{\frac{\mu\varepsilon}{2}\left[\sqrt{1+\left(\frac{\gamma}{\omega\varepsilon}\right)^2}-1\right]} \tag{6.4}$$

$$\beta=\omega\sqrt{\frac{\mu\varepsilon}{2}\left[\sqrt{1+\left(\frac{\gamma}{\omega\varepsilon}\right)^2}+1\right]} \tag{6.5}$$

因此，设电磁波从有损媒质1（ε_1、μ_1、γ_1）正入射到有损媒质2（ε_2、μ_2、γ_2），则媒质1和媒质2的参数见表6.1。

表 6.1　媒质 1 和媒质 2 中的参数和电磁波

有损媒质 1	有损媒质 2
ε_1、μ_1、γ_1	ε_2、μ_2、γ_2
$\varepsilon_{c1}=\varepsilon_1\left(1-\mathrm{j}\dfrac{\gamma_1}{\omega\varepsilon_1}\right)$	$\varepsilon_{c2}=\varepsilon_2\left(1-\mathrm{j}\dfrac{\gamma_2}{\omega\varepsilon_2}\right)$
$k_1=\mathrm{j}k_{c1}=\mathrm{j}\omega\sqrt{\mu\varepsilon_{c1}}$	$k_2=\mathrm{j}k_{c2}=\mathrm{j}\omega\sqrt{\mu\varepsilon_{c2}}$
$Z_{c1}=\sqrt{\dfrac{\mu_1}{\varepsilon_{c1}}}$	$Z_{c2}=\sqrt{\dfrac{\mu_2}{\varepsilon_{c2}}}$

设电磁波沿+z 方向传播，入射波、反射波和透射波分别用下标 i、r 和 t 表示，其传播矢量为 $\boldsymbol{k}_1$、$\boldsymbol{k}_1'$ 和 $\boldsymbol{k}_2$表示，$\boldsymbol{E}$ 和 $\boldsymbol{H}$ 是其电场和磁场，很显然 $\boldsymbol{k}_1'=-\boldsymbol{k}_1$（即反射波和入射波方向相反，见图 6.1）。设入射波沿 x 方向极化，电场强度的复振幅为 E_{im}，则入射波、反射波和透射波见表 6.2。

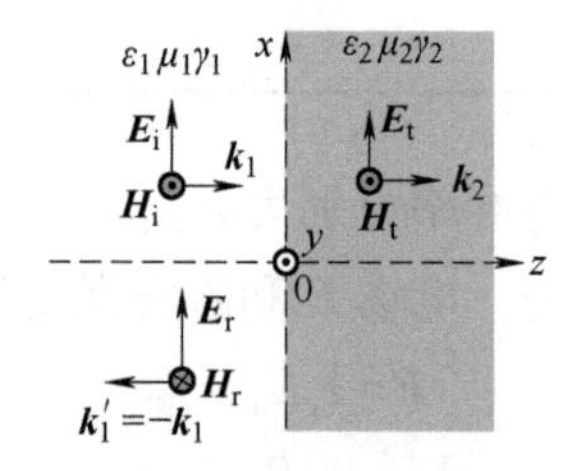

图 6.1　电磁波从有损媒质 1 正入射到有损媒质 2

表 6.2　入射波、反射波和透射波

	电场	磁场
入射波（媒质 1）	$\boldsymbol{E}_\mathrm{i}=\boldsymbol{e}_x E_{im}\mathrm{e}^{-\mathrm{j}k_1 z}$	$\boldsymbol{H}_\mathrm{i}=\boldsymbol{e}_y\dfrac{E_{im}}{Z_{1c}}\mathrm{e}^{-\mathrm{j}k_1 z}$
反射波（媒质 1）	$\boldsymbol{E}_\mathrm{r}=\boldsymbol{e}_x RE_{im}\mathrm{e}^{\mathrm{j}k_1 z}$	$\boldsymbol{H}_\mathrm{r}=-\boldsymbol{e}_y\dfrac{RE_{im}}{Z_{1c}}\mathrm{e}^{\mathrm{j}k_1 z}$
透射波（媒质 2）	$\boldsymbol{E}_\mathrm{t}=\boldsymbol{e}_x TE_{im}\mathrm{e}^{-\mathrm{j}k_2 z}$	$\boldsymbol{H}_\mathrm{t}=\boldsymbol{e}_y\dfrac{TE_{im}}{Z_{2c}}\mathrm{e}^{-\mathrm{j}k_2 z}$
反/透射系数	$R=\dfrac{Z_{c2}-Z_{c1}}{Z_{c2}+Z_{c1}}$　　$T=\dfrac{2Z_{c2}}{Z_{c2}+Z_{c1}}$	

6.1.1　电磁波在两种介质表面的反射和折射（正入射通用程序 1）

为了程序的通用性，设电磁波从有损媒质 1 正入射到有损媒质 2，根据表 6.1 和表 6.2 写出 MATLAB 程序如下：

```
%电磁波从媒质1入射到媒质2中
%本程序通过设置媒质1和媒质2的参数即可实现
clear
u0=4*pi*1e-7;e0=1e-9/(36*pi);                    %真空中的电磁参数
ur1=1;er1=9;
u1=ur1*u0;e1=e0*er1;gamma1=0;                    %媒质1的参数
ur2=1;er2=4;
u2=ur2*u0;e2=e0*er2;gamma2=0;                    %媒质2的参数

f=1e8;w=2*pi*f;                                  %电磁波的频率
ec1=e1*(1-i*gamma1/w/e1);                        %媒质1的复介电常数
ec2=e2*(1-i*gamma1/w/e2);                        %媒质2的复介电常数
Z1=(u1/ec1)^0.5;                                 %媒质1的波阻抗
Z2=(u2/ec2)^0.5;                                 %媒质2的波阻抗
k1=w*(u1*ec1)^0.5;                               %媒质1的传输常数
k2=w*(u2*ec2)^0.5;                               %媒质2的传输常数

R=(Z2-Z1)/(Z1+Z2);                               %反射系数
T=2*Z2/(Z1+Z2);                                  %透射系数

Eim=15;Him=Eim/Z1;                               %入射波的幅度
Erm=Eim*R;Hrm=Erm/Z1;                            %反射波的幅度
Etm=Eim*T;Htm=Etm/Z2;                            %透射波的幅度
z1=linspace(0,3,200);                            %取点
z2=linspace(-3,0,200);
a1=zeros(size(z1));
a2=zeros(size(z2));
v=[0 -20 -0.15;0 20 -0.15;0 20 0.15;0 -20 0.15];
f=[1 2 3 4];
gifname='bo11.gif';
figure
for t=0:0.1:100        %为消除波数与频率间的数量级带来的影响,时间单位为ns
    %入射波
    Ei=Eim*cos(w*t*1e-9+k1*z2);
    Hi=Him*cos(w*t*1e-9+k1*z2);
```

```
%反射波
Er=Erm*cos(w*t*1e-9-k1*z2);
Hr=Hrm*cos(w*t*1e-9-k1*z2);

%透射波
Et=Etm*cos(w*t*1e-9+k2*z1);
Ht=Htm*cos(w*t*1e-9+k2*z1);

%媒质 1 中的合成波
E1=Ei+Er;                                    %媒质 1 中的合成电场
H1=Hi+Hr;                                    %媒质 1 中的合成磁场

plot3(z2,Ei,a2,'b','LineWidth',2);
hold on
plot3(z2,a2,Hi,'r','LineWidth',2);
hold on
p4=plot3(z2,Er,a2,'b','LineWidth',2);
hold on
p5=plot3(z2,a2,Hr,'r','LineWidth',2);
hold on
plot3(z1,Et,a1,'b','LineWidth',2);
hold on
plot3(z1,a1,Ht,'r','LineWidth',2);
hold on
p1=plot3(z2,E1,a2,'g+','LineWidth',2);
hold on
p2=plot3(z2,a2,H1,'b+','LineWidth',2);
hold on

p1.Color(4)=0.6;
p2.Color(4)=0.6;

patch('Faces',f,'Vertices',v,'FaceAlpha',0.3)
hold off
xlabel('传播方向 z')
ylabel('电场 E')
```

```
    zlabel('磁场 H')
    %axis([-10,10,-0.2,0.2,-20,20])
    axis([-3,3,-20,20,-0.15,0.15])
    title('平面电磁波从媒质 1 入射到媒质 2','fontsize',14)
    text(3,12,0.05,'折射波→')
    text(-3,13,-0.05,'反射波←')
    text(-3,5,0.15,'入射波→')
    text(-1.5,-16,-0.13,'媒质 1')
    text(0.5,-16,-0.13,'媒质 2')
    legend([p4],{'电场'},'Location','northeast')
    %legend([p4 p5 p2 p1],{'电场','磁场','合成 H','合成
    …E'},'Location','northeast')
    %legend([p4 p5 p2 p1],{'电场','磁场','合成 H','合成
    …E'},'Location','northeast')

    drawnow
    frame=getframe(1);                         %获取当前图像
    im=frame2im(frame);
    [imind,cm]=rgb2ind(im,500);                %格式转换
    if t==0
    imwrite(imind,cm,gifname,'gif');           %创建一个 gif 文件
    else
    imwrite(imind,cm,gifname,'gif','WriteMode','append','DelayTime',0.1);
    %向 gif 文件中添加一张图片
    end
end
```

在上述程序中通过媒质 1 和媒质 2 的参数，即可观察各种媒质表面的电磁波反射与透射特性。为了节省篇幅，这里只以电磁波无损媒质分界面的反射和透射为例进行说明。

在上述程序中，将媒质 1 和媒质 2 的参数设置为无损介质，即可实现无损媒质表面的电磁波反/透射：

```
ur1=1;er1=9;gamma1=0;
ur2=1;er2=4;gamma2=0;
```

程序返回的入射波、反射波、透射波以及合成波如图 6.2 所示，其传播动图见电磁波在两种无损介质表面的反射和折射 . gif。

从图 6.2 可以看出，在无损媒质中，入射波、反射波、透射波均为等幅波。图 6.2 中有多条曲线，为了能看清楚电场和磁场的图，单击工具栏的三维旋转图标“ ”，然后用鼠标拖动图 6.2，可以看到电场、磁场的曲线图，如图 6.3 所示。其中“+”表示合成电场。

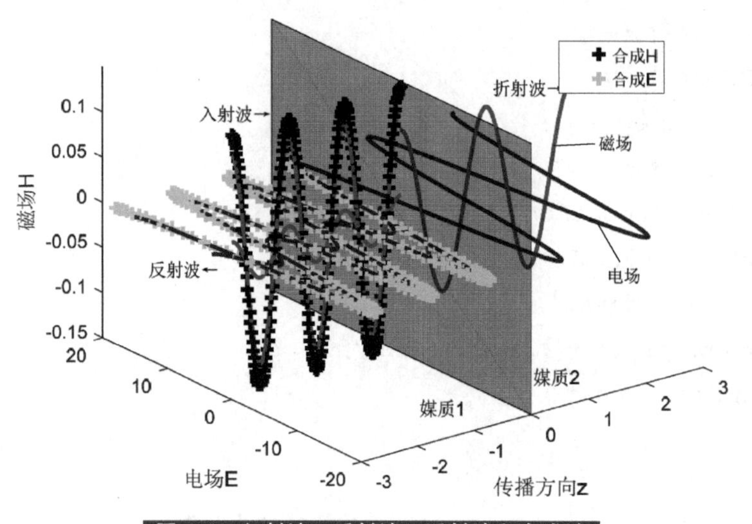

图 6.2 入射波、反射波、透射波和合成波

电磁波在两种无损介质表面的反射和折射

或者，改动程序代码，将电场、磁场、合成波单独呈现出来。例如，将上述程序中的程序段进行修改，将图 6.4a 所示程序段修改成图 6.4b，可以观察入射波、反射波、透射波的电场，如图 6.5a 所示。

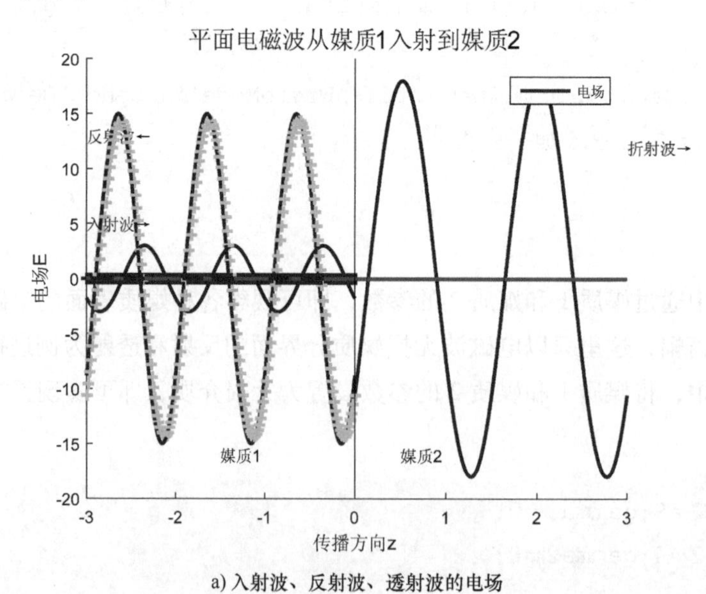

a) 入射波、反射波、透射波的电场

图 6.3 电磁波在无损媒质分界面的反射和透射（从媒质 1 入射到媒质 2）

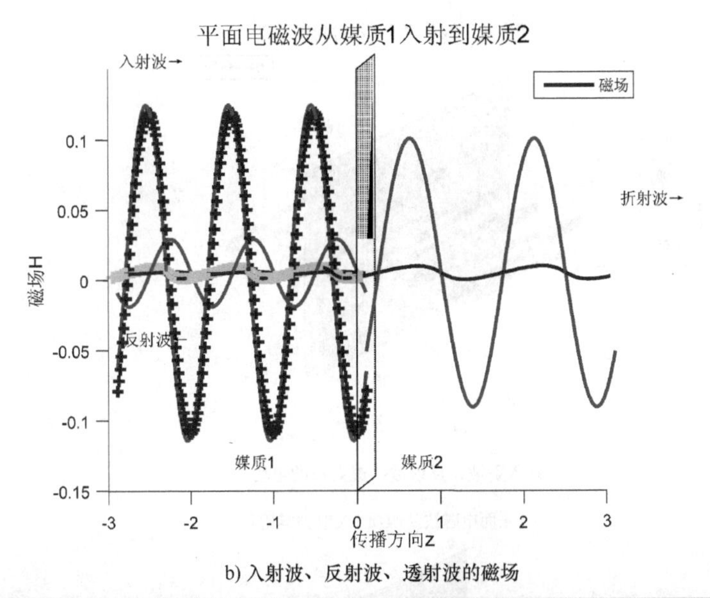

b) 入射波、反射波、透射波的磁场

图 6.3　电磁波在无损媒质分界面的反射和透射（从媒质 1 入射到媒质 2）（续）

```
plot3(z2,Ei,a2,'b','LineWidth',2);
hold on
plot3(z2,a2,Hi,'r','LineWidth',2);
hold on
p4=plot3(z2,Er,a2,'b','LineWidth',2);
hold on
p5=plot3(z2,a2,Hr,'r','LineWidth',2);
hold on
plot3(z1,Et,a1,'b','LineWidth',2);
hold on
plot3(z1,a1,Ht,'r','LineWidth',2);
hold on
p1 = plot3(z2,E1,a2,'g+','LineWidth',2);
hold on
p2 = plot3(z2,a2,H1,'b+','LineWidth',2);
hold on
```

a) 修改之前的程序代码段

```
plot3(z2,Ei,a2,'k','LineWidth',2);
hold on
%plot3(z2,a2,Hi,'r','LineWidth',2);
%hold on
p4=plot3(z2,Er,a2,'r','LineWidth',2);
hold on
%p5=plot3(z2,a2,Hr,'r','LineWidth',2);
%hold on
plot3(z1,Et,a1,'b','LineWidth',2);
hold on
%plot3(z1,a1,Ht,'r','LineWidth',2);
% hold on
%p1 = plot3(z2,E1,a2,'g+','LineWidth',2);
%hold on
%p2 = plot3(z2,a2,H1,'b+','LineWidth',2);
%hold on
```

b) 修改之后的程序代码段

图 6.4　修改前后的程序代码段

采用同样的修改手法，可以观察入射波、反射波、透射波的磁场，合成波的电场和磁场，如图 6.5b～d 所示。

媒质 1 中合成波（和图 6.5c 对应）传播动图见媒质 1 中合成波的电场和磁场.gif。

6.1.2　电磁波在两种介质表面的反射和折射（正入射通用程序 2）

正入射通用程序 1 中，入射波和反射波是在同一区域显示的。还可以继续将程序进行修改，将入射波和反射波分开显示。下面以电磁波对理想导体分界面的反射和透射为例进行说明。

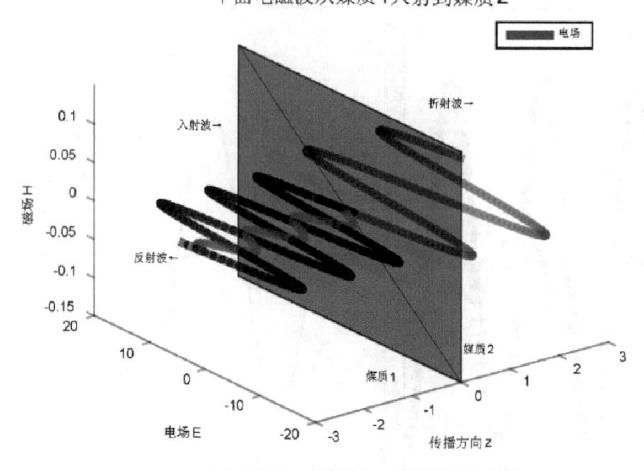

a) 入射波、反射波、透射波的电场

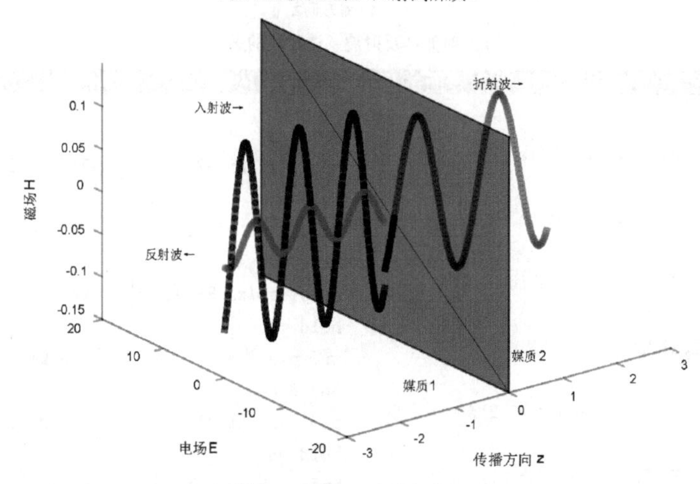

b) 入射波、反射波、透射波的磁场

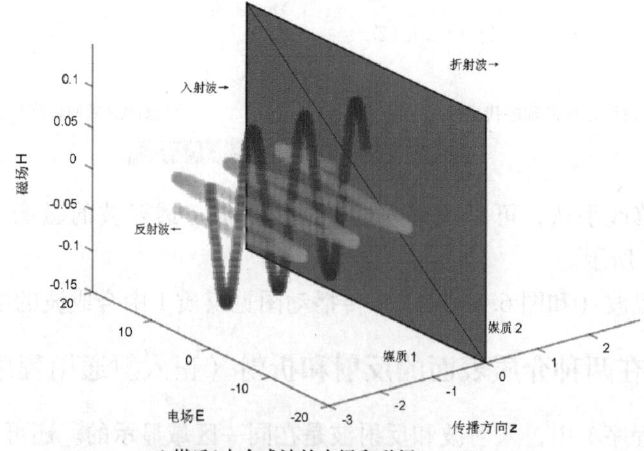

c) 媒质1中合成波的电场和磁场

图 6.5　电磁波在无损媒质分界面的反射和透射

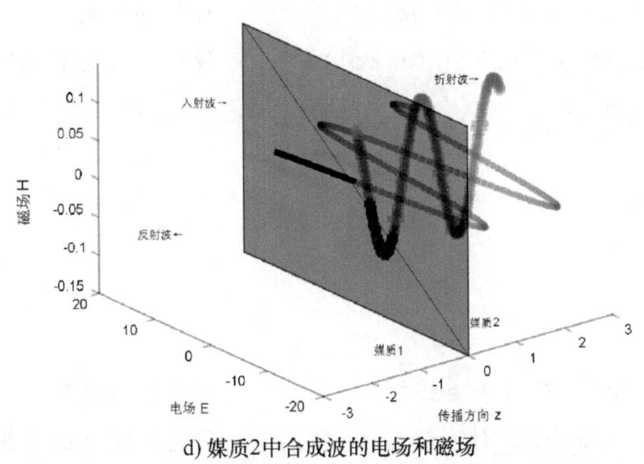

d) 媒质2中合成波的电场和磁场

图 6.5　电磁波在无损媒质分界面的反射和透射（续）

媒质 1 中合成波的电场和磁场

当媒质的电导率很高，满足$\frac{\gamma}{\omega\varepsilon}\gg 1$时，媒质表现为良导体；如果$\frac{\gamma}{\omega\varepsilon}$的值继续增大，可近似堪称理想导体。当电磁波入射到理想导体分界面时，反射系数 $R=-1$，透射系数 $T=0$。此时，不存在透射波，或者说发生全反射。

程序的完整代码如下：

```
clear
close all
u0=4*pi*1e-7;                              %真空中的磁导率
e0=1e-9/(36*pi);                           %真空中的电介质常数
f=1e8;w=2*pi*f;                            %电磁波的频率
T=2*pi/w;                                  %电磁波的周期
%介质 1
r1=0;                                      %介电常数
e1=e0*2;
u1=u0*2;
ec1=r1/w/e1;
Z1=sqrt(u1/(e1*(1-i*ec1)));                %阻抗为复数
Z1_real=real(Z1);Z1_imag=imag(Z1);         %本征阻抗的实部和虚部
Z1s_quart=Z1_real^2+Z1_imag^2;
Z1_abs=sqrt(Z1s_quart);                    %本征阻抗的模值
Phi1=acos(Z1_real/Z1_abs);                 %本征阻抗的相角
```

```
kc1=i*w*sqrt(u1*e1*(1-i*ec1));
kc=w*sqrt(u1*e1*(1-i*ec1));                %传播常数
Alpha1=real(kc1);BZ1=imag(kc1);            %电磁波的衰减常数和相位常数

%介质 2
r2=999999999;
e2=e0*4;
u2=u0*3.5;
ec2=r2/w/e2;
Z2=sqrt(u2/(e2*(1-i* ec2)));               %阻抗为复数
Z2_real=real(Z2);Z2_imag=imag(Z2);         %本征阻抗的实部和虚部
Z2s_quart=Z2_real^2+Z2_imag^2;
Z2_abs=sqrt(Z2s_quart);                    %本征阻抗的模值
Phi2=acos(Z2_real/Z2_abs);                 %本征阻抗的相角
kc2=i*w*sqrt(u2*e2*(1-i*ec2));             %传播常数
Alpha2=real(kc2);BZ2=imag(kc2);            %电磁波的衰减常数和相位常数

phi_E=0;                                   %初始相位设为 0
phi_H=0;
EE=20;                                     %电场幅度

R=(Z2-Z1)/(Z2+Z1);
T2=2*Z2/(Z2+Z1);

gifname='c.gif';
figure1=figure;
Er=R*EE;
Et=T2*EE;
x0=30*kc;
x=0:0.1:2.5;
x5=2.5:0.1:5;
m0=zeros(size(x));

mm=ones(size(x))*20;
x6=length(mm);
```

```
  mmm=ones(size(x))*-25;
  for t=0:0.05*T:15*T

      %入射
      Ez=20+EE*exp(-1* Alpha1*x).*cos(w*t-BZ1*x);
                                                          %电磁波的电场值
      Hy=(1/Z1_abs)*EE*exp(-1*Alpha1*x).*cos(w*t-BZ1* x-Phi1);
                                                          %电磁波的磁场值

      plot3(x,m0,Ez,'r','LineWidth',2);                   %绘制电场传播曲线
      hold on
      plot3(x,Hy,mm,'b','LineWidth',2);                   %绘制磁场传播曲线
      hold on
      %反射
      Ezr=-25+Er*exp(-1* Alpha1*(x)).*cos(w*t+BZ1*(x)+phi_E);
                                                          %电磁波的电场值
      Hyr=(1/Z1_abs)*Er*exp(-1*Alpha1*(x)).*cos(w*t+BZ1*(x)-
Phi1+phi_H);                                              %电磁波的磁场值

      plot3(x,m0,Ezr,'r','LineWidth',2);                  %绘制电场传播曲线
      hold on
      plot3(x,Hyr,mmm,'b','LineWidth',2);                 %绘制磁场传播曲线
      hold on
      %透射
      Ezt=20+Et*exp(-1* Alpha2*(x5)).*cos(w*t-BZ2*(x5)+phi_E);
                                                          %电磁波的电场值
      Hyt=(1/Z2_abs)*Et*exp(-1*Alpha2*(x5)).*cos(w*t-BZ2*(x5)-
Phi2+phi_H);                                              %电磁波的磁场值

      plot3(x5,m0,Ezt,'r','LineWidth',2);                 %绘制电场传播曲线
      hold on
      plot3(x5,Hyt,mm,'b','LineWidth',2);                 %绘制磁场传播曲线
      hold on

      x1=0:0.1:2.5;
      x2=2.5:0.1:5;
```

```
        L1=length(x1);
        Ez1=zeros([1 L1]);
        Hy1=zeros([1 L1]);
        Ez2=zeros([1 L1]);
        Hy2=zeros([1 L1]);
        for i=1:1:L1
            %入射
            Ez1(i)=20+EE*exp(-1* Alpha1*x(i)).*cos(w*t-BZ1*x(i));
%*exp(-x1(i)/8);
            xline1=[x1(i) x1(i) x1(i)];
            yline1=[0 0 0];
            zline1=[20 20 Ez1(i)];
            plot3(xline1,yline1,zline1,'r','LineWidth',1);    %z 轴
            hold on

            Hy1(i)=(1/Z1_abs)*EE*exp(-1*Alpha1*x(i)).*cos(w*t-BZ1*
x(i)-Phi1);%*exp(-x1(i)/8);
            xline2=[x1(i) x1(i) x1(i)];
            yline2=[0 Hy1(i)/2 Hy1(i)];
            zline2=[20 20 20 ];
            plot3(xline2,yline2,zline2,'b','LineWidth',1);    %z 轴
            hold on

            %反射
            Ez2(i)=-25+Er*exp(-1* Alpha1*(x(i))).*cos(w*t+BZ1*x(i)+
phi_E);%*exp(-x1(i)/8);
            xline1=[x1(i) x1(i) x1(i)];
            yline1=[0 0 0];
            zline1=[-25 -25 Ez2(i)];
            plot3(xline1,yline1,zline1,'r','LineWidth',1);    %z 轴
            hold on

            Hy2(i)=(1/Z1_abs)*Er*exp(-1*Alpha1*(x(i))).*cos(w*t+
BZ1*x(i)-Phi1+phi_H);%*exp(-x1(i)/8);
            xline2=[x1(i) x1(i) x1(i)];
```

```
        yline2=[0 Hy2(i)/2 Hy2(i)];
        zline2=[-25 -25 -25];
        plot3(xline2,yline2,zline2,'b','LineWidth',1);      %z 轴
        hold on

        %透射
        Ez3(i)=20+Et*exp(-1* Alpha2*(x5(i))).*cos(w*t-BZ2*x5(i)+
phi_E);%*exp(-x1(i)/8);
        xline1=[x2(i) x2(i) x2(i)];
        yline1=[0 0 0];
        zline1=[20 20 Ez3(i)];
        plot3(xline1,yline1,zline1,'r','LineWidth',1);      %z 轴
        hold on

        Hy3(i)=(1/Z2_abs)*Et*exp(-1*Alpha2*(x5(i))).*cos(w*t-
BZ2*x5(i)-Phi2+phi_H);%*exp(-x1(i)/8);
        xline3=[x2(i) x2(i) x2(i)];
        yline3=[0 Hy3(i)/2 Hy3(i)];
        zline3=[20 20 20 ];
        plot3(xline3,yline3,zline3,'b','LineWidth',1);      %z 轴
        hold on


    end
    x9=15;

    xaxis=0:0.1:17.5;
    m1=zeros(size(xaxis));
    plot3(xaxis,m1,m1,'k','LineWidth',2);                   %x 轴
    hold on

    yaxis=-0.15:0.01:0.15;
    m2=zeros(size(yaxis));
    plot3(m2,yaxis,m2,'k','LineWidth',2);                   %y 轴
    hold on

    zaxis=-60:1:60;
```

```
    m3=zeros(size(zaxis));
    plot3(m3,m3,zaxis,'k','LineWidth',2);              %z 轴

    zaxis=-80:1:80;
    m3=ones(size(zaxis))*2.5;
    m4=zeros(size(zaxis));
    plot3(m3,m4,zaxis,'k','LineWidth',5);              %z 轴

    text(4.7,0,0,'z','interpreter','latex','color','k','fontsize',18);
    text(-0.1,0.05,50,'$E_x$','interpreter','latex','color','r',
...'fontsize',18);
    text(-0.3,0.18,-15,'$H_y$','interpreter','latex','color','b','
...fontsize',18);
    text(0.5,0,60,'入射波','interpreter','latex','color','b','fontsize',
...18);
    text(0.5,0,-55,'反射波','interpreter','latex','color','b','fontsize',
...18);
    text(4.7,0,55,'透射波','interpreter','latex','color','b','fontsize',
...18);
    text(4.7,0,-65,'媒质 2','interpreter','latex','color','K','fontsize',
...12);
    text(-1,0,-65,'媒质 1','interpreter','latex','color','k','fontsize',
...12);

    hold off
    box off
    axis([0 5,-0.2 0.2,-65 65]);
    axis off;

    set(gcf,'color','white')
    drawnow
    frame=getframe;                                    %获取当前图像
    im=frame2im(frame);
    [imind,cm]=rgb2ind(im,500);                        %格式转换
    if t==0
        imwrite(imind,cm,gifname,'gif');               %创建一个 gif 文件
```

```
        else
            imwrite(imind,cm,gifname,'gif','WriteMode','append','DelayTime',
…0.01);                                              %向 gif 文件中添加一张图片
        end
    end
```

程序运行后，入射波和反射波如图 6.6 所示，其传播动图见理想导体表面的入射波和反射波 . gif。

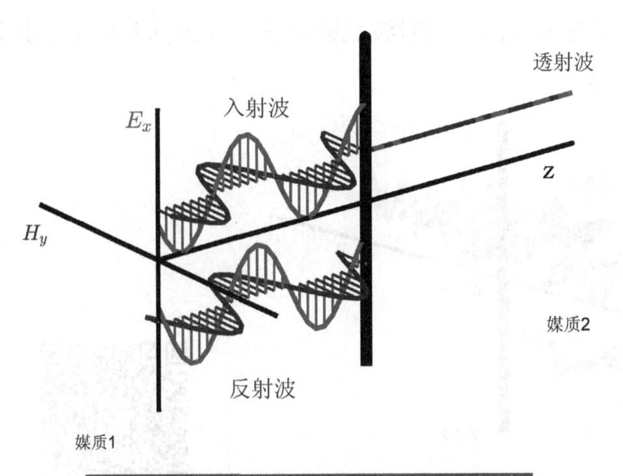

图 6.6　理想导体表面的入射波和反射波

理想导体表面的入射波和反射波

将上述程序进行修改（代码请自己修改），用 plot 语句画出电磁波的二维图，可以清晰地观察到电场和磁场的传输特点。其中入射波、反射波、合成波的电场如图 6.7 所示，其动图见理想导体分界面的全反射 . gif。

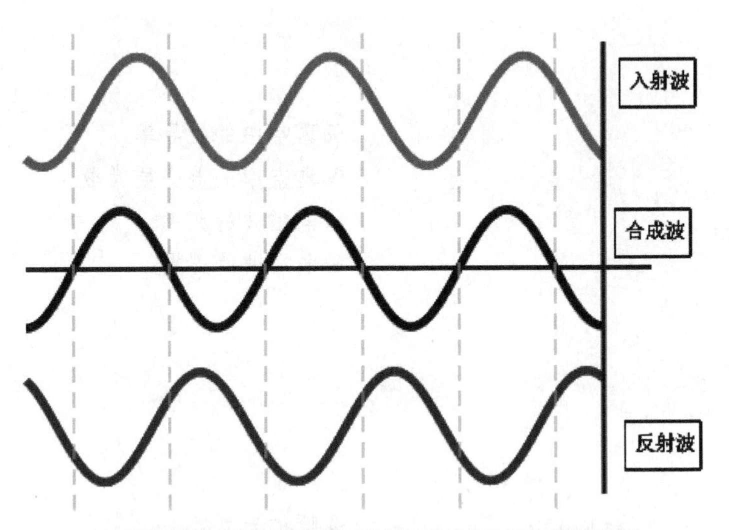

图 6.7　入射波、反射波、合成波的电场（二维图）

理想导体分界面的全反射

从动图可以看出，入射波与反射波的电场的传播方向相反，合成波仅波腹上、下振动，波节不移动，形成驻波。

入射波、反射波、合成波的磁场传播动图，请大家自己导出。

将通用程序 2 中的媒质参数改为下列参数，即可观察电磁波从理想介质到有损媒质的传播过程：

```
r1=0;e1=e0;u1=u0;
r2=0.002;e2=e0*3;u2=u0*5;
```

从理想介质到有损媒质时，入射波是等幅波，透射波是减幅波，如图 6.8 所示。其传播动图见电磁波从理想介质到有损媒质 . gif。

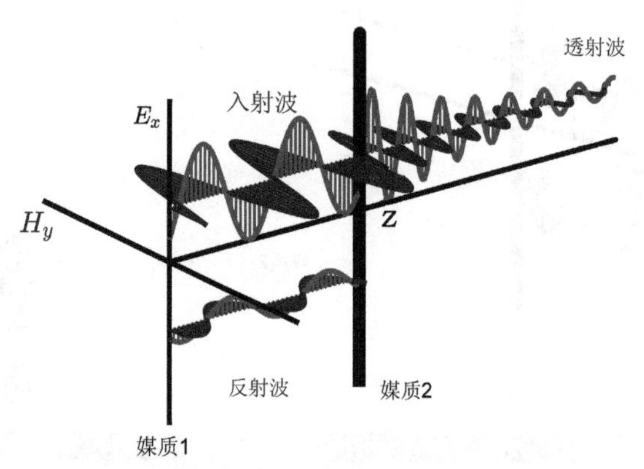

电磁波从理想介质到有损媒质

图 6.8　电磁波从理想介质到有损媒质

电磁波从理想介质到有损媒质程序代码

完整代码如下：

```
clear
close all
u0=4*pi*1e-7;                           %真空中的磁导率
e0=1e-9/(36*pi);                        %真空中的电介质常数
f=1e8;w=2*pi*f;                         %电磁波的频率
T=2*pi/w;                               %电磁波的周期
%介质 1
r1=0;
e1=e0*2;
u1=u0;
ec1=r1/w/e1;
Z1=sqrt(u1/(e1*(1-i*ec1)));             %阻抗为复数
Z1_real=real(Z1);Z1_imag=imag(Z1);      %本征阻抗的实部和虚部
```

```
Z1s_quart=Z1_real^2+Z1_imag^2;
Z1_abs=sqrt(Z1s_quart);                      %本征阻抗的模值
Phi1=acos(Z1_real/Z1_abs);                   %本征阻抗的相角
kc1=i*w*sqrt(u1*e1*(1-i*ec1));
kc=w*sqrt(u1*e1*(1-i*ec1));                  %传播常数
Alpha1=real(kc1);BZ1=imag(kc1);              %电磁波的衰减常数和相位常数
lmda1=2*pi/BZ1;                              %波长

%介质 2
r2=0.0015;
e2=e0*3;
u2=u0*5;
ec2=r2/w/e2;
Z2=sqrt(u2/(e2*(1-i* ec2)));                 %阻抗为复数
Z2_real=real(Z2);Z2_imag=imag(Z2);           %本征阻抗的实部和虚部
Z2s_quart=Z2_real^2+Z2_imag^2;
Z2_abs=sqrt(Z2s_quart);                      %本征阻抗的模值
Phi2=acos(Z2_real/Z2_abs);                   %本征阻抗的相角
kc2=i*w*sqrt(u2*e2*(1-i*ec2));               %传播常数
Alpha2=real(kc2);BZ2=imag(kc2);              %电磁波的衰减常数和相位常数
lmda2=2*pi/BZ2;
phi_E=0;                                     %初始相位设为 0
phi_H=0;
EE=20;                                       %电场幅度

R=(Z2-Z1)/(Z2+Z1);
T2=2*Z2/(Z2+Z1);

gifname='EH6.gif';
figure1=figure;
Er=R*EE;
Et=T2*EE;
x0=30*kc;
x=0:0.05:2*lmda1;
x5=2*lmda1:0.05:10;
m0=zeros(size(x));
```

```
    mm1=zeros(size(x5));
    mm=ones(size(x))*20;
    mmd=ones(size(x5))*20;
    mmm=ones(size(x))*-25;
    for t=0:0.05*T:20*T

        %入射
        Ez=20+EE*exp(-1* Alpha1*x).*cos(w*t-BZ1*x);
                                                        %电场
        Hy=(1/Z1_abs)*EE*exp(-1*Alpha1*x).*cos(w*t-BZ1* x-Phi1);
                                                        %磁场

        plot3(x,m0,Ez,'r','LineWidth',2);              %绘制电场传播曲线
        hold on
        plot3(x,Hy,mm,'b','LineWidth',2);              %绘制磁场传播曲线
        hold on
        %反射
        Ezr=-25+Er*exp(-1* Alpha1*(x)).*cos(w*t+BZ1*(x)+phi_E);
                                                        %电场
        Hyr=(1/Z1_abs)*Er*exp(-1*Alpha1*(x)).*cos(w*t+BZ1*(x)-
Phi1+phi_H);                                            %磁场

        plot3(x,m0,Ezr,'r','LineWidth',2);             %绘制电场传播曲线
        hold on
        plot3(x,Hyr,mmm,'b','LineWidth',2);            %绘制磁场传播曲线
        hold on
        %透射
        Ezt=20+Et*exp(-1* Alpha2*(x5-2*lmda1)).*cos(w*t-BZ2*(x5-2*
lmda1)+phi_E);                                          %电场
        Hyt=(1/Z2_abs)*Et*exp(-1*Alpha2*(x5-2*lmda1)).*cos(w*t-
BZ2*(x5-2*lmda1)+Phi2+phi_H);                           %磁场

        plot3(x5,mm1,Ezt,'r','LineWidth',2);           %绘制电场传播曲线
        hold on
        plot3(x5,Hyt,mmd,'b','LineWidth',2);           %绘制磁场传播曲线
```

```
    hold on

    x1=0:0.1:2*lmda1;
    x2=2*lmda1:0.1:15;
    L1=length(x1);
    Ez1=zeros([1 L1]);
    Hy1=zeros([1 L1]);
    Ez2=zeros([1 L1]);
    Hy2=zeros([1 L1]);
    for i=1:1:L1
      %入射

     Ez1(i)=20+EE*exp(-1* Alpha1*x1(i)).*cos(w*t-BZ1*x1(i));
                                               %*exp(-x1(i)/8);
     xline1=[x1(i) x1(i) x1(i)];
     yline1=[0 0 0];
     zline1=[20 20 Ez1(i)];
     plot3(xline1,yline1,zline1,'r','LineWidth',1);         %z 轴
     hold on

     Hy1(i)=(1/Z1_abs)*EE*exp(-1*Alpha1*x1(i)).*cos(w*t-BZ1*
…x1(i)+Phi1);       %*exp(-x1(i)/8);
       xline2=[x1(i) x1(i) x1(i)];
       yline2=[0 Hy1(i)/2 Hy1(i)];
       zline2=[20 20 20 ];
       plot3(xline2,yline2,zline2,'b','LineWidth',1);       %z 轴
       hold on

       %反射
     Ez2(i)=-25+Er*exp(-1*Alpha1*(x1(i))).*cos(w*t+BZ1*x1
…(i)+phi_E);                                   %*exp(-x1(i)/8);
     xline1=[x1(i) x1(i) x1(i)];
     yline1=[0 0 0];
     zline1=[-25 -25 Ez2(i)];
```

```
        plot3(xline1,yline1,zline1,'r','LineWidth',1);          %z 轴
        hold on

        Hy2(i)=(1/Z1_abs)*Er*exp(-1*Alpha1*(x1(i))).*cos(w*t+
...BZ1*x1(i)-Phi1+phi_H);%*exp(-x1(i)/8);
        xline2=[x1(i) x1(i) x1(i)];
        yline2=[0 Hy2(i)/2 Hy2(i)];
        zline2=[-25 -25 -25];
        plot3(xline2,yline2,zline2,'b','LineWidth',1);          %z 轴
        hold on
        %透射
        Ez3(i)=20+Et*exp(-1* Alpha2*(x1(i))).*cos(w*t-BZ2*x1(i)+
...phi_E);%*exp(-x1(i)/8);
        xline1=[x2(i) x2(i) x2(i)];
        yline1=[0 0 0];
        zline1=[20 20 Ez3(i)];
        plot3(xline1,yline1,zline1,'r','LineWidth',1);          %z 轴
        hold on

        Hy3(i)=(1/Z2_abs)*Et*exp(-1*Alpha2*(x1(i))).*cos(w*t-
...BZ2*x1(i)-Phi2+phi_H);%*exp(-x1(i)/8);
        xline3=[x2(i) x2(i) x2(i)];
        yline3=[0 Hy3(i)/2 Hy3(i)];
        zline3=[20 20 20 ];
        plot3(xline3,yline3,zline3,'b','LineWidth',1);          %z 轴
        hold on
    end
    xaxis=0:0.1:17.5;
    m1=zeros(size(xaxis));
    plot3(xaxis,m1,m1,'k','LineWidth',2);                       %x 轴
    hold on

    yaxis=-0.15:0.01:0.15;
    m2=zeros(size(yaxis));
```

```
    plot3(m2,yaxis,m2,'k','LineWidth',2);                    %y 轴
    hold on

    zaxis=-60:1:60;
    m3=zeros(size(zaxis));
    plot3(m3,m3,zaxis,'k','LineWidth',2);                    %z 轴

    zaxis=-80:1:80;
    m3=ones(size(zaxis))*2*lmda1;
    m4=zeros(size(zaxis));
    plot3(m3,m4,zaxis,'k','LineWidth',5);                    %z 轴

    text(4.7,0,0,'z','interpreter','latex','color','k','fontsize',18);
    text(-0.1,0.05,50,'$E_x$','interpreter','latex','color','r','fon
…tsize',18);
    text(-0.3,0.18,-15,'$H_y$','interpreter','latex','color','b','fon
…tsize',18);
    text(0.5,0,60,'入射波','interpreter','latex','color','b','fontsize',18);
    text(0.5,0,-55,'反射波','interpreter','latex','color','b','fontsize',18);
    text(8.9,0,55,'透射波','interpreter','latex','color','b','fontsize',18);
    text(4.7,0,-65,'媒质2','interpreter','latex','color','K','fontsize',12);
    text(-1,0,-65,'媒质1','interpreter','latex','color','k','fontsize',12);

    hold off
    box off;

    axis([0 10,-0.2 0.2,-65 65]);
    axis off;

    set(gcf,'color','white')
    drawnow
        frame=getframe;                                      %获取当前图像
    im=frame2im(frame);
    [imind,cm]=rgb2ind(im,500);                              %格式转换
    if t==0
```

```
        imwrite(imind,cm,gifname,'gif');     %创建一个 gif 文件
    else
        imwrite(imind,cm,gifname,'gif','WriteMode','append','DelayTime',
…0.01);                                       %向 gif 文件中添加一张图片
    end
end
```

6.1.3 电磁波在两种介质表面的反射和折射（正入射通用程序3）

6.1 的程序是通过 MATLAB 语句 drawnow、getframe 和 imwrite 实现的。还可以通过下列方式实现。

```
%电磁波从媒质1入射到媒质2中
%本程序通过设置媒质1和媒质2的参数即可实现
clear all
u0=4*pi*1e-7;e0=1e-9/(36*pi);                    %真空中的电磁参数
ur1=1;er1=9;
u1=ur1*u0;e1=e0*er1;gamma1=0;                    %媒质1的参数
ur2=1;er2=4;
u2=ur2*u0;e2=e0*er2;gamma2=0;                    %媒质2的参数

f=5e7;w=2*pi*f;                                  %电磁波的频率
ec1=e1*(1-i*gamma1/w/e1);                        %媒质1的复介电常数
ec2=e2*(1-i*gamma1/w/e2);                        %媒质2的复介电常数
Z1=(u1/ec1)^0.5;                                 %媒质1的波阻抗
Z2=(u2/ec2)^0.5;                                 %媒质2的波阻抗
kc1=w*(u1*ec1)^0.5;                              %媒质1的传输常数
kc2=w*(u2*ec2)^0.5;                              %媒质2的传输常数

R=(Z2-Z1)/(Z1+Z2);                               %反射系数
T=2*Z2/(Z1+Z2);                                  %透射系数

phi_E=0;                                         %初始相位设为0
phi_H=0;
EE=20;                                           %电场幅度
if Z2<Z1
```

```
    fai=0;
else
    fai=pi*1i;
end
x1=0:0.1:4.5;                          %入射波、反射波传播方向上的采样点
x2=4.5:0.1:8;
m1=zeros(size(x1));
m2=zeros(size(x2));
for t=0:0.5:30   %为了消除波数与频率之间的数量级带来的影响,时间单位为ns
    E1=EE.*exp(-1i*kc1*x1);
    Ez=real(E1.*exp(1i*w*t*1e-9));
    Hy=real(E1./Z1.*exp(1i*w*t*1e-9));
    E2=EE.*exp(-1i*kc1*(9-x1));
    Ezz=real(E2.*R.*exp(1i*w*t*1e-9+fai));
    Hyy=real(E2./Z1.*R.*exp(1i*w*t*1e-9+fai));
    E3=EE.*exp(-1i*kc1*4.5)*exp(-1i*kc1*(x2-4.5));
    Ezt=real(E3.*T.*exp(1i*w*t*1e-9));
    Hyt=real(E3./Z2.*T.*exp(1i*w*t*1e-9));

    plot3(x1,m1,Ez,'r','LineWidth',2);        %绘制电场传播入射曲线
    hold on
    plot3(x1,Hy,m1,'k','LineWidth',2);        %绘制磁场传播入射曲线
    hold on
    plot3(x1,m1,Ezz,'g','LineWidth',2);       %绘制电场传播反射曲线
    hold on
    plot3(x1,Hyy,m1,'b','LineWidth',2);       %绘制磁场传播反射曲线
    hold on
    plot3(x2,m2,Ezt,'r+','LineWidth',2);      %绘制电场传播透射曲线
    hold on
    plot3(x2,Hyt,m2,'k+','LineWidth',2);      %绘制磁场传播透射曲线
    hold on

    x11=0:0.15:4.5;
    L1=length(x11);
    Ez1=zeros([1 L1]);
    Hy1=zeros([1 L1]);
```

```
    for k1=1:1:L1
        Ez1(k1)=real(EE.*exp(-1i*kc1*x11(k1)).*exp(1i*w*t*
1e-9));
        xline1=[x11(k1) x11(k1) x11(k1)];
        yline1=[0 0 0];
        zline1=[0 Ez1(k1)/2 Ez1(k1)];
        plot3(xline1,yline1,zline1,'r','LineWidth',2);        %z 轴
        hold on

        Hy1(k1)=real(EE./Z1.*exp(-1i*kc1*x11(k1)).*exp(1i*w*
t*1e-9));
        xline2=[x11(k1) x11(k1) x11(k1)];
        yline2=[0 Hy1(k1)/2 Hy1(k1)];
        zline2=[0 0 0];
        plot3(xline2,yline2,zline2,'k','LineWidth',2);        %z 轴
        hold on
    end

    x22=4.5:0.15:8;
    L2=length(x22);
    Ez2=zeros([1 L2]);
    Hy2=zeros([1 L2]);
    for k2=1:1:L2

  Ez2(k2)=real(EE.*exp(-1i*kc1*4.5)*exp(-1i*kc2*(x22(k2)-4.5)).*
T.*exp(1i*w*t*1e-9));
        xline3=[x22(k2) x22(k2) x22(k2)];
        yline3=[0 0 0];
        zline3=[0 Ez2(k2)/2 Ez2(k2)];
        plot3(xline3,yline3,zline3,'r','LineWidth',2);        %z 轴
        hold on

  Hy2(k2)=real(EE./Z1.*exp(-1i*kc1*4.5)*exp(-1i*kc2*(x22(k2)-
4.5)).*T.*exp(1i*w*t*1e-9));
        xline4=[x22(k2) x22(k2) x22(k2)];
```

```
        yline4=[0 Hy2(k2)/2 Hy2(k2)];
        zline4=[0 0 0];
        plot3(xline4,yline4,zline4,'k','LineWidth',2);          %z 轴
        hold on
    end

    xaxis=0:0.1:8;
    m11=zeros(size(xaxis));
    plot3(xaxis,m11,m11,'k','LineWidth',2);                     %x 轴
    hold on

    yaxis=-0.5:0.01:0.5;
    m22=zeros(size(yaxis));
    plot3(m22,yaxis,m22,'k','LineWidth',2);                     %y 轴
    hold on

    zaxis=-40:1:40;
    m33=zeros(size(zaxis));
    plot3(m33,m33,zaxis,'k','LineWidth',2);                     %z 轴

    text(4.7,0,0,'z','interpreter','latex','color','k','fontsize',18);
    text(-0.1,0.01,35,'$E_x$','interpreter','latex','color','k','font
…size',18);
    text(-0.3,-0.45,-5,'$H_y$','interpreter','latex','color','k',
…'fontsize',18);
    ti=title('均匀平面波从媒质1正入射媒质2','color','k');
    set(ti,'fontsize',16);
    xlabel('电磁波传播方向','fontSize',12);
    ylabel('磁场变化方向','fontSize',12);
    zlabel('电场变化方向','fontSize',12);

    X=[4.5;4.5;4.5;4.5];
    Y=[-0.25;0.25;0.25;-0.25];
    Z=[-20;-20;20;20];
    fill3(X,Y,Z,[0.1,0.3,0.4]);
    hold off
```

```
    box on;
    axis([0 8,-0.5 0.5,-20 20]);
    axis on;
    drawnow

    [X,Y,Z]=meshgrid(-2:.2:2);
    V=X.*exp(-X.^2-Y.^2-Z.^2);
end
```

为了观察电磁波在无损媒质表面的反射和透射，将媒质 1 和媒质 2 的参数设置为无损介质：

```
ur1=1;er1=9;gamma1=0;
ur2=1;er2=4;gamma2=0;
```

程序返回的入射波、反射波、透射波以及合成波如图 6.9 所示，传播动图见电磁波在两种无损介质表面的反射和折射 2. gif。

从图 6.9 可以看出，在无损媒质中，入射波、反射波、透射波均为等幅波。

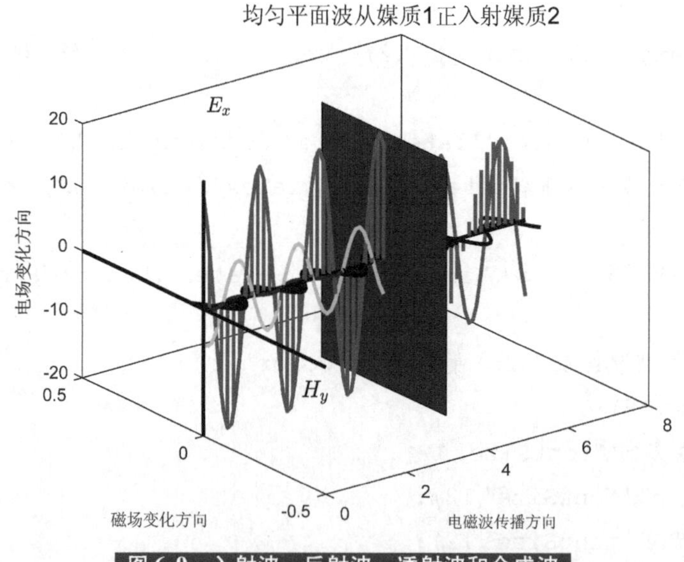

图 6.9　入射波、反射波、透射波和合成波

电磁波在两种无损介质表面的反射和折射 2

6.1.4　电磁波在两种介质表面的反射和折射（正入射通用程序 4）

采用函数 flectrans 也可以实现电磁波的反射和透射，代码如下。

```
function flectrans (image_control,wavelength_control,ur1,er1,ur2,
er2,gama2)
u0=4*pi*1e-7;e0=1e-9/(36*pi);          %真空中的电磁参数
gama1=0;
u1=ur1*u0;e1=e0*er1;                   %媒质 2 的参数
u2=ur2*u0;e2=e0*er2;

f=3e8;w=2*pi*f;                        %频率
k0=w/wavelength_control;
w0=w*image_control/3e8                 %image_control 需和 x,y 的分度
                                         保持一致,用于控制图像向右的速度
w01=2*pi*image_control

ec1=e1*(1-i*gama1/w/e1);               %媒质 1 的复介电常数
ec2=e2*(1-i*gama2/w/e2);               %媒质 2 的复介电常数
Z1=(u1/ec1)^0.5;                       %媒质 1 的波阻抗
Z2=(u2/ec2)^0.5;                       %媒质 2 的波阻抗

k1=w*(u1*ec1)^0.5                      %媒质 1 的传输常数
k2=w*(u2*ec2)^0.5                      %媒质 2 的传输常数

%k1=k0*sqrt(ur1*er1)
%k2=k0*sqrt(ur2*er2)

R=(Z2-Z1)/(Z2+Z1);                     %反射系数
T=2*Z2/(Z2+Z1);                        %透射系数

x=-3:image_control* wavelength_control/(Z1/50):0;
                                       %x 轴坐标取样,可以改变波的长度
y=0:image_control* wavelength_control/(Z2/50):3;
points1=0;                             %用于入射波的数据点计数
points2=0;                             %用于反射波和驻波的数据点计数
points3=0;                             %用于透射波和驻波的数据点计数

if gama2==inf
    R=-1;
```

```
    T=0;
  end

  for t=1:500                                    %循环次数,即动画持续时间

    Ei=cos(w0*t-k1*x-pi/2);                      %计算入射波
    Er=R*cos(w0*t+k1*x-pi/2);                    %计算反射波,折射系数为R
    Et=T*cos(w0*t-k2*y-pi/2);                    %计算透射波,折射系数为T

    Hi=Ei/Z1;                                    %计算入射波
    Hr=-Er/Z1;                                   %计算反射波,折射系数为R
    Ht=Et/Z1;

    Ez=Ei+Er;                                    %计算合成驻波
    Hz=Hi+Hr;

    plot([-4,4],[0,0],'k','LineWidth',2);        %画y参考轴线
    hold on;
    plot([0,0],[-3,3],'k','LineWidth',2);        %画x参考轴线
    axis([-3,3,-3,3]);                           %固定视角

    if t<length(x)
      if points1<length(x)
        points1=points1+1;
        for a=t:length(x)
            Ei(a)=0;
        end
    end
  end                                            %通过循环将入射波的传播方式
                                                   模拟出来,没传到的地方置零
  plot(x,Ei,'b','LineWidth',1);                  %绘制入射波

    if t>length(x)
      if points2<length(x)
          points2=points2+1;
          for b=1:length(x)-points2
              Er(b)=0;
              Ez(b)=0;
```

```
            end
        end
        plot(x,Er,'r','LineWidth',1);                    %绘制反射波
        plot(x,Ez,'k','LineWidth',2);                    %绘制合成驻波

        if points3<length(y)
            points3=points3+1;
            for c=t-length(x):length(y)
                Et(c)=0;
            end
        end
        plot(y,Et,'k','LineWidth',2);                    %绘制透射波
    end

    xlabel('x','FontSize',10)                            %x 标签
    ylabel('y','FontSize',10)                            %z 标签
    hold off;
    title('均匀平面波正入射','FontSize',10,'color','k');
    if gama2==0
        text(1,2.2,'\it 理想介质','FontSize',20);
    elseif gama2>9999
        text(1,2.2,'\it 理想导体','FontSize',20);
    else
        text(1,2.2,'\it 有损媒质','FontSize',20);
    end
    text(-2,-2.2,'\it 电场 E','FontSize',20);
    text(-2,2.2,'\it 理想介质','FontSize',20);
    drawnow;                                             %更新画面,形成动画
end
```

在命令窗口输入 flectrans（0.04，3，1，9，1，4，0），即可实现电磁波在无损媒质表面的反射和透射，其中电场如图 6.10 所示，传播动图见函数实现电磁波的反射透射 .gif。

函数实现电磁波的反射透射

上述函数中只给出了电场的传播曲线，对程序进行简单修改，即可实现磁场及合成波的曲线，大家可以自己试试。

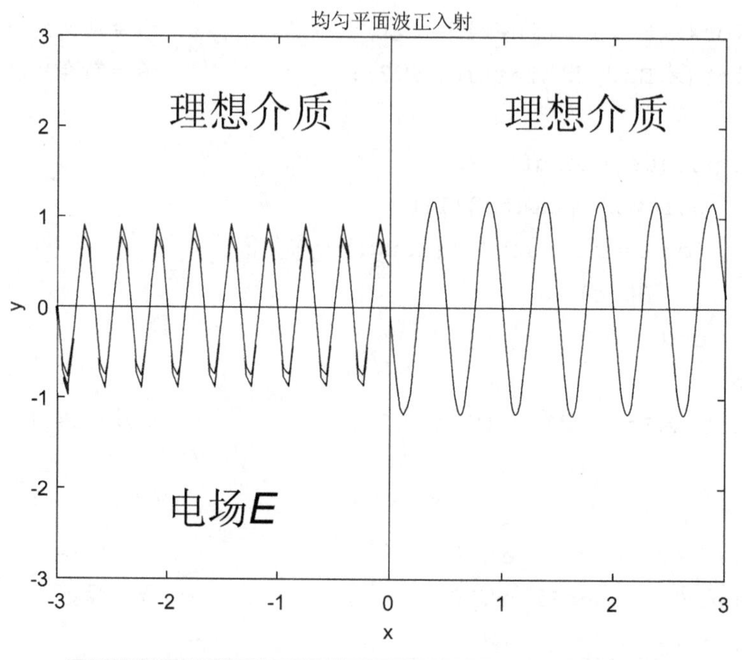

图 6.10　电磁波在无损媒质表面的反射和透射（正入射）

6.2　斜入射

当电磁波以一定的角度入射到两种媒质的分界面时，会发生反射和透射。在不同媒质界面上，电磁波的方向关系遵循反射定律和透射定律。由于任意平面波可以分解为平行极化波和垂直极化波，其反射定律和透射定律如图 6.11 所示。

6.2.1　反射定律和透射定律

如图 6.11 中，入射波的传播方向 $\boldsymbol{k}_1$ 与分界面法线的夹角是射角 θ_1，反射波的传播方向 $\boldsymbol{k}_1'$ 与分界面法线的夹角是反射角 θ_1'，透射波的传播方向 $\boldsymbol{k}_2$ 与分界面法线的夹角是透射角 θ_2。

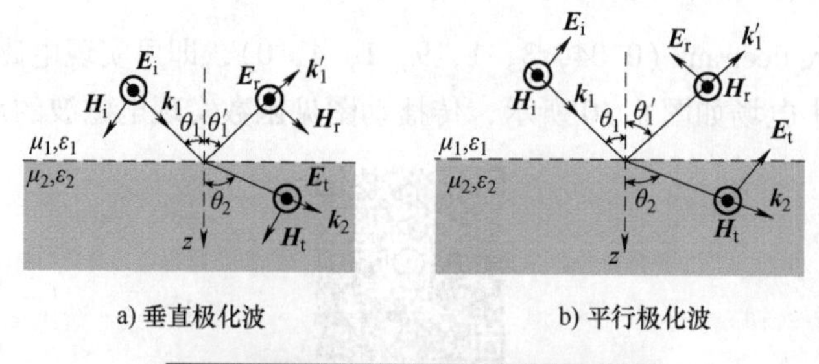

图 6.11　垂直极化波和平行极化波

设上半平面为媒质 1（参数为 μ_1，ε_1），下半平面为媒质 2（参数为 μ_2，ε_2）。可以证明：

1）入射波、反射波、透射波三个波矢量与分界面法线四线共面，此平面称为入射面。

2）入射波射线（射线方向和波矢量分析一致）和反射波射线处于法线两侧，且

$$\theta_1 = \theta_1' \tag{6.6}$$

3）透射波射线和入射波射线处于法线两侧，且

$$\frac{\sin\theta_2}{\sin\theta_1} = \frac{k_1}{k_2} = \sqrt{\frac{\mu_1\varepsilon_1}{\mu_2\varepsilon_2}} \tag{6.7}$$

式（6.6）说明反射角等于入射角，这就是著名的斯耐尔（SNell）反射定律。式（6.7）是斯耐尔（SNell）透射定律。在非磁性媒质中，$\mu_1 = \mu_2 = \mu_0$，且媒质的透射率是真空波速 c 和媒质相速度之比，即 $n = \frac{c}{v_p} = \sqrt{\varepsilon_r \mu_r}$，因此式（6.7）变为

$$\frac{k_2}{k_1} = \frac{n_2}{n_1} \tag{6.8}$$

6.2.2　反射系数与透射系数

设入射波、反射波和透射波分别用下标 i、r 和 t 表示，其传播矢量为 $\boldsymbol{k}_1$、$\boldsymbol{k}_1'$ 和 $\boldsymbol{k}_2$ 表示，$\boldsymbol{E}$ 和 $\boldsymbol{H}$ 是其电场和磁场。斜投射时的反射系数及透射系数与平面波的极化特性有关，设 $R_\perp$、$T_\perp$ 和 $R_{//}$、$T_{//}$ 分别为垂直极化波和平行极化波的反射系数和透射系数。

垂直极化波的反射系数和透射系数为

$$R_\perp = \frac{E_{\mathrm{rm}}}{E_{\mathrm{im}}} = \frac{Z_2\cos\theta_1 - Z_1\cos\theta_2}{Z_2\cos\theta_1 - Z_1\cos\theta_2} \tag{6.9}$$

$$T_\perp = \frac{E_{\mathrm{tm}}}{E_{\mathrm{im}}} = \frac{2Z_2\cos\theta_1}{Z_2\cos\theta_1 + Z_1\cos\theta_2} \tag{6.10}$$

式中，下标 m 代表多长电场和磁场的幅度，很显然，$1+R_\perp = T_\perp$。对于非磁性介质，$\mu_2 = \mu_1$，$n_1\sin\theta_1 = n_2\sin\theta_2$，所以

$$R_\perp = \frac{\cos\theta_1 - \sqrt{\varepsilon_2/\varepsilon_1 - \sin^2\theta_1}}{\cos\theta_1 + \sqrt{\varepsilon_2/\varepsilon_1 - \sin^2\theta_1}} \tag{6.11}$$

$$T_\perp = \frac{2\cos\theta_1}{\cos\theta_1 + \sqrt{\varepsilon_2/\varepsilon_1 - \sin^2\theta_1}} \tag{6.12}$$

平行极化波的反射系数和透射系数为

$$R_{//} = \frac{Z_2\cos\theta_2 - Z_1\cos\theta_1}{Z_2\cos\theta_2 + Z_1\cos\theta_1} \tag{6.13}$$

$$T_{//} = \frac{2Z_2\cos\theta_1}{Z_2\cos\theta_2 + Z_1\cos\theta_1} \tag{6.14}$$

对于非磁性介质，有

$$R_{//}=\frac{\sqrt{(\varepsilon_2/\varepsilon_1)-\sin^2\theta_1}-(\varepsilon_2/\varepsilon_1)\cos\theta_1}{\sqrt{(\varepsilon_2/\varepsilon_1)-\sin^2\theta_1}+(\varepsilon_2/\varepsilon_1)\cos\theta_1} \tag{6.15}$$

$$T_{//}=\frac{2\sqrt{(\varepsilon_2/\varepsilon_1)-\sin^2\theta_1}}{\sqrt{(\varepsilon_2/\varepsilon_1)-\sin^2\theta_1}+(\varepsilon_2/\varepsilon_1)\cos\theta_1} \tag{6.16}$$

6.2.3 垂直极化波在两种介质表面的斜入射

设两种介质的相对介电常数为 $\varepsilon_{r1}=1$，$\varepsilon_{r2}=2$，入射角 $\theta_1=45°$，则正弦电磁波入射到这两种介质表面的 MATLAB 代码如下：

```
f=1;w=2*pi*f;k0=1;                              %设置电磁波的频率
mu0=4*pi*10^(-7);                               %真空的电磁场参数

Em=1;
epsilon_r1=1;epsilon_r2=2;mu_r1=1;mu_r2=1;      %两种介质的电磁参数

n1=sqrt(epsilon_r1);
n2=sqrt(epsilon_r2);

k1=k0*n1;                                       %介质 1 的传播常数
k2=k0*n2;                                       %介质 2 的传播常数
Z1=sqrt(mu0/epsilon_r1);                        %介质 1 的波阻抗
Z2=sqrt(mu0/epsilon_r2);                        %介质 2 的波阻抗

theta_i=pi/4;                                   %入射角
theta_r=theta_i;                                %反射角
theta_t=asin(sqrt(epsilon_r1/epsilon_r2)*sin(theta_i));
                                                %反射角

RR=Z2*cos(theta_i);
TT=Z1*cos(theta_t);
R=(RR-TT)/(RR+TT);                              %反射系数
T=2*RR/(RR+TT);                                 %透射系数

%反射系数和透射系数的另一种求法,用于验证其求解正确性
%RR=sqrt(epsilon_r2/epsilon_r1-sin(theta_i)*sin(theta_i));
%R=(cos(theta_i)-RR)/(cos(theta_i)+RR);
```

```
%T=2*cos(theta_i)/(cos(theta_i)+RR);

path_ix=k1*sin(theta_i);path_iz=k1*cos(theta_i);
                                                %入射波的传播路径
path_rx=k1*sin(theta_r);path_rz=k1*cos(theta_r);
                                                %反射波的传播路径
path_tx=k2*sin(theta_t);path_tz=k2*cos(theta_t);
                                                %透射波的传播路径

u=k0*15/100;
x1=(0:u:k0*15);M=zeros(size(x1));
z1=(k0*15:-u:0) *cot(theta_i);
x2=(k0*15:u:k0*30);
z2=(0:u:k0*15) *cot(theta_r);
x3=(k0*15:u:k0*30);
z3=(0:-u:-k0*15)*cot(theta_t);
Ei=zeros(size(x1));
Er=zeros(size(x1));
Et=zeros(size(x1));
Hi=zeros(size(x1));
Hr=zeros(size(x1));
Ht=zeros(size(x1));

t=0;
for i=1:300
    if i<=101
        Ei(1:i)=Em*cos(w*t-(path_ix*x1(1:i)-path_iz*z1(1:i)));
        Hi(1:i)=Em./Z1.*cos(w*t-(path_ix*x1(1:i)-path_iz*z1(1:i)));
        quiver3(x1,M,z1,M,Ei,M,'m');
        hold on
        quiver3(x1,M,z1,Hi,M,Hi,'g');
        hold on
    end
    if i>101
        %入射波
```

```
        Ei=Em*cos(w*t-(path_ix*x1-path_iz*z1));
        Hi=Em./Z1.*cos(w*t-(path_ix*(x1-path_iz*z1)));
        if i<=202
            %反射波和透射波的电场
            Er(1:i-101)=Em*R*cos(w*t-(path_rx*x2(1:i-101)+path_
rz*z2(1:i-101)));
            Et(1:i-101)=Em*T*cos(w*t-(path_tx*x3(1:i-101)-path_
tz*z3(1:i-101)));
            %反射波和透射波的磁场
            Hr(1:i-101)=Em./Z1.*R*cos(w*t-(path_rx*x2(1:i-101)+
path_rz*z2(1:i-101)));
            Ht(1:i-101)=Em./Z2.*T*cos(w*t-(path_tx*x3(1:i-101)-
path_tz*z3(1:i-101)));
        end
        if i>202
            %反射波和透射波的电场
            Er=Em*R*cos(w*t-(path_rx*x2+path_rz*z2));
            Et=Em*T*cos(w*t-(path_tx*x3-path_tz*z3));
            %反射波和透射波的磁场
            Hr=Em./Z1.*R*cos(w*t-(path_rx*x2+path_rz*z2));
            Ht=Em./Z2.*T*cos(w*t-(path_tx*x3-path_tz*z3));
        end
        quiver3(x1,M,z1,M,Ei,M,'m');                    %入射波的电场
        hold on
        quiver3(x2,M,z2,M,Er,M);                        %反射波的电场
        hold on
        quiver3(x3,M,z3,M,Et,M,'r');                    %透射波的电场
        hold on
        quiver3(x1,M,z1,Hi,M,Hi,'g');                   %入射波的磁场
        hold on
        quiver3(x2,M,z2,Hr,M,-Hr);                      %反射波的磁场
        hold on
        quiver3(x3,M,z3,Ht,M,Ht,'b');                   %透射波的磁场
        hold on
    end
    axis([0,30,-5,5,-15,15]);
```

```
    view(10,20);
    pause(0.01);
    mov(i)=getframe(gcf);
    t=t+0.01;
    hold off
end
avi1=VideoWriter('垂直极化波斜入射.avi');
avi1.FrameRate=5;
open(avi1);
writeVideo(avi1,mov);
close(avi1);
legend('Ei','Er','Ht','Hi','Hr','Et');
xlabel('Hy(A/m)');
ylabel('Ex(v/m)');
zlabel('z');
title('垂直极化波斜入射')
```

代码运行后，生成的入射波、反射波和透射波如图 6.12 所示，其动图见 EH 斜入射.gif。

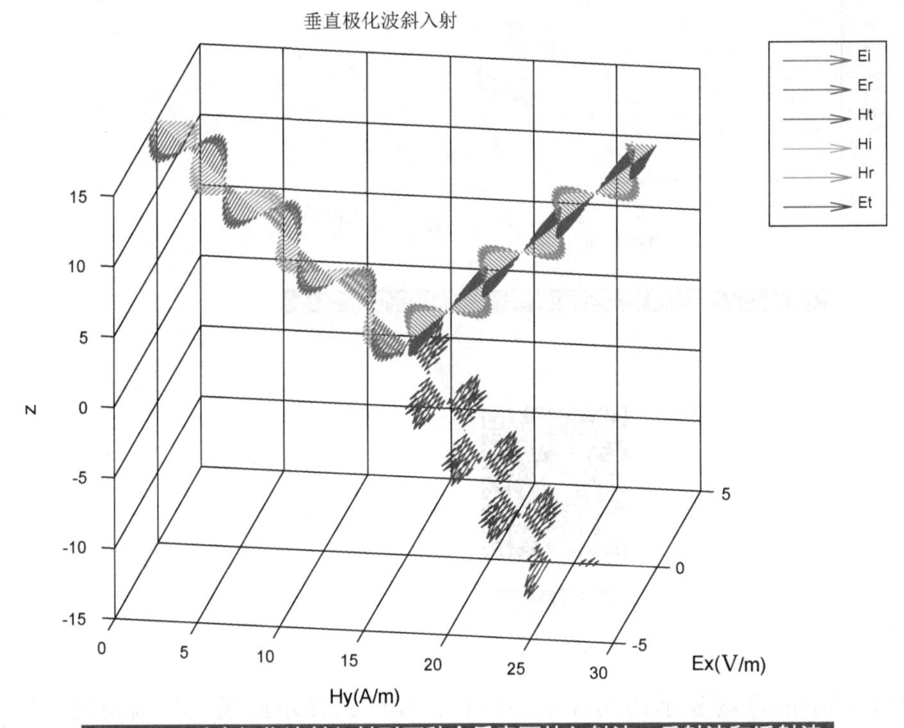

图 6.12　垂直极化波斜入射到两种介质表面的入射波、反射波和透射波

EH 斜入射

图 6.12 中，同时显示了入射波、反射波和透射波的电场和磁场的传播情况。为了看得更清楚，将程序代码中的磁场显示语句加上注释符，即

```
%quiver3(x1,M,z1,Hi,M,Hi,'g');          %入射波的磁场
%hold on
%quiver3(x2,M,z2,Hr,M,-Hr);             %反射波的磁场
%hold on
%quiver3(x3,M,z3,Ht,M,Ht,'b');          %透射波的磁场
%hold on
```

程序只显示电场的传播情况，如图 6.13 所示，其动图见 E 斜入射 . gif。

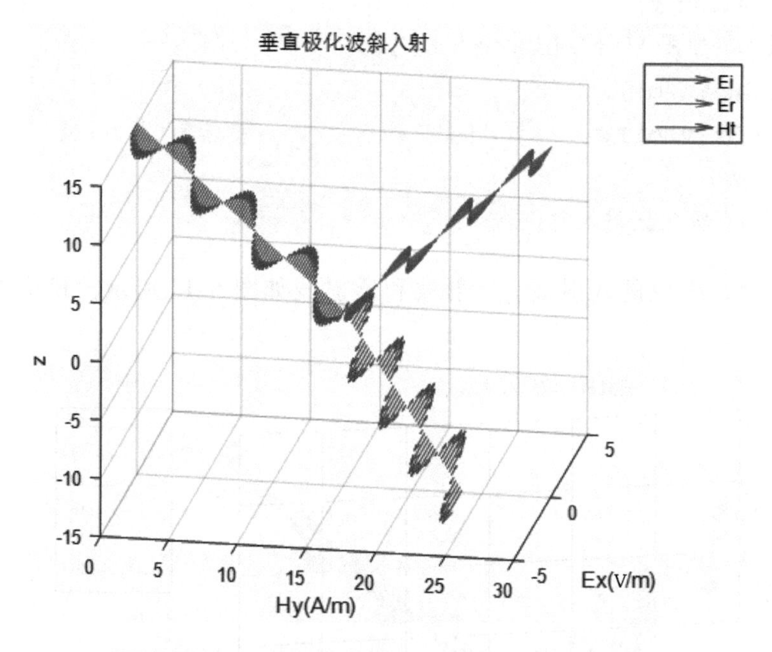

图 6.13　垂直极化波斜入射到两种介质表面的电场

E 斜入射

同理，将程序代码中的电场显示语句加上注释符，程序只显示磁场的传播情况，如图 6.14 所示，其动图见 H 斜入射 . gif。

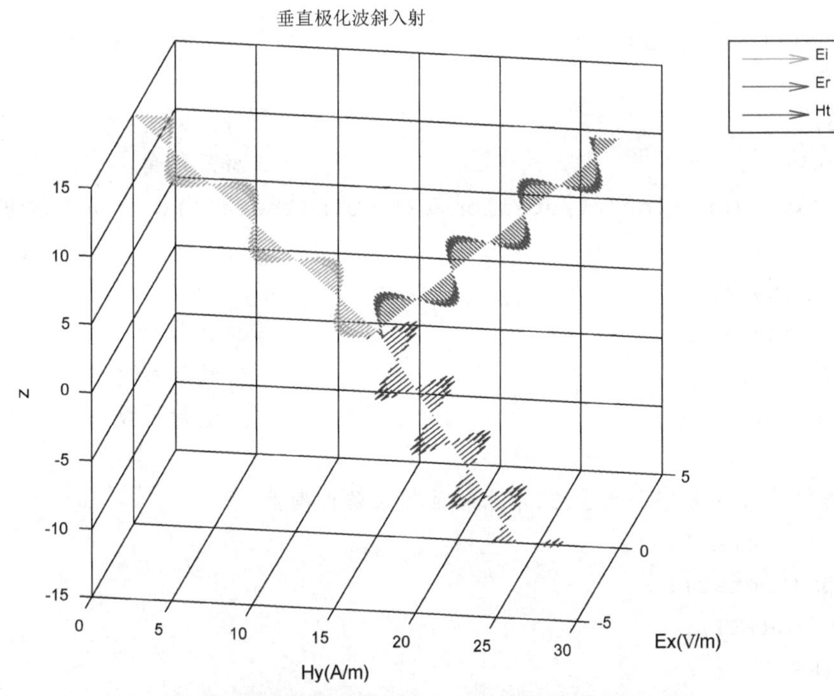

图 6.14　垂直极化波斜入射到两种介质表面的磁场

H 斜入射

6.2.4　平行极化波在两种介质表面的斜入射

设两种介质的相对介电常数为 $\varepsilon_{r1}=2$、$\varepsilon_{r2}=1$，入射角 $\theta_1=30°$，此时的反射系数和透射系数分别为 0.2679 和 1.2679，电磁波入射到这两种介质表面的 MATLAB 代码如下：

```
clear all
f=4.7746e+07;w=2*pi*f;                    %设置电磁波的频率
c=3e8;mu0=4*pi*10^(-7);                   %真空的电磁场参数

E0=6;
k0=w/c;

epsilon_r1=2;epsilon_r2=1;                %两种介质的电磁参数
mu_r1=1;mu_r2=1;

n1=sqrt(epsilon_r1);
n2=sqrt(epsilon_r2);

k1=k0*n1;                                 %介质 1 的传播常数
k2=k0*n2;                                 %介质 2 的传播常数
Z1=sqrt(mu0/epsilon_r1);                  %介质 1 的波阻抗
```

```
Z2=sqrt(mu0/epsilon_r2);                                    %介质 2 的波阻抗

thetai=pi/6;                                                %入射角
thetar=thetai;                                              %反射角
thetat=asin(sqrt(epsilon_r1/epsilon_r2)*sin(thetai));       %反射角

RR=Z2*cos(thetai);
TT=Z1*cos(thetat);
R=(RR-TT)/(RR+TT);                                          %反射系数
T=2*RR/(RR+TT);                                             %透射系数

%反射系数和透射系数的另外一种求法,用于验证其求解正确性
%RRR=n2*cos(thetai);
%TTT=n1*cos(thetat);
%R1=(RR-TT)/(RR+TT);
%T1=2*RR/(RR+TT);

path_ix=k1*sin(thetai);path_iz=k1*cos(thetai);%入射波的传播路径
path_rx=k1*sin(thetar);path_rz=k1*cos(thetar);%反射波的传播路径
path_tx=k2*sin(thetat);path_tz=k2*cos(thetat);%透射波的传播路径

dm=15;
a=k0*dm/100;
dt=a/c/n2;
x1=(0:a:k0*dm);
z1=(k0*dm:-a:0)*cot(thetai);
x2=(k0*dm:a:k0*dm*2);
z2=(0:a:k0*dm)*cot(thetar);
x3=(k0*dm:a:k0*dm*2);
z3=(0:-a:-k0*dm)*cot(thetat);

Eix=zeros(size(x1));
Eiz=zeros(size(x1));
Erx=zeros(size(x1));
Erz=zeros(size(x1));
Etx=zeros(size(x1));
Etz=zeros(size(x1));
M=zeros(size(x1));
```

```
    t=0;
    for i=1:220
    if i<=101
    Eix(1:i)=E0*cos(thetai)*cos(w*t-(path_ix*x1(1:i)-path_iz*z1
(1:i)));
    Eiz(1:i)=E0*sin(thetai)*cos(w*t-(path_ix*x1(1:i)-path_iz*z1
(1:i)));
    figure(1)
    quiver3(x1,M,z1,Eix,M,Eiz,0);
    Hix(1:i)=Eix(1:i)./Z1;
    Hiz(1:i)=Eiz(1:i)./Z1;
    quiver3(x1,M,z1,Eix,M,Eiz,0);
    hold on
    end;

    if i>101
    Eix=E0*cos(thetai)*cos(w*t-(path_ix*x1-path_iz*z1));
    Eiz=E0*sin(thetai)*cos(w*t-(path_ix*x1-path_iz*z1));
    Hix=Eix./Z1;
    Hiz=Eiz./Z1;

    if i<=202
    Erx(1:i-101)=-E0*R*cos(thetar)*cos(w*t-(path_rx*x2(1:i-101)+
path_rz*z2(1:i-101)));
    Erz(1:i-101)=E0*R*sin(thetar)*cos(w*t-(path_rx*x2(1:i-101)+
path_rz*z2(1:i-101)));
    Hrx(1:i-101)=Erx(1:i-101)./Z1;
    Hrz(1:i-101)=Erz(1:i-101)./Z1;

    Etx(1:i-101)=E0*T*cos(thetat)*cos(w*t-(path_tx*x3(1:i-101)-
path_tz*z3(1:i-101)));
    Etz(1:i-101)=E0*T*sin(thetat)*cos(w*t-(path_tx*x3(1:i-101)-
path_tz*z3(1:i-101)));
    Htx(1:i-101)=Etx(1:i-101)./Z2;
    Htz(1:i-101)=Etz(1:i-101)./Z2;
    end;
    if i>202
    Erx=-E0*R*cos(thetar)*cos(w*t-(path_rx*x2+path_rz*z2));
    Erz=E0*R*sin(thetar)*cos(w*t-(path_rx*x2+path_rz*z2));
```

```
Hrx=Erx./Z1;
Hrz=Erz./Z1;

Etx=E0*T*cos(thetat)*cos(w*t-(path_tx*x3-path_tz*z3));
Etz=E0*T*sin(thetat)*cos(w*t-(path_tx*x3-path_tz*z3));
Htx=Etx./Z2;
Htz=Etz./Z2;
end
quiver3(x1,M,z1,Eix,M,Eiz,0);
hold on
quiver3(x2,M,z2,Erx,M,Erz,0);
hold on
quiver3(x3,M,z3,Etx,M,Etz,0);
end
axis([0,k0*dm*2,-k0*dm/3,k0*dm/3,-k0*dm,k0*dm]);
view(k0/2*dm,k0*dm);
mov(i)=getframe(gcf);
    pause(0.01);
    t=t+15/100/c/n2;
    hold off
end
```

程序运行后，入射波、反射波、透射波的电场传输如图 6.15 所示，其动图见平行极化E传输.gif。

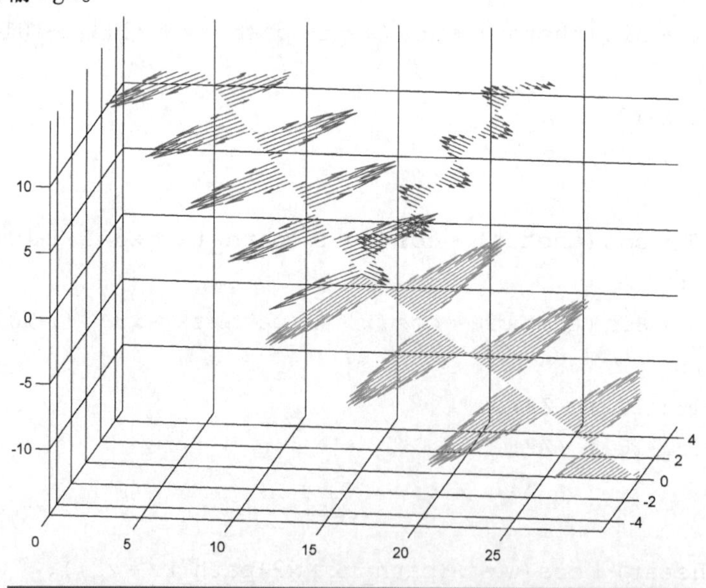

图 6.15　平行极化波入射到两种介质表面的电场（$\varepsilon_{r1}=2$，$\varepsilon_{r2}=1$）

平行极化 E 传输

设两种介质的相对介电常数为 $\varepsilon_{r1}=1$、$\varepsilon_{r2}=2$、入射角 $\theta_1=30°$，此时的反射系数和透射系数分别为-0. 2087 和 0. 7913，入射波、反射波、透射波的电场传输如图 6. 16 所示。传播动图见平行极化电场 2. gif。

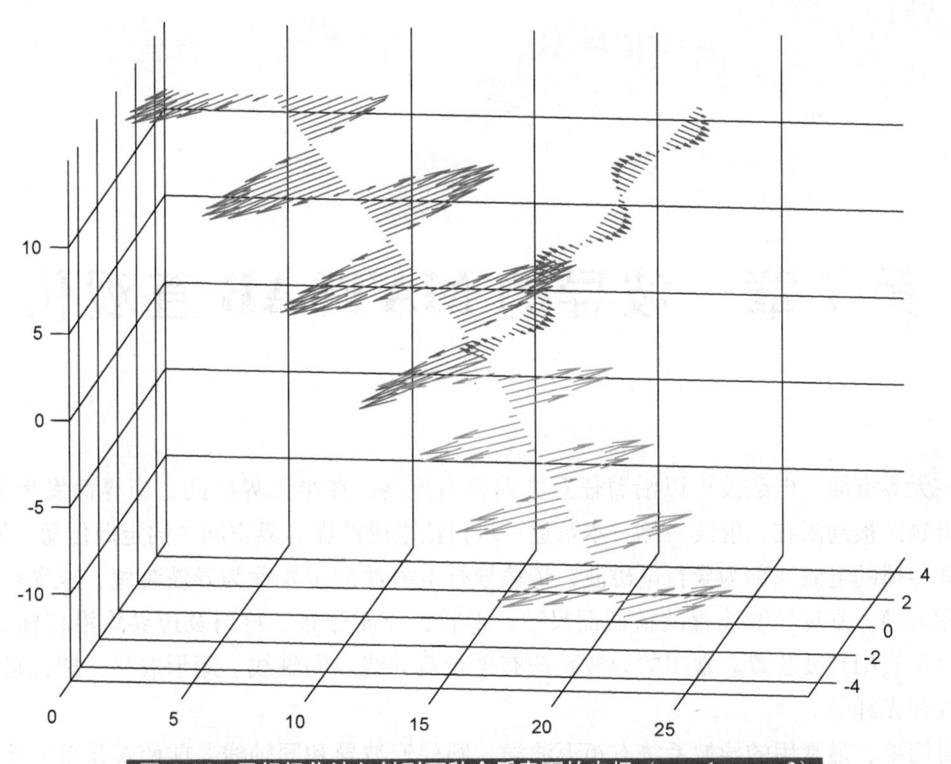

图 6.16　平行极化波入射到两种介质表面的电场（$\varepsilon_{r1}=1$，$\varepsilon_{r2}=2$）

平行极化电场 2

对程序代码进行很小的改动，即可画出入射波、反射波、透射波的电场传输图，不过需要注意，因为此时的波阻抗很小，为了能顺利显示磁场的传输图，需要对磁场进行显示倍数限制，并改变观察视角。

第 7 章　波导的 MATLAB 直观化

在无界空间，电磁波可以沿着任意方向自由传播；在半无界空间，当界面发生全反射时，电磁波被局限在入射波一侧。本章进一步讨论电磁波在有界空间中的定向传播。能在有界空间传播的电磁波称为导行电磁波，传输导行电磁波的装置称为导波装置，或导行系统，或简称波导。常见导波装置的横截面尺寸、形状、介质分布、材料及边界均沿传输方向不变，也称规则导波装置。常用的导波系统有平行双导线、同轴线、矩形波导、圆柱形波导、微带线和光纤等。

最简单、最常用的导波系统有矩形波导、圆柱形波导和同轴线。前两者是单导体结构，主要应用于电磁能量的传输；后者则是双导体结构，电磁能量在同轴线内、外导体之间传输，主要应用于传输载荷信息的电磁波。如果将一段波导的两端短路或开路，就可以构成微波谐振器。本章主要讨论矩形波导、圆柱形波导和同轴线的传输模式、场分布以及传输特性，还将讨论几种常用微波谐振器的场分布和主要参数。

7.1　矩形波导

矩形波导是微波系统中最常用的波导之一，这种单导体结构波导只能传输 TE 波和 TM 波。

矩形波导由横截面为矩形的中空金属管构成，金属管内可填充空气或其他电介质。设矩形波导横截面（金属管内壁）的两边分别为 a、b，建立如图 7.1 所示的直角坐标系。

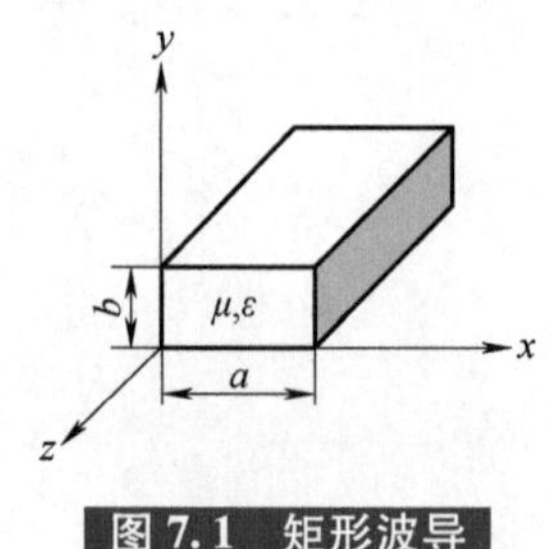

图 7.1　矩形波导

7.1.1　TE 波

对于 TE 波，$\boldsymbol{E}_z=\boldsymbol{0}$，纵向只有磁场分量，采用分离变量法求解标量波动方程，可得到 TE 波的所有横向电磁场分量为

$$E_x(x,y,z)=\frac{\mathrm{j}\omega\mu}{k_c^2}\frac{n\pi}{b}H_{mn}\cos\left(\frac{m\pi}{a}x\right)\sin\left(\frac{n\pi}{b}y\right)\mathrm{e}^{-\mathrm{j}\beta z} \tag{7.1}$$

$$E_y(x,y,z)=-\frac{\mathrm{j}\omega\mu}{k_c^2}\frac{m\pi}{a}H_{mn}\sin\left(\frac{m\pi}{a}x\right)\cos\left(\frac{n\pi}{b}y\right)\mathrm{e}^{-\mathrm{j}\beta z} \tag{7.2}$$

$$E_z=0 \tag{7.3}$$

$$H_x(x,y,z)=\frac{\mathrm{j}\beta}{k_c^2}\frac{m\pi}{a}H_{mn}\sin\left(\frac{m\pi}{a}x\right)\cos\left(\frac{n\pi}{b}y\right)\mathrm{e}^{-\mathrm{j}\beta z} \tag{7.4}$$

$$H_y(x,y,z)=\frac{\mathrm{j}\beta}{k_c^2}\frac{n\pi}{b}H_{mn}\cos\left(\frac{m\pi}{a}x\right)\sin\left(\frac{n\pi}{b}y\right)\mathrm{e}^{-\mathrm{j}\beta z} \tag{7.5}$$

$$H_z(x,y,z)=H_{mn}\cos\left(\frac{m\pi}{a}x\right)\cos\left(\frac{n\pi}{b}y\right)\mathrm{e}^{-\mathrm{j}\beta z} \tag{7.6}$$

式中，k_c 是由导行系统边界条件和传输模式所决定的本征值，其计算公式为

$$k_c^2=\left(\frac{m\pi}{a}\right)^2+\left(\frac{n\pi}{b}\right)^2 \tag{7.7}$$

$$\lambda_g=\frac{c/f}{\sqrt{1-\left(\frac{\lambda}{\lambda_c}\right)^2}} \tag{7.8}$$

其中，β 为相位常数，$\beta=\frac{2\pi}{\lambda_g}$；$\omega$ 为角频率，$\omega=\frac{\beta}{c}$；λ_g 为波导波长，$\lambda_g=\frac{c/f}{\sqrt{1-\left(\frac{\lambda}{\lambda_c}\right)^2}}$；$\lambda_c$ 为截止波长，$\lambda_c=2a$。

上述公式为矩形波导中 TE 波的一般表达式，由此可见 m、n 不能同时取零，即矩形波导中不存在 TE_{00} 模，但可以存在 TE_{m0} 模、TE_{0n} 模和 TE_{mn}（m，$n\neq0$）模。

用 MATLAB 绘制磁力线的步骤：

步骤一： 由外部给定的波导尺寸、工作频率参考公式计算得到参量。

步骤二： 由外部给定的绘图精度，分别确定电场和磁场的坐标点，按照公式计算得到电场和磁场的分量。

步骤三： 用 quiver 3 函数，绘制磁场分布，允许图像叠加。

步骤四： 用 quiver 3 函数，绘制电场分布，允许图像叠加。

对于图 7.1 所示的矩形波导，定义其宽度 $a=500\mathrm{mm}$，高度 $b=340\mathrm{mm}$，绘制其电磁场分布规律的 MATLAB 代码如下：

第一步： 参数定义（波导尺寸、工作频率，激励强度，模式值）

```
a0=500;
b0=340;
```

```
d=20;
Hmn=1;
m=1;
n=1;
f=5 *10^10;
t=0;
a=a0/1000;
b=b0/1000;
u=1/(36*pi)*10^(-9);
```

第二步：截止频率计算和坐标点绘制

```
lc=2*pi/(((m*pi/a)^2+(n*pi/b)^2)^0.5);
l0=3*10^8/f;
lg=l0/((1-(3*10^8/(lc*f))^2)^0.5);
c=lg;
B=2*pi/lg;
w=B*3*10^8;
x=0:a/d:a;
y=0:b/d:b;
z=0:c/d:c;
[x1,y1,z1]=meshgrid(x,y,z);
kc2=(m*pi./a)^2+(n*pi./b)^2;
```

第三步：横向磁场分量计算、H_z 分量绘制以及磁场分布

```
Hx=B./kc2.*(m*pi./a).*Hmn.*sin(m*pi./a.*x1).*cos(n*pi./b.*
y1).*sin(w*t-B.*z1);
Hy=B./kc2.*(n*pi./b).*Hmn.*cos(m*pi./a.*x1).*sin(n*pi./b.*
y1).*sin(w*t-B.*z1);
Hz=Hmn.*cos(m*pi./a.*x1).*cos(n*pi./b.*y1).*cos(w*t-B.*z1);
yy=reshape(y1(:,2,:),d+1,d+1);
zz=reshape(z1(:,2,:),d+1,d+1);
Hyy=reshape(Hy(1,:,:),d+1,d+1);
Hzz=reshape(Hz(1,:,:),d+1,d+1);
surf(zz,yy,Hzz)
xlabel('传输方向');
```

```
ylabel('波导宽边 a');
zlabel('磁场强度 Hz');
```

第四步：横向电场分量计算和绘制

```
figure
quiver3(z1,x1,y1,Hz,Hx,Hy,'b')
hold on
x2=x1-0.01;
y2=y1-0.01;
z2=z1-0.01;
Ez=zeros(size(z2));
Ey=-w.*u./kc2.*(m*pi./a).*Hmn.*sin(m*pi./a.*x1).*cos(n*
pi./b.*y1).*sin(w*t-B.*z1);
Ex=w.*u./kc2.*(n*pi./b).*Hmn.*cos(m*pi./a.*x1).*sin(n*pi./b.*
y1).*sin(w*t-B.*z1);
quiver3(z2,x2,y2,Ez,Ex,Ey,'r');
xlabel('传输方向');
ylabel('波导宽边 a');
zlabel('波导窄边 b');
hold off
```

运行程序，得到的结果如图 7.2 和图 7.3 所示。

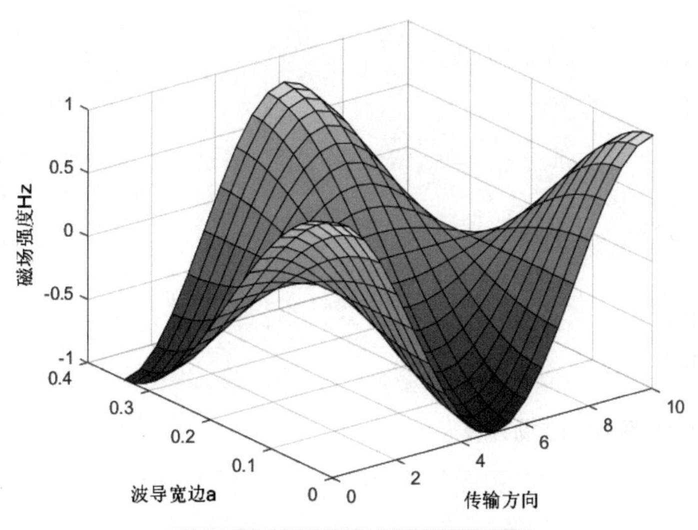

图 7.2　磁场强度 H_z 的分布规律

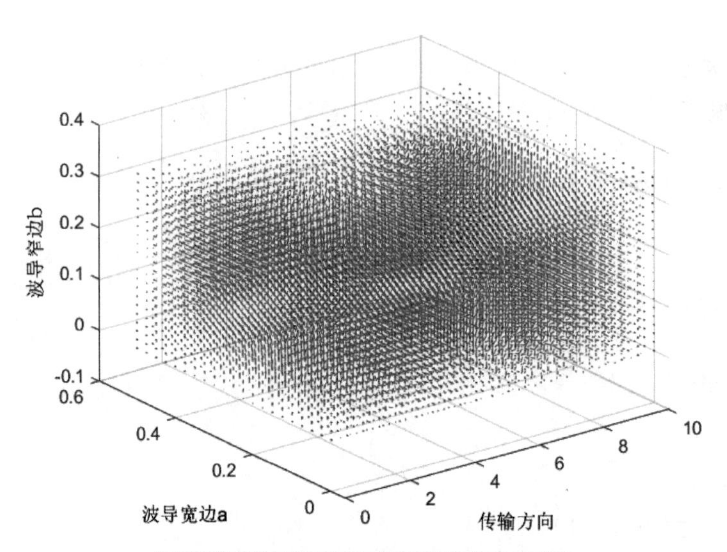

图 7.3　矩形波导中 TE 波电磁场分布

TE_{10}模

TE_{10}模是矩形波导的主模，也称为H_{10}模，它是矩形波导中最常用的模式，主模TE_{10}情况，根据式（7.1）~式（7.6），其电磁场分量可推导表示如下：

$$\begin{cases} E_y = -\dfrac{j\omega\mu a}{\pi}H_{mn}\sin\left(\dfrac{\pi}{a}x\right)e^{-j\beta z} \\ H_x = -\dfrac{ja\beta}{\pi}H_{mn}\sin\left(\dfrac{\pi}{a}x\right)e^{-j\beta z} \\ H_z = H_{mn}e^{-j\beta z} \end{cases} \tag{7.9}$$

TE_{10}模的场结构 MATLAB 代码实现如下：

第一步：参数定义

```
a0=22.86;
b0=10.16;
d=6;
Hmn=1;
f=9.84*10^9;
t=0.03;
a=a0/1000;
b=b0/1000;
```

第二步：截止频率和电磁场计算

```
lc=2*a;
l0=3*10^8/f;
u=4*pi*10^(-7);
```

```
if l0>lc
    return;
else
    clf;
    lg=l0/((1-(l0/lc)^2)^0.5);
c=lg;
B=2*pi/lg;
w=B/(3*10^8);
x=0:a/d:a;
y=0:b/d:b;
z=0:c/d:c;
[x1,y1,z1]=meshgrid(x,y,z);
```

第三步：磁场计算和结果绘制

```
Hx=-B.*a.*Hmn.*sin(pi./a.*x1).*sin(w*t-B.*z1)./pi;
Hz=Hmn.*cos(pi./a.*x1).*cos(w*t-B.*z1);
Hy=zeros(size(y1));
quiver3(z1,x1,y1,Hz,Hx,Hy,'b');
hold on;
```

第四步：电场计算和结果绘制

```
x2=x1-0.001;
y2=y1-0.001;
z2=z1-0.001;
Ex=zeros(size(z2));
Ey=w.*u.*a.*Hmn.*sin(pi./a.*x2).*sin(w*t-B.*z2)./pi;
Ez=zeros(size(z2));
quiver3(z2,x2,y2,Ez,Ex,Ey,'r');
xlabel('传输方向');
ylabel('波导宽边 a');
zlabel('波导窄边 b');
hold off
end
```

运行程序，得到的计算结果如图 7.4 所示。

若需获得 TE_{10}模某时刻的磁场分量在传播方向的分布，只需要修改第一步中 d 的值，设置为 30；第二步中 c=lg＊2，并修改第三步中磁场绘制程序，添加下列：

```
xx=reshape(x1(:,2,:),d+1,d+1);
yy=reshape(y1(:,2,:),d+1,d+1);
zz=reshape(z1(:,2,:),d+1,d+1);
Hxx=reshape(Hx(1,:,:),d+1,d+1);
Hzz=reshape(Hz(1,:,:),d+1,d+1);
quiver(zz,yy,Hzz,Hxx);
xlabel('传输方向');
ylabel('波导窄边b');
axis([0,c,0,b]);
```

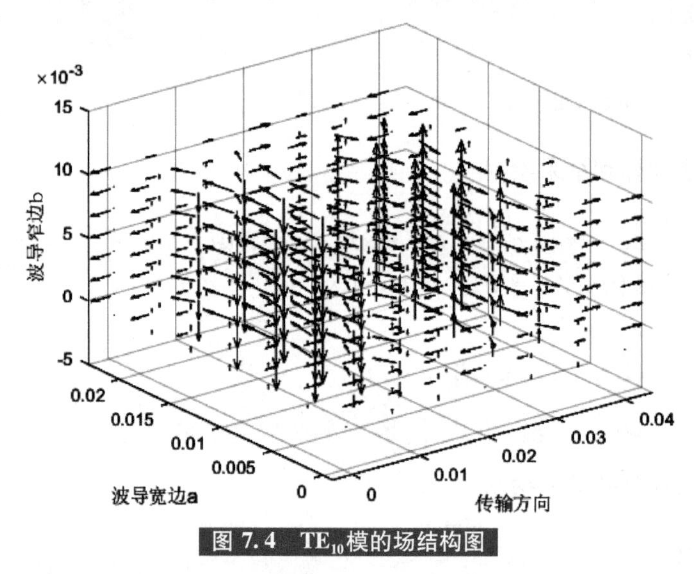

图 7.4 TE_{10}模的场结构图

运行程序，得到的计算结果如图 7.5 所示。

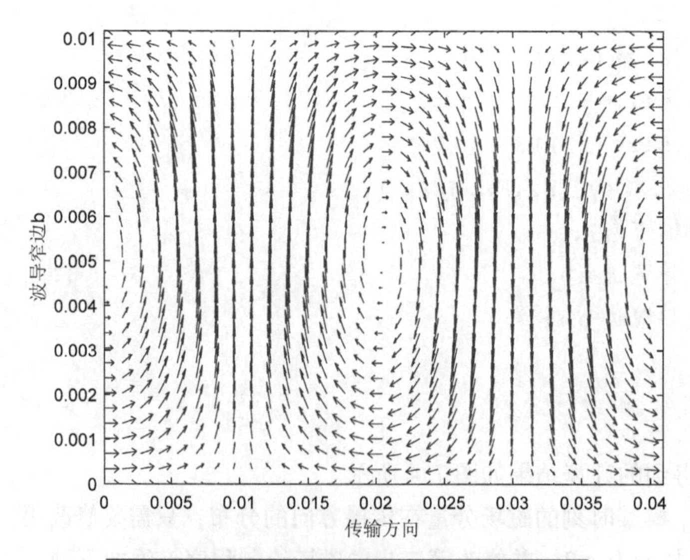

图 7.5 TE_{10}模某时刻磁场在传播方向的分布

同理，若需获得 TE_{10}模某时刻的电场分量在传播方向的分布，只需要修改第一步中 d 的值，设置为 30，并修改第三步中磁场绘制程序，添加下列：

```
xx=reshape(x1(:,2,:),d+1,d+1);
yy=reshape(y1(:,2,:),d+1,d+1);
zz=reshape(z1(:,2,:),d+1,d+1);
Exx=reshape(Ex(1,:,:),d+1,d+1);
Eyy=reshape(Ey(1,:,:),d+1,d+1);
Ezz=reshape(Ez(1,:,:),d+1,d+1);
quiver(zz,xx,Ezz,Eyy);
xlabel('传输方向');
ylabel('波导窄边 b');
```

运行程序，得到的计算结果如图 7.6 所示。

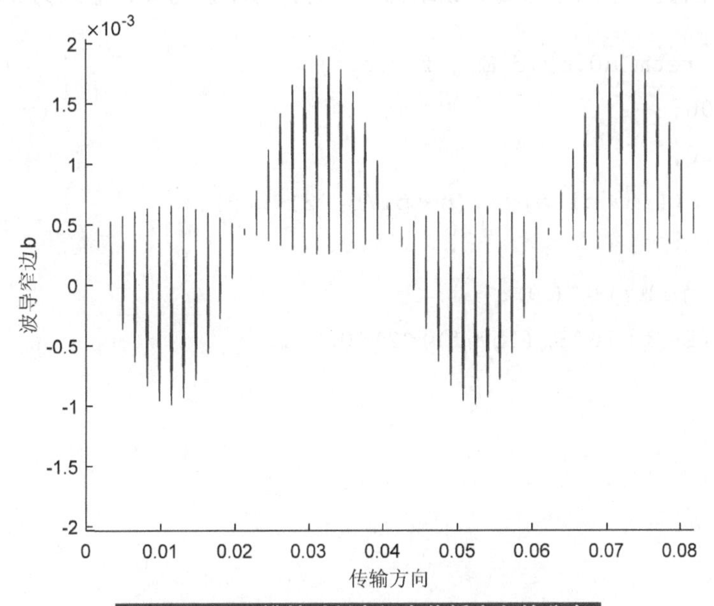

图 7.6　TE_{10}模某时刻电场在传播方向的分布

7.1.2　TM 波

对于矩形波导 TM 波，由于 $H_z=0$，纵向只有电场分量，采用分离变量法求解标量波动方程，可得到 TM 波的所有横向电磁场分量为

$$\begin{cases} E_x=-\dfrac{\mathrm{j}\beta}{k_c^2}\dfrac{m\pi}{a}E_{mn}\cos\left(\dfrac{m\pi}{a}x\right)\sin\left(\dfrac{n\pi}{b}y\right)\mathrm{e}^{-\mathrm{j}\beta z} \\ E_y=-\dfrac{\mathrm{j}\beta}{k_c^2}\dfrac{m\pi}{b}E_{mn}\sin\left(\dfrac{m\pi}{a}x\right)\cos\left(\dfrac{n\pi}{b}y\right)\mathrm{e}^{-\mathrm{j}\beta z} \end{cases}$$

$$\begin{cases} E_z = E_{mn}\sin\left(\frac{m\pi}{a}x\right)\sin\left(\frac{n\pi}{b}y\right)e^{-j\beta z} \\ H_x = \frac{j\omega\mu}{k_c^2}\frac{m\pi}{b}E_{mn}\sin\left(\frac{m\pi}{a}x\right)\cos\left(\frac{n\pi}{b}y\right)e^{-j\beta z} \\ H_y = -\frac{j\omega\mu}{k_c^2}\frac{m\pi}{a}E_{mn}\cos\left(\frac{m\pi}{a}x\right)\sin\left(\frac{n\pi}{b}y\right)e^{-j\beta z} \\ H_z = 0 \end{cases} \tag{7.10}$$

式中

$$k_c^2 = \left(\frac{m\pi}{a}\right)^2 + \left(\frac{n\pi}{b}\right)^2 \tag{7.11}$$

同样对于图 7.1 所示的矩形结构，假定宽度为 50mm，高度为 34mm，长度为 5m，忽略边缘效应，试求其 TM 波的场分布。采用定义子函数，命令窗口计算的形式实现矩形波导 TM 波的场分布。

首先定义子函数，绘制矩形波导场结构，所有计算单位为 m，输入为 mm。

```
function retm(a0,b0,d,Emn,f,m,n,t)
a=a0/1000;
b=b0/1000;
lc=2*pi/(((m*pi/a)^2+(n*pi/b)^2)^0.5);
l0=3*10^8/f;
u=1/(36*pi)*10^(-9);
lg=l0/((1-(3*10^8/(lc*f))^2)^0.5);
c=lg;
B=2*pi/lg;
w=B*(3*10^8);
x=0:a/d:a;
y=0:b/d:b;
z=0:c/d:c;
[x1,y1,z1]=meshgrid(x,y,z);
kc2=(m*pi./a)^2+(n*pi./b)^2;
Ex=B./kc2.*(m*pi./a).*Emn.*cos(m*pi./a.*x1).*sin(n*pi./b.*y1).*sin(w*t-B.*z1);
Ey=B./kc2.*(n*pi./b).*Emn.*sin(m*pi./a.*x1).*cos(n*pi./b.*y1).*sin(w*t-B.*z1);
Ez=Emn.*sin(m*pi./a.*x1).*sin(n*pi./b.*y1).*cos(w*t-B.*z1);
```

```
    quiver3(z1,x1,y1,Ez,Ex,Ey,'b')
    hold on
    x2=x1-0.05;
    y2=y1-0.05;
    z2=z1-0.05;
    Hz=zeros(size(z2));
    Hy=-w.*u./kc2.*(m*pi./a).*Emn.*cos(m*pi./a.*x2).*sin(n*
pi./b.*y2).*sin(w*t-B.*z2);
    Hx=w.*u./kc2.*(n*pi./b).*Emn.*sin(m*pi./a.*x2).*cos(n*pi./b.*
y2).*sin(w*t-B.*z2);
    quiver3(z2,x2,y2,Hz,Hx,Hy,'r')
    xlabel('传输方向');
    ylabel('波导宽边 a');
    zlabel('波导窄边 b');
    hold off
```

当 $m=1$，$n=1$，在命令窗口输入 retm（500，340，10，1，5.5∗10^9，1，1，0.0），运行后得到计算结果如图 7.7 所示。

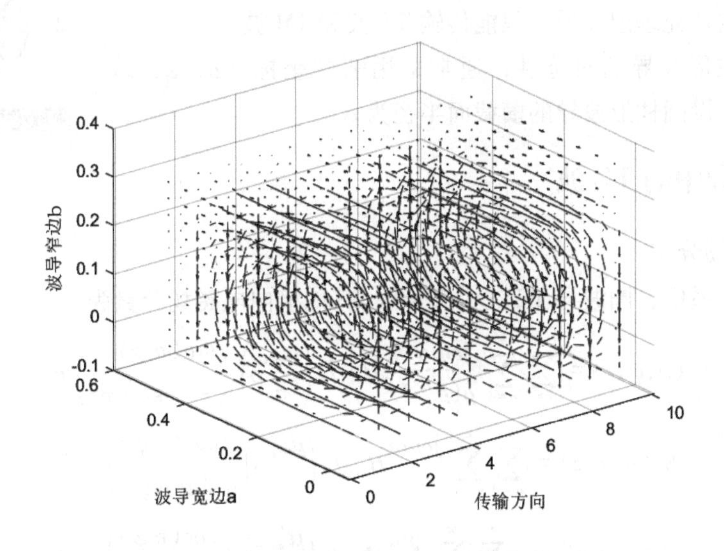

图 7.7　矩形波导中 TM 波的电磁场分布规律

当 $m=2$，$n=3$，在命令窗口输入 retm（500，340，10，1，5∗10^10，2，3，0.0），运行后得到计算结果如图 7.8 所示。

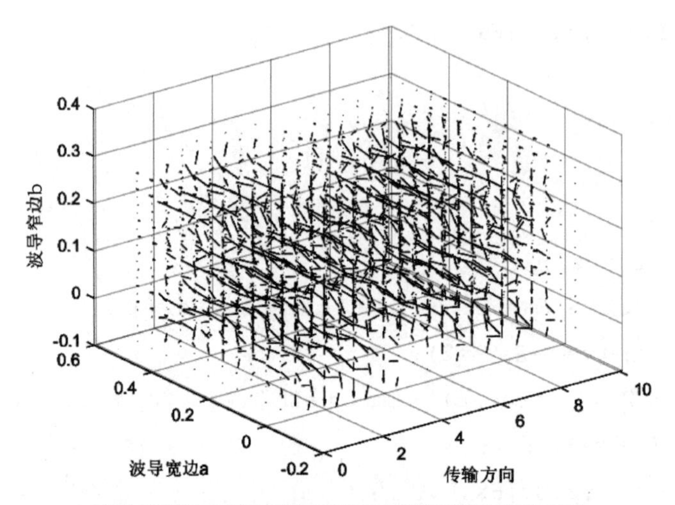

图 7.8　矩形波导中 TM 波的电磁场分布规律

7.2　圆柱形波导

圆柱形波导（简称圆波导）也是一种常见的导波系统，它常用于毫米波的远距离通信、精密衰减器、天线的双极化馈线、微波谐振器等。圆柱形波导也是单导体结构波导，它由一根圆柱形空心金属管构成，管内填充理想介质，只能传输 TE 波和 TM 波。

考虑到圆柱形波导的对称性，通常采用圆柱坐标（ρ，φ，z），如图 7.9 所示，设圆柱形波导的横截面半径为 a。

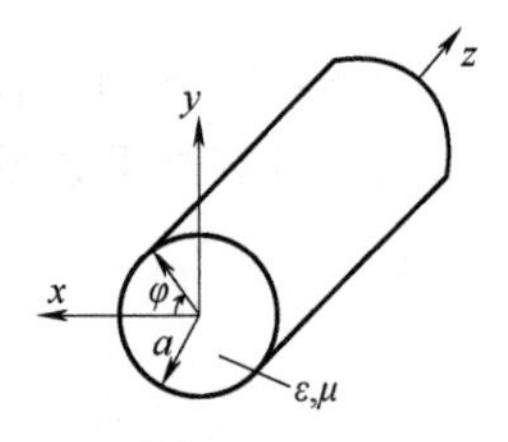

图 7.9　圆柱形波导

7.2.1　圆波导中的 TE 波

7.2.1.1　电磁场分布

在圆柱坐标系中，圆波导 TE 波中 $\boldsymbol{E}_z=0$，其他横向电磁场分量为

$$E_\rho(\rho,\varphi,z)=\sum_{m=0}^{\infty}\sum_{n=1}^{\infty}\frac{\mathrm{j}\omega\mu a^2 m}{\rho(\mu'_{mn})^2}H_{mn}J_m\left(\frac{\mu'_{mn}}{a}\rho\right)\begin{pmatrix}\sin(m\varphi)\\-\cos(m\varphi)\end{pmatrix}\mathrm{e}^{-\mathrm{j}\beta z}\tag{7.12}$$

$$E_\varphi(\rho,\varphi,z)=\sum_{m=0}^{\infty}\sum_{n=1}^{\infty}\frac{\mathrm{j}\omega\mu a}{\mu'_{mn}}H_{mn}J'_m\left(\frac{\mu'_{mn}}{a}\rho\right)\begin{pmatrix}\cos(m\varphi)\\\sin(m\varphi)\end{pmatrix}\mathrm{e}^{-\mathrm{j}\beta z}\tag{7.13}$$

$$H_\rho(\rho,\varphi,z)=-\sum_{m=0}^{\infty}\sum_{n=1}^{\infty}\frac{\mathrm{j}\beta a}{\mu'_{mn}}H_{mn}J'_m\left(\frac{\mu'_{mn}}{a}\rho\right)\begin{pmatrix}\cos(m\varphi)\\\sin(m\varphi)\end{pmatrix}\mathrm{e}^{-\mathrm{j}\beta z}\tag{7.14}$$

$$H_\varphi(\rho,\varphi,z)=\sum_{m=0}^{\infty}\sum_{n=1}^{\infty}\frac{\mathrm{j}\beta a^2 m}{\rho(\mu'_{mn})^2}H_{mn}J_m\left(\frac{\mu'_{mn}}{a}\rho\right)\begin{pmatrix}\sin(m\varphi)\\-\cos(m\varphi)\end{pmatrix}\mathrm{e}^{-\mathrm{j}\beta z}\tag{7.15}$$

$$H_z(\rho,\varphi,z)=\sum_{m=0}^{\infty}\sum_{n=1}^{\infty}H_{mn}J_m\left(\frac{\mu'_{mn}}{a}\rho\right)\begin{pmatrix}\cos(m\varphi)\\\sin(m\varphi)\end{pmatrix}\mathrm{e}^{-\mathrm{j}\beta z}\tag{7.16}$$

其中

$$J_m\left(\frac{\mu'_{mn}}{a}\rho\right)\begin{pmatrix}\sin(m\varphi)\\-\cos(m\varphi)\end{pmatrix}=J_m\left(\frac{\mu'_{mn}}{a}\rho\right)\sin(m\varphi)-N_m\left(\frac{\mu'_{mn}}{a}\rho\right)\cos(m\varphi) \tag{7.17}$$

式中，J_m 和 J'_m 分布是 m 阶 Bessel 函数的一阶导数。

对于圆形波导，假定其半径 $a=0.1\text{m}$，长度 $z=0.4\text{m}$，$m=0$，$n=1$，其 TE 波的场结构 MATLAB 实现程序如下：

第一步：参数定义和坐标点

```
clear
H0=1;
f=3*10^9;
a=0.1;
N=10;
z1=linspace(eps,0.4+eps,N);
phi1=linspace(+eps,2*pi+eps,N);
rho1=linspace(eps,a,N);
[rho,phi,z]=meshgrid(rho1,phi1,z1);
m=0;
n=1;
```

第二步：截止频率、相位常数、角频率计算

```
kc=3.832/a;
t=0;
rc=2*pi./kc;
r0=3e8/f;
u=1/(36*pi)*1e-9;
lg=r0/((1-(r0/rc)^2)^0.5);
beta=2*pi/lg;
w=beta*3*10^8;
yy=gradient(besselj(m,kc.*rho));
```

第三步：磁场计算和绘制

```
Hrho=-beta./kc.*H0.*yy.*cos(m.*phi).*sin(w*t-beta.*z)-beta./
kc.*H0.*yy.*sin(m.*phi).*sin(w*t-beta.*z);
Hphi=beta*m./rho./kc.^2.*H0.*besselj(m,kc.*rho).*sin(m.*phi).
```

```
*sin(w*t-beta.*z)-beta*m./rho./kc.^2.*H0.*besselj(m,kc.*rho).*
cos(m.*phi).*sin(w*t-beta.*z);
    Hz=H0.*besselj(m,kc.*rho).*cos(m.*phi).*cos(w*t-beta.*z)+
H0*besselj(m,kc.*rho).*sin(m.*phi).*cos(w*t-beta.*z);
    quiver3(z,rho,phi,Hz,Hrho,Hphi,'b');
    hold on
```

第四步：电场计算和绘制

```
    x2=rho-0.001;
    y2=phi-0.001;
    z2=z-0.001;
    Erho=w.*u./kc^2.*m./rho.*H0.*besselj(m,kc.*rho).*sin(m.*
phi).*sin(w*t-beta.*z2)-w.*u./kc^2.*m./rho.*H0.*besselj(m,kc.*
rho).*cos(m.*phi).*sin(w*t-beta.*z2);
    Ephi=w.*u./kc.*H0.*yy.*cos(m.*phi).*sin(w*t-beta.*z2)+w.*
u./kc.*H0.*yy.*sin(m.*phi).*sin(w*t-beta.*z2);
    Ez=zeros(N,N,N);
    quiver3(z,rho,phi,Ez,Erho,Ephi,'r');
    xlabel('传输方向');
    ylabel('rho');
    zlabel('phi');
```

运行程序，计算结果如图 7.10 所示。

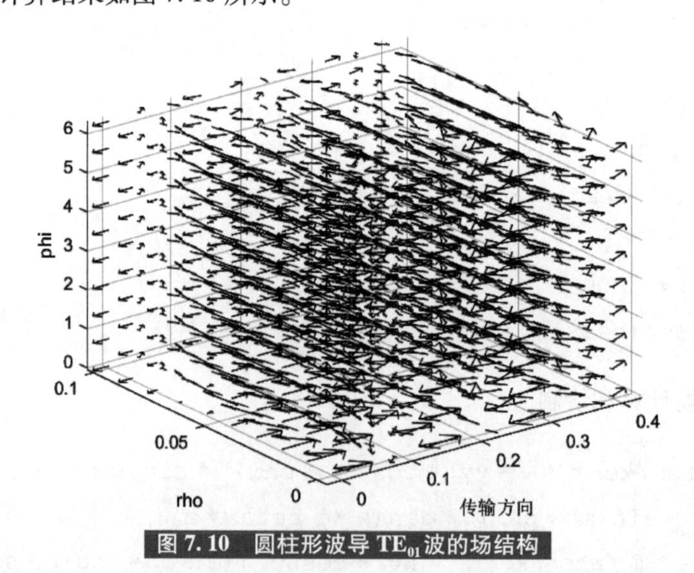

图 7.10　圆柱形波导 TE_{01} 波的场结构

同样可以更改程序里面 m 和 n 值，得到其他模式下的场分布规律。

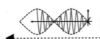

7.2.1.2　管壁电流分布情况

根据横电场波两种模式的场结构，运用理想导体边界条件 $\boldsymbol{J}=\boldsymbol{n}\times\boldsymbol{H}$，可得圆波导管壁电流分布数学表达式为

$$\boldsymbol{J}\big|_{\rho=a}=\boldsymbol{n}\times\boldsymbol{H}\big|_{\rho=a}=\boldsymbol{e}_\rho\times\boldsymbol{H}=\boldsymbol{e}_\rho\times(\boldsymbol{H}_\varphi\boldsymbol{e}_\varphi+\boldsymbol{H}_z\boldsymbol{e}_z)=-\boldsymbol{H}_z\boldsymbol{e}_\varphi+\boldsymbol{H}_\varphi\boldsymbol{e}_z \tag{7.18}$$

对于 TE 模式，上式可以表示为

$$\boldsymbol{J}_{\mathrm{TE}}\big|_{\rho=a}=-\boldsymbol{H}_z\boldsymbol{e}_\varphi+\boldsymbol{H}_\varphi\boldsymbol{e}_z=-H_{mn}J_m(k_ca)\begin{pmatrix}\cos(m\varphi)\\ \sin(m\varphi)\end{pmatrix}\mathrm{e}^{-\mathrm{j}\beta z}\boldsymbol{e}_\varphi+\frac{\mathrm{j}\beta m}{a(k_c)^2}H_{mn}J_m(k_ca)\begin{pmatrix}\sin(m\varphi)\\ -\cos(m\varphi)\end{pmatrix}\mathrm{e}^{-\mathrm{j}\beta z}\boldsymbol{e}_z \tag{7.19}$$

从公式中易看出，TE_{mn} 模式电流密度含有 e_φ 和 e_z 两方向分量，说明传播横电场引起的壁电流有两个流向，一是纵向即沿 z 轴方向，另一是横向即沿旋转角 φ 方向，幅值为$\sqrt{\boldsymbol{J}_z^2+\boldsymbol{J}_\varphi^2}$。

对于横电场 TE_{mn} 只取 $m=0$，1，2，3 和 $n=1$，此时，$k_c=3.832$，1.841，3.054，4.201 四种模式，对于管壁电流分布而言，仿真编程中简单起见，圆波导半径 a 设置为 0.1，z 轴取值范围为 [0，0.2]，并借助 MATLAB 自带的 Bessel 函数定义能流密度函数。此外，结合 surf 函数实现圆波导管壁电流分布，其 MATLAB 程序如下：

第一步：定义参数，包括激励强度、半径、频率和磁导率

```
clear
H0=1;
f=3*10^9;
a=1;
u=1/(36*pi)*10^(-9);
```

第二步：网格划分

```
N=200;
z1=linspace(eps,0.2+eps,N);
phi1=linspace(+eps,2*pi+eps,200);
[phi,z]=meshgrid(phi1,z1);
```

第三步：贝塞尔函数根植表

```
mi=[0,1,2,3];
n=1;
kci=[3.832 1.841 3.054 4.201]/a;
```

第四步：循环绘制管壁电流密度分布

```
for i=1:4
    t=0;
```

```
        m=mi(i);
        kc=kci(i);
```

第五步：截止频率和波长计算

```
    rc=2*pi./kc;
    r0=3e8/f;
    u=1/(36*pi)*1e-9;
    lg=r0/((1-(r0/rc)^2)^0.5);
    beta=2*pi/lg;
    w=beta*3*10^8;
```

第六步：管壁电流计算

```
    yphi=-besselj(m,kc*a).*H0.*cos(m.*phi).*cos(beta.*z)-bessely
(m,kc*a).*H0.*sin(m.*phi).*cos(beta.*z);
    yz=beta.*m./kc^2./a.*H0.*besselj(m,kc*a).*sin(m*phi).*sin
(beta.*z)-beta.*m./a./kc^2.*H0.*bessely(m,kc*a).*cos(m*phi).*
sin(beta.*z);
        y=sqrt((abs(yphi)).^2+(abs(yz)).^2);
    figure
```

第七步：管壁电流横向分量、轴向分量、幅值绘制

```
    surf(phi,z,yphi)
    xlabel('φ');
    ylabel('z');
    zlabel('j');
    figure
    surf(phi,z,yz)
    xlabel('φ');
    ylabel('z');
    zlabel('j');
    figure
    surf(phi,z,y)
    xlabel('φ');
    ylabel('z');
    zlabel('j');
    end
```

运行程序，得到如图 7.11~图 7.14 所示结果。

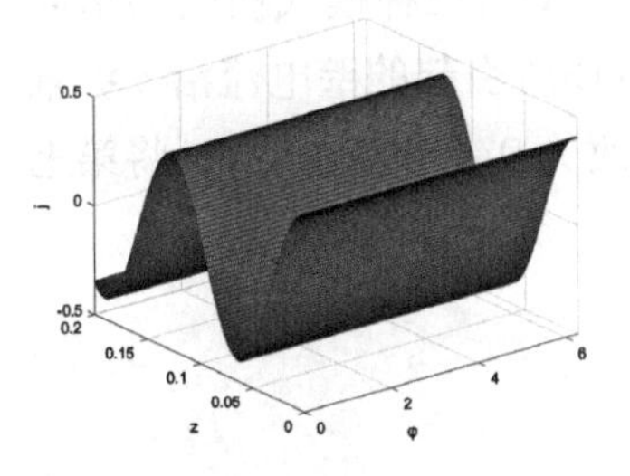

a) 横向φ分量分布

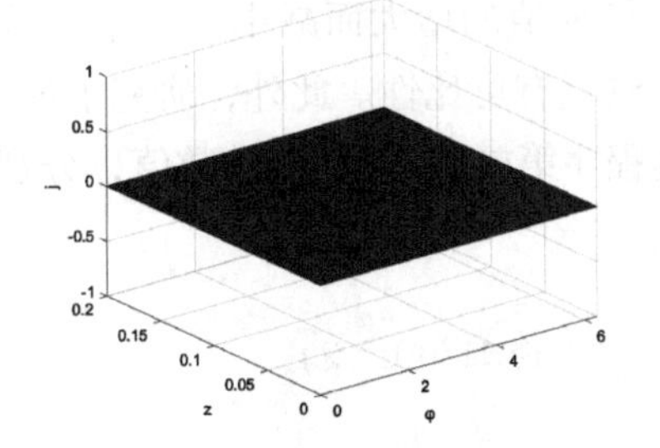

b) 纵向z 分量分布

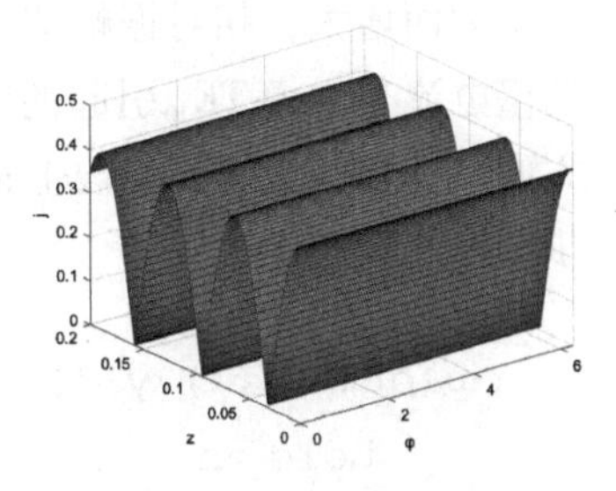

c）幅值分布

图 7.11　TE_{01}模的壁电流密度

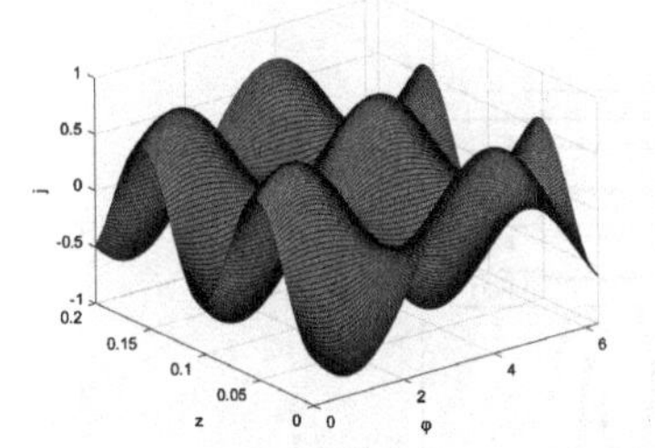

a) 横向φ分量分布

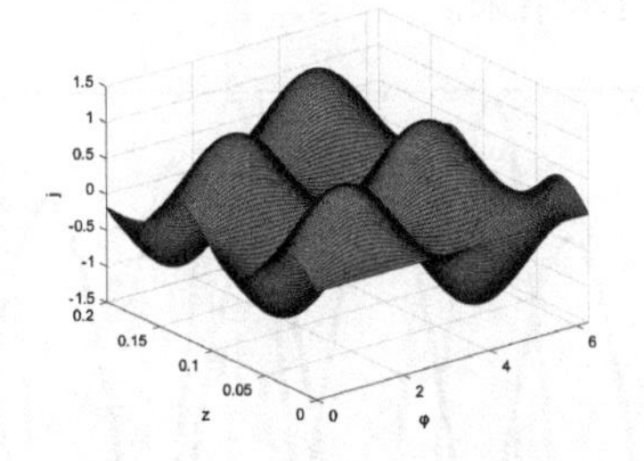

b) 纵向z 分量分布

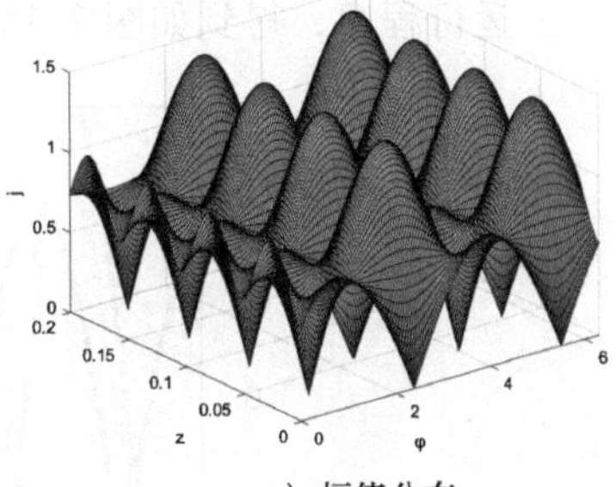

c）幅值分布

图 7.12　TE_{11}模的壁电流密度

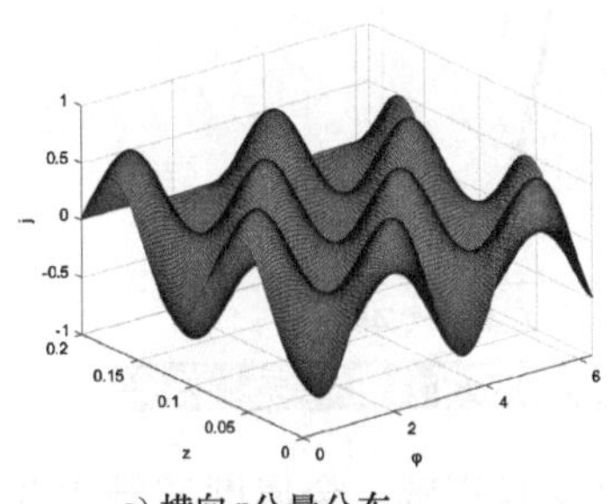

a) 横向φ分量分布

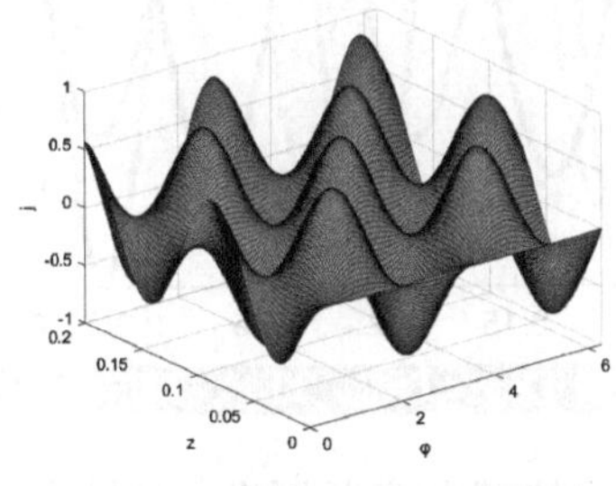

b) 纵向z 分量分布

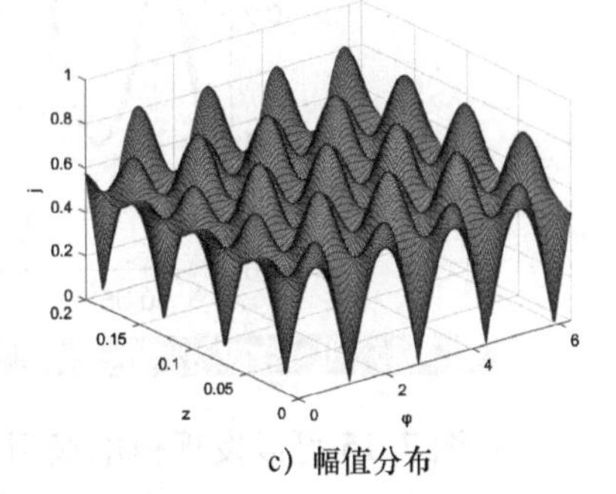

c）幅值分布

图 7.13　TE_{21}模的壁电流密度

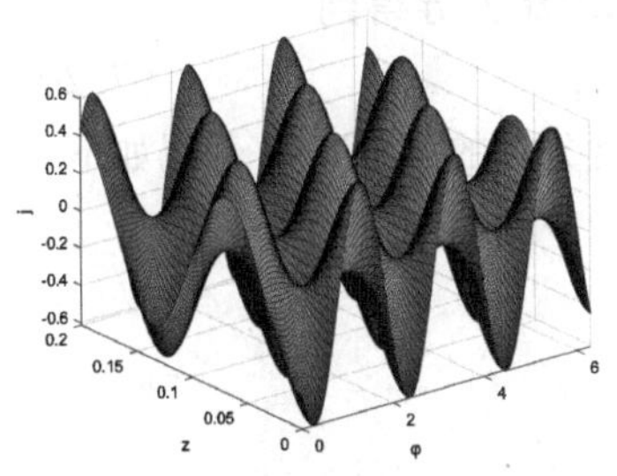

a) 横向φ分量分布

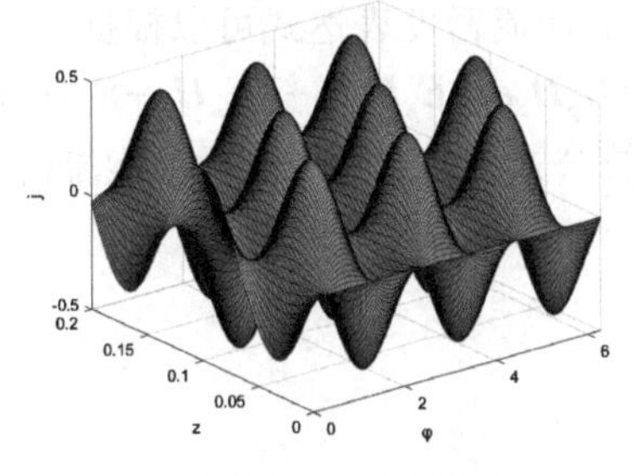

b) 纵向z 分量分布

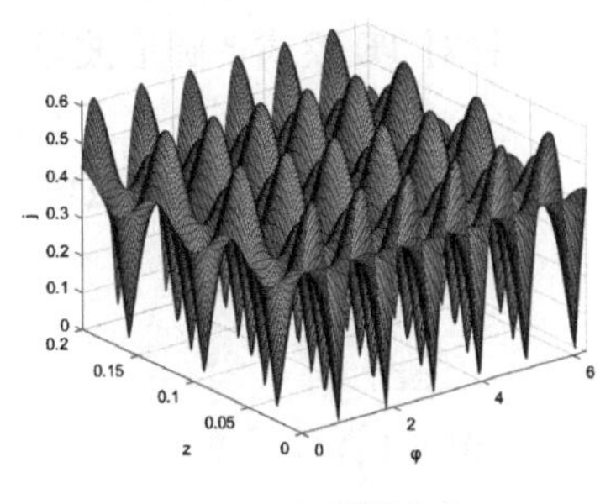

c）幅值分布

图 7.14　TE_{31}模的壁电流密度

从图中容易看出，圆波导壁电流 e_φ，e_z 分量具有相同的振荡频率，且振荡频率随 m 值的增大而增大，相对振幅却随着 m 值的增大而减小。TE_{11}，TE_{21}，TE_{31}三种模式横电场引起的壁电流与主模 TE_{10}引起的壁电流有可比性。此外，研究了横电场所引起的壁电流沿 z 纵轴方向的变化，只需要修改上述程序第二步 z 和 phi 的数值，分别改为 0.4 和 0.5 * pi；将第七步图形绘制程序改为

```
plot(z(:,3),y1(:,3),'LineWidth',2)
    hold on
legend('TE01','TE11','TE21','TE31')
    grid on
```

运行程序，得到如图 7.15 所示结果。

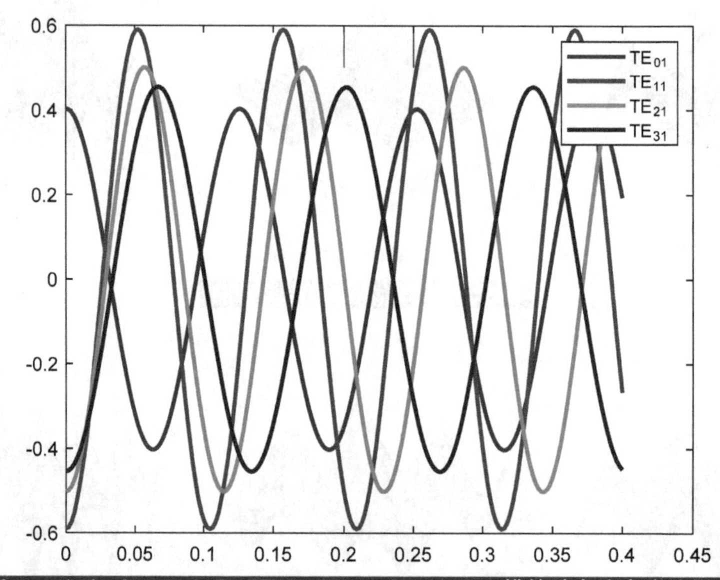

图 7.15　$0\leqslant z\leqslant 0.4$，$0\leqslant\varphi\leqslant 0.5\pi$ TE_{01}，TE_{11}，TE_{21}，TE_{31}模的壁电流密度分量 e_φ 与 z 关系

从图 7.15 可以发现横电场引起的壁电流振幅沿 z 纵轴方向没有衰减，金属圆波导主要传播的是横电波。

7.2.1.3　能流密度分布规律

针对 TE 模式，圆形波导中的能流密度表达式可以根据 $\boldsymbol{S}=\boldsymbol{E}\times\boldsymbol{H}$ 推导得到

$$\boldsymbol{S}_{\mathrm{TE}}=\boldsymbol{E}_\varphi\boldsymbol{H}_z\boldsymbol{e}_\rho-\boldsymbol{E}_\rho\boldsymbol{H}_z\boldsymbol{e}_\varphi+(\boldsymbol{E}_\rho\boldsymbol{H}_\varphi-\boldsymbol{E}_\varphi\boldsymbol{H}_\rho)\boldsymbol{e}_z \tag{7.20}$$

根据 TE 波中电场和磁场计算公式，实现圆形波导中能流密度分布的 MATLAB 代码如下：

第一步：

```
clear
H0=1;
f=4*10^9;
a=0.1;
```

```
N=100;
z1=linspace(eps,0.4+eps,N);
phi1=linspace(+eps,2*pi+eps,N);
rho1=linspace(eps,a,N);
[rho,phi,z]=meshgrid(rho1,phi1,z1);
```

第二步：截止频率、相位常数、角频率计算

```
m=2;
n=1;
kc=3.054/a;
t=0;
rc=2*pi./kc;
r0=3e8/f;
u=1/(36*pi)*1e-9;
lg=r0/((1-(r0/rc)^2)^0.5);
beta=2*pi/lg;
w=beta*3*10^8;
yy=gradient(besselj(m,kc.*rho));
```

第三步：磁场计算和绘制

```
Hrho=beta./kc.*H0.*yy.*cos(m.*phi).*sin(w*t-beta.*z)+beta./
kc.*H0.*yy.*sin(m.*phi).*sin(w*t-beta.*z);
Hphi=beta*m./rho./kc.^2.*H0.*besselj(m,kc.*rho).*sin(m.*phi).*
sin(w*t-beta.*z)-beta*m./rho./kc.^2.*H0.*besselj(m,kc.*rho).*cos(m.
*phi).*sin(w*t-beta.*z);
Hz=H0.*besselj(m,kc.*rho).*cos(m.*phi).*cos(w*t-beta.*z)+H0*
besselj(m,kc.*rho).*sin(m.*phi).*cos(w*t-beta.*z);
quiver3(z,rho,phi,Hz,Hrho,Hphi,'b');
```

第四步：电场计算和绘制

```
Erho=w.*u./kc^2.*m./rho.*H0.*besselj(m,kc.*rho).*sin(m.*
phi).*sin(w*t-beta.*z)-w.*u./kc^2.*m./rho.*H0.*besselj(m,kc.*
rho).*cos(m.*phi).*sin(w*t-beta.*z);
Ephi=w.*u./kc.*H0.*yy.*cos(m.*phi).*sin(w*t-beta.*z)+w.*
u./kc.*H0.*yy.*sin(m.*phi).*sin(w*t-beta.*z);
Ez=zeros(N,N,N);
```

第五步：能流密度计算和绘制

```
Srho=Ephi.*Hz;
Sphi=-Erho.*Hz;
Sz=Erho.*Hphi-Ephi.*Hrho;
xx=reshape(rho(2,:,:),N,N);%%计算截面选取
yy=reshape(phi(2,:,:),N,N);
zz=reshape(z(2,:,:),N,N);
Sxx=reshape(Srho(:,2,:),N,N);
Syy=reshape(Sphi(:,2,:),N,N);
Szz=reshape(Sz(:,2,:),N,N);
S=sqrt(Sxx.^2+Syy.^2+Szz.^2);
surf(zz,xx,S)
figure
contour(zz,xx,S)
```

运行程序，得到如图 7.16 所示结果。

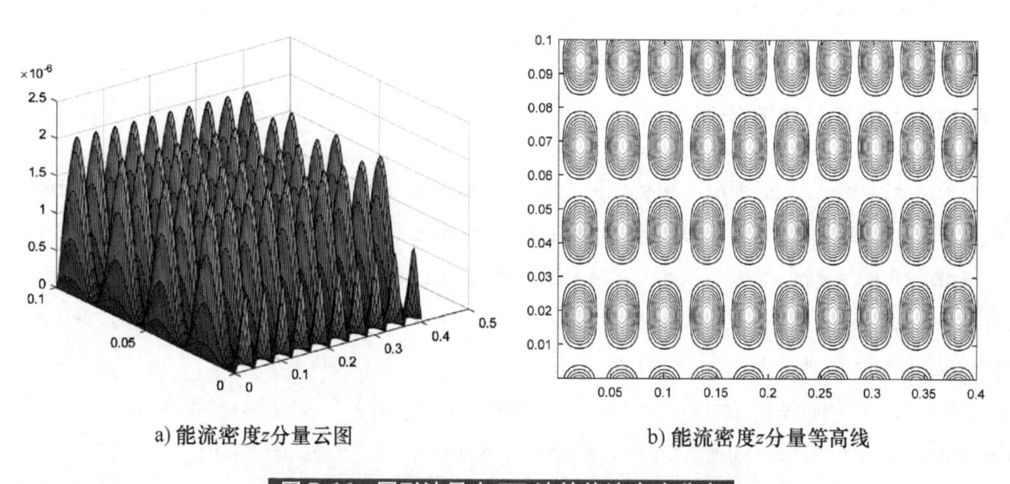

a) 能流密度z分量云图　　b) 能流密度z分量等高线

图 7.16　圆形波导中 TE 波的能流密度分布

而若需要计算其他模式下的能流密度，只需要修改第二步 m 和 n 的数值，以及对应波数 k_c 的取值，其值可以根据根植表查表得到，比如当需要分析 $m=2$，$n=2$，其对应的波数 k_c 为 6.706/a，修改程序后，计算结果如图 7.17 所示。

根据平均能流密度定义 $\overline{\boldsymbol{S}}=\mathrm{Re}\left(\dfrac{1}{2}\boldsymbol{E}\times\boldsymbol{H}^*\right)$，可得圆形波导中 TE_{mn} 模式电磁波的平均能流密度表达式为

$$\overline{\boldsymbol{S}}_{\mathrm{TE}}=\boldsymbol{E}_{\varphi}\boldsymbol{H}_z^*\boldsymbol{e}_{\rho}-\boldsymbol{E}_{\rho}\boldsymbol{H}_z^*\boldsymbol{e}_{\varphi}+(\boldsymbol{E}_{\rho}\boldsymbol{H}_{\varphi}^*-\boldsymbol{E}_{\varphi}\boldsymbol{H}_{\rho}^*)\boldsymbol{e}_z \tag{7.21}$$

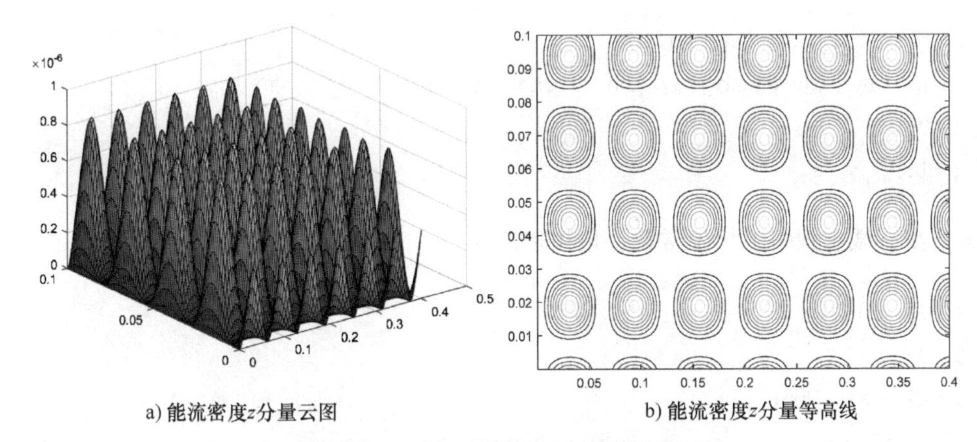

a) 能流密度z分量云图　　b) 能流密度z分量等高线

图 7.17　圆形波导中 TE 波的能流密度分布

7.2.2　圆波导中的 TM 波

7.2.2.1　电磁场分布规律

在圆柱坐标系中，对于圆波导中 TM 波，$H_z=0$，其他所有横向电磁场分量为

$$E_\rho(\rho,\varphi,z)=-\sum_{m=0}^{\infty}\sum_{n=1}^{\infty}\frac{\mathrm{j}\beta a}{\mu_{mn}}E_{mn}J'_m\left(\frac{\mu_{mn}}{a}\rho\right)\begin{pmatrix}\cos(m\varphi)\\ \sin(m\varphi)\end{pmatrix}\mathrm{e}^{-\mathrm{j}\beta z} \tag{7.22}$$

$$E_\varphi(\rho,\varphi,z)=\sum_{m=0}^{\infty}\sum_{n=1}^{\infty}\frac{\mathrm{j}\beta a^2 m}{\rho\mu_{mn}^2}E_{mn}J_m\left(\frac{\mu_{mn}}{a}\rho\right)\begin{pmatrix}\cos(m\varphi)\\ -\sin(m\varphi)\end{pmatrix}\mathrm{e}^{-\mathrm{j}\beta z} \tag{7.23}$$

$$E_z(\rho,\varphi,z)=E_{mn}J_m(k_c\rho)\begin{pmatrix}\cos(m\varphi)\\ \sin(m\varphi)\end{pmatrix}\mathrm{e}^{-\mathrm{j}\beta x} \tag{7.24}$$

$$H_\rho(\rho,\varphi,z)=\sum_{m=0}^{\infty}\sum_{n=1}^{\infty}\frac{\mathrm{j}\omega\varepsilon a^2 m}{\rho\mu_{mn}^2}E_{mn}J_m\left(\frac{\mu_{mn}}{a}\rho\right)\begin{pmatrix}-\sin(m\varphi)\\ \cos(m\varphi)\end{pmatrix}\mathrm{e}^{-\mathrm{j}\beta z} \tag{7.25}$$

$$H_\varphi(\rho,\varphi,z)=-\sum_{m=0}^{\infty}\sum_{n=1}^{\infty}\frac{\mathrm{j}\omega\varepsilon a}{\mu_{mn}}E_{mn}J'_m\left(\frac{\mu_{mn}}{a}\rho\right)\begin{pmatrix}\cos(m\varphi)\\ \sin(m\varphi)\end{pmatrix}\mathrm{e}^{-\mathrm{j}\beta z} \tag{7.26}$$

对于圆形波导，假定其半径为 $a=0.1\mathrm{m}$，长度 $z=0.4\mathrm{m}$，$m=0$，$n=1$，其 TM 波的场结构 MATLAB 实现程序如下：

第一步：参数定义和坐标点

```
clear
H0=1;
f=3*10^9;
a=0.1;
N=10;
z1=linspace(eps,0.4+eps,N);
phi1=linspace(+eps,2*pi+eps,N);
```

```
rho1=linspace(eps,a,N);
[rho,phi,z]=meshgrid(rho1,phi1,z1);
m=0;
n=1;
```

第二步：截止频率、相位常数、角频率计算

```
kc=2.405/a;
t=0;
rc=2*pi./kc;
r0=3e8/f;
u=1/(36*pi)*1e-9;
lg=r0/((1-(r0/rc)^2)^0.5);
beta=2*pi/lg;
w=beta*3*10^8;
yy=gradient(besselj(m,kc.*rho));
```

第三步：电场计算和绘制

```
Erho=-beta./kc.*E0.*yy.*cos(m.*phi).*sin(w*t-beta.*z)-beta./
kc.*E0.*yy.*sin(m.*phi).*sin(w*t-beta.*z);
Ephi=beta*m./rho./kc.^2.*E0.*besselj(m,kc.*rho).*cos(m.*phi).*
sin(w*t-beta.*z)-beta*m./rho./kc.^2.*E0.*besselj(m,kc.*rho).*sin(m.
*phi).*sin(w*t-beta.*z);
Ez=E0.*besselj(m,kc.*rho).*cos(m.*phi).*cos(w*t-beta.*z)+E0*
besselj(m,kc.*rho).*sin(m.*phi).*cos(w*t-beta.*z);
quiver3(z,rho,phi,Ez,Erho,Ephi,'b');
```

第四步：磁场计算和绘制

```
hold on
x2=rho-0.001;
y2=phi-0.001;
z2=z-0.001;
Hrho=-w.*epson./kc^2.*m./rho.*E0.*besselj(m,kc.*rho).*sin(m.*
phi).*sin(w*t-beta.*z2)+w.*epson./kc^2.*m./rho.*E0.*besselj(m,
kc.*rho).*cos(m.*phi).*sin(w*t-beta.*z2);
Hphi=-w.*epson./kc.*E0.*yy.*cos(m.*phi).*sin(w*t-beta.*z2)-
w.*epson./kc.*E0.*yy.*sin(m.*phi).*sin(w*t-beta.*z2);
```

```
Hz=zeros(N,N,N);
quiver3(z,rho,phi,Hz,Hrho,Hphi,'r');
xlabel('传输方向');
ylabel('rho');
zlabel('phi');
```

运行程序，计算结果如图 7.18 所示。

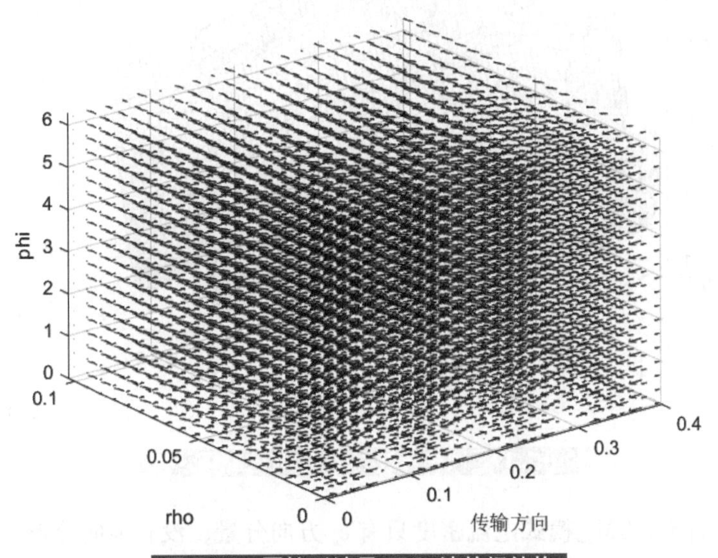

图 7.18　圆柱形波导 TM_{01} 波的场结构

若需获得 TM_{01} 模某时刻的磁场分量在传播方向的分布，只需要修改第一步中 d 的值，设置为 50，并修改第四步中磁场绘制程序，添加下列代码：

```
xx=reshape(rho(2,:,:),N,N);%%计算截面选取
yy=reshape(phi(:,:,2),N,N);
zz=reshape(z(:,2,:),N,N);
Hxx=reshape(Hrho(:,:,2),N,N);
Hyy=reshape(Hphi(:,2,:),N,N);
Hzz=reshape(Hz(:,:,2),N,N);
surf(zz,xx,Hyy)
xlabel('传输方向');
ylabel('rho');
```

运行程序，计算结果如图 7.19 所示。

7.2.2.2　电流分布规律

根据横磁场波两种模式的场结构，运用理想导体边界条件 $\boldsymbol{J}=\boldsymbol{n}\times\boldsymbol{H}$，可得圆波导管壁电流分布数学表达式为

$$\boldsymbol{J}\big|_{\rho=a}=\boldsymbol{n}\times\boldsymbol{H}\big|_{\rho=a}=\boldsymbol{e}_\rho\times\boldsymbol{H}=\boldsymbol{e}_\rho\times(\boldsymbol{H}_\varphi\boldsymbol{e}_\varphi+\boldsymbol{H}_z\boldsymbol{e}_z)=-\boldsymbol{H}_z\boldsymbol{e}_\varphi+\boldsymbol{H}_\varphi\boldsymbol{e}_z \tag{7.27}$$

对于 TM 模式，上式可以表示为

$$\boldsymbol{J}_{\mathrm{TM}}\big|_{\rho=a}=\boldsymbol{H}_\varphi\boldsymbol{e}_z=\frac{\mathrm{j}\omega\varepsilon}{k_{cm}}E_{mn}J'_m(k_{cm}a)\begin{pmatrix}\cos(m\varphi)\\ \sin(m\varphi)\end{pmatrix}\mathrm{e}^{-\mathrm{j}\beta z} \tag{7.28}$$

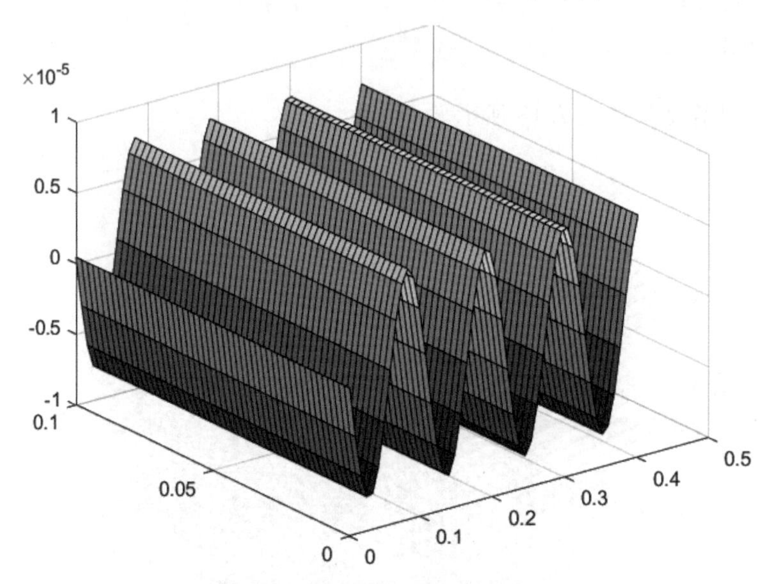

图 7.19　圆柱形波导 TM_{01} 波的磁场分布

从公式中易看出，TM_{mn} 模式电流密度只有 e_z 方向分量，没有横向分量。

对于横磁场 TM_{mn}，只取 $m=0$，1，2，3 和 $n=1$，根据根植表 $k_c=2.405$，3.832，5.139，6.370 四种模式，分别对这四种模式的管壁电流分布图进行分析。利用 MATLAB 自带的一阶和二阶贝塞尔函数和 surf 函数进行圆波导横磁场引起的管壁电流分布，其 MATLAB 代码如下：

```
clear
E0=1;
f=3*10^9;
a=0.1;
N=200;
rho1=linspace(0,1,N);
rho=repmat(rho1,length(rho1),1);
z1=linspace(0,0.2+eps,N);
phi1=linspace(+eps,2*pi+eps,N);
[phi,z]=meshgrid(phi1,z1);
mi=[0,1,2,3];
n=1;
kci=[2.405 3.832 5.139 6.370]/a;
```

```
    u=1/(36*pi)*10^(-9);
    for i=1:4
        epson=2*8.85*10^(-12);
        m=mi(i);
        kc=kci(i);
        lc=2*pi./kc;
        l0=3*10^8/f;
        u=1/(36*pi)*10^(-9);
        lg=l0/((1-(3*10^8/(lc*f))^2)^0.5);
        beta=2*pi/lg;
        w=beta*3*10^8;
        yy=gradient(besselj(m,kc.*rho));
    yz=-E0*w*epson/kc.*yy(end,end).*cos(m.*phi).*sin(beta.*z)-
E0*w*epson/kc.*yy (end,end).*sin(m.*phi).*sin(beta.*z);
         figure
        surf(phi,z,yz)
        xlabel('φ');
        ylabel('z');
        zlabel('j');
    end
```

运行程序，得到的计算结果如图 7.20 所示。

由图可见，TM_{11}，TM_{21}，TM_{31}三种模横电磁场的引入对主模 TM_{01} 的影响较小，且具有和横电场一样的规律，随着 m 值的增大，管壁电流振荡频率迅速增大。

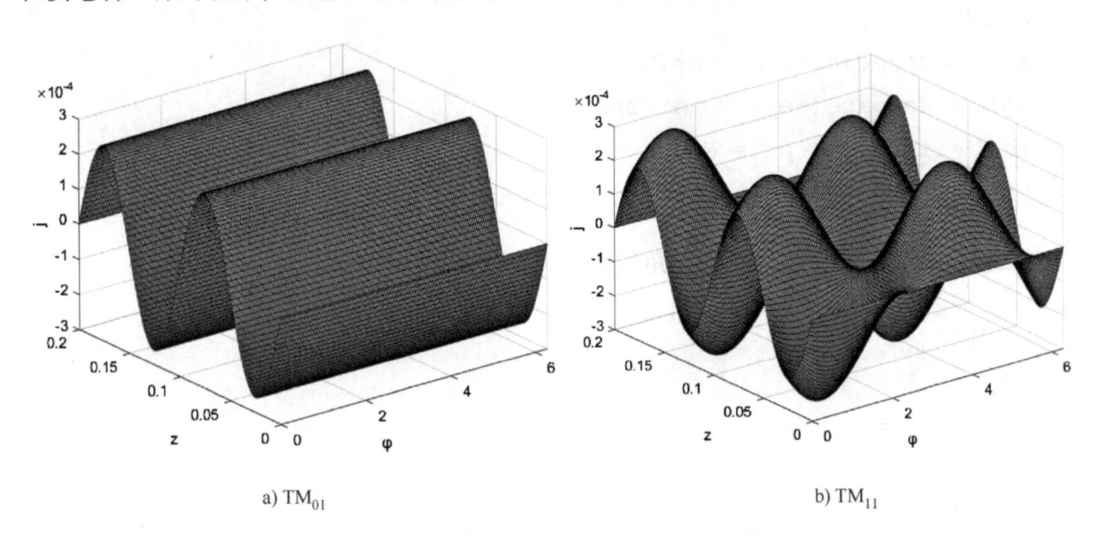

a) TM_{01}　　b) TM_{11}

图 7.20　圆形波导横磁场引起的壁电流分布

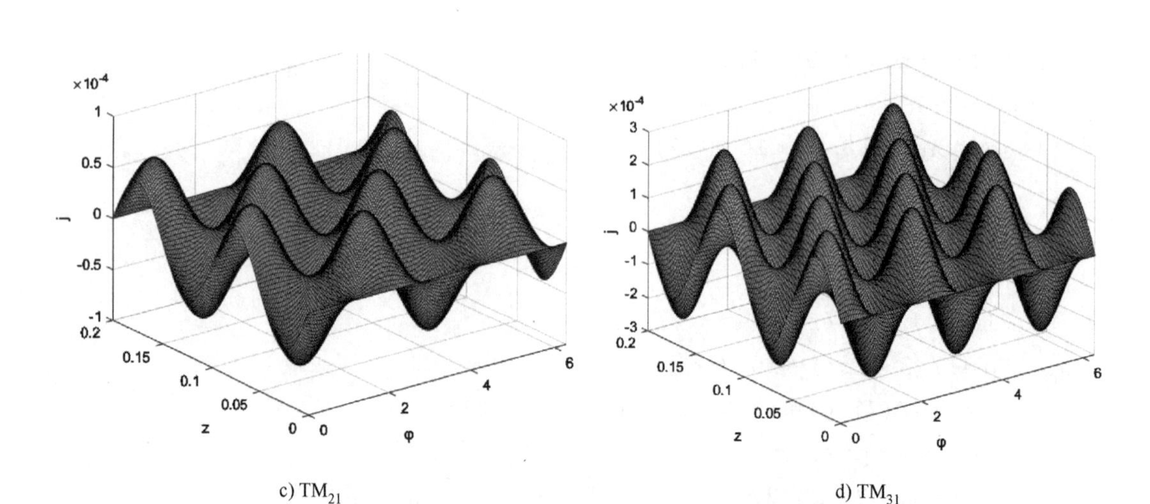

c) TM_{21}　　d) TM_{31}

图 7.20　圆形波导横磁场引起的壁电流分布（续）

7.2.2.3　能流密度分布规律

针对 TM 模式，圆形波导中的能流密度表达式可以根据 $\boldsymbol{S}=\boldsymbol{E}\times\boldsymbol{H}$ 推导得到

$$\boldsymbol{S}_{\mathrm{TM}}=\boldsymbol{E}_{\varphi}\boldsymbol{H}_{z}\boldsymbol{e}_{\rho}-\boldsymbol{E}_{\rho}\boldsymbol{H}_{z}\boldsymbol{e}_{\varphi}+(\boldsymbol{E}_{\rho}\boldsymbol{H}_{\varphi}-\boldsymbol{E}_{\varphi}\boldsymbol{H}_{\rho})\boldsymbol{e}_{z} \tag{7.29}$$

根据 TM 波中电场和磁场计算公式，实现圆形波导中能流密度分布的 MATLAB 代码如下：

第一步：参数定义

```
clear
E0=1;
f=3*10^9;
a=0.1;
N=100;
z1=linspace(eps,0.4+eps,N);
phi1=linspace(+eps,2*pi+eps,N);
rho1=linspace(eps,a,N);
[rho,phi,z]=meshgrid(rho1,phi1,z1);
```

第二步：截止频率、相位常数、角频率计算

```
m=0;
n=1;
kc=2.405/a;
t=0;
rc=2*pi./kc;
r0=3e8/f;
```

```
epson=8.85e-12;
lg=r0/((1-(r0/rc)^2)^0.5);
beta=2*pi/lg;
w=beta*3*10^8;
yy=gradient(besselj(m,kc.*rho));
```

第三步：电磁场计算

```
Erho=-beta./kc.*E0.*yy.*cos(m.*phi).*sin(w*t-beta.*z)-beta./
kc.*E0.*yy.*sin(m.*phi).*sin(w*t-beta.*z);
Ephi=beta*m./rho./kc.^2.*E0.*besselj(m,kc.*rho).*cos(m.*phi).*
sin(w*t-beta.*z)-beta*m./rho./kc.^2.*E0.*besselj(m,kc.*rho).*sin
(m.*phi).*sin(w*t-beta.*z);
Ez=E0.*besselj(m,kc.*rho).*cos(m.*phi).*cos(w*t-beta.*z)+E0*
besselj(m,kc.*rho).*sin(m.*phi).*cos(w*t-beta.*z);
Hrho=-w.*epson./kc^2.*m./rho.*E0.*besselj(m,kc.*rho).*sin(m.*
phi).*sin(w*t-beta.*z)+w.*epson./kc^2.*m./rho.*E0.*besselj(m,kc.*
rho).*cos(m.*phi).*sin(w*t-beta.*z);
Hphi=-w.*epson./kc.*E0.*yy.*cos(m.*phi).*sin(w*t-beta.*z)-
w.*epson./kc.*E0.*yy.*sin(m.*phi).*sin(w*t-beta.*z);
Hz=zeros(N,N,N);
```

第四步：能流密度计算和绘制

```
Srho=Ephi.*Hz;
Sphi=-Erho.*Hz;
Sz=Erho.*Hphi-Ephi.*Hrho;
xx=reshape(rho(2,:,:),N,N);                    %%计算截面选取
yy=reshape(phi(2,:,:),N,N);
zz=reshape(z(2,:,:),N,N);
Sxx=reshape(Srho(:,2,:),N,N);
Syy=reshape(Sphi(:,2,:),N,N);
Szz=reshape(Sz(:,2,:),N,N);
S=sqrt(Sxx.^2+Syy.^2+Szz.^2);
surf(zz,xx,S);
figure
contour(zz,xx,S);
```

运行程序，计算结果如图 7.21 所示。

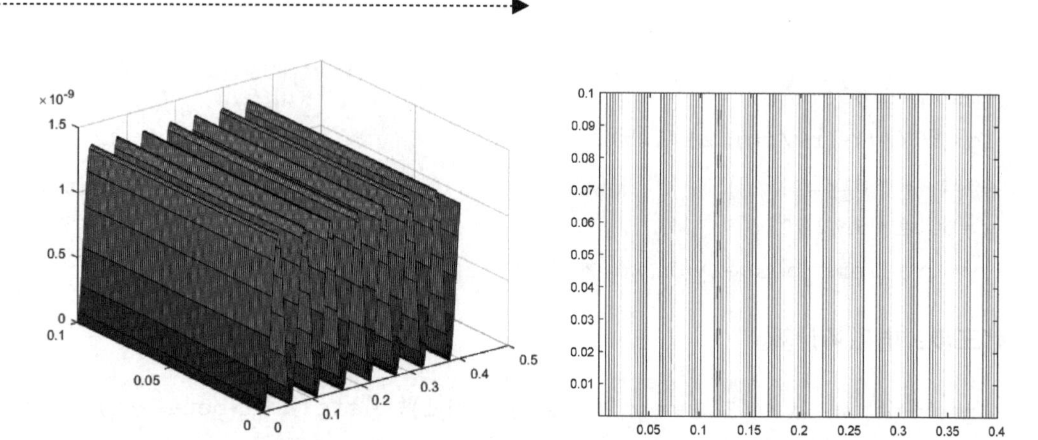

a) 能流密度z分量云图　　b) 能流密度z分量等高线

图 7.21　圆形波导中 TM 波的能流密度分布

而若需要计算其他模式下的能流密度，只需要修改第二步 m 和 n 的数值，以及对应波数 k_c 的取值，其值可以根据根植表查表得到，比如当需要分析 $m=1$，$n=1$，其对应的波数 $k_c=3.832/a$，修改程序后，计算结果如图 7.22 所示。

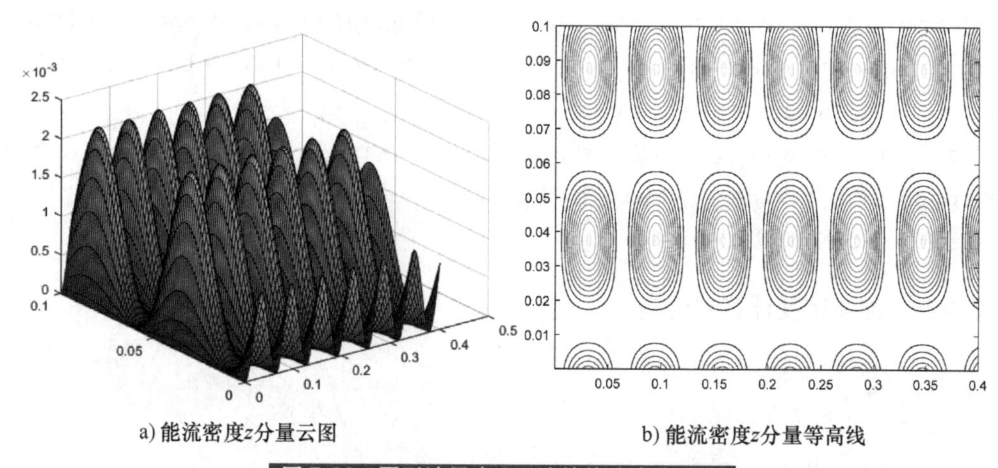

a) 能流密度z分量云图　　b) 能流密度z分量等高线

图 7.22　圆形波导中 TE 波的能流密度分布

7.3　同轴波导

同轴波导也称为同轴线，由同轴的内、外圆柱形导体和内外导体间填充介质构成，其形状如图 7.23 所示。内导体半径为 a，外导体的内半径为 b，内外导体之间填充电参数为 ε、μ 的理想介质，内外导体为理想导体。同轴线是一种典型的双导体导波系统，因此它既可以传播 TEM 波，也可以传播 TE 波、TM 波。

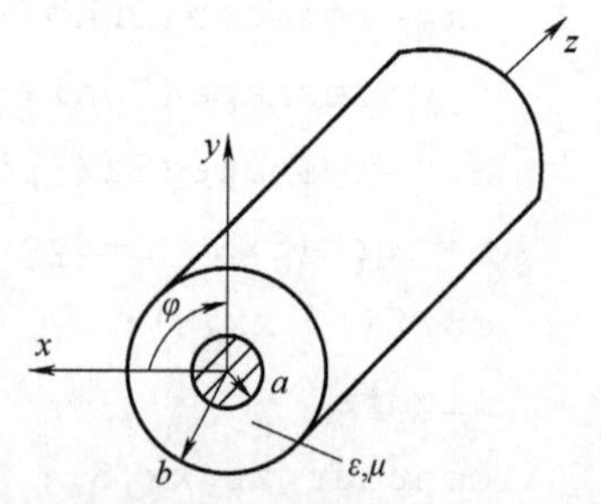

图 7.23　同轴波导结构示意图

TEM 波无纵向场分量，$E_z=H_z=0$、$k_c=0$，TEM 波的电场和磁场只有横向场分量且磁力线必须是闭合曲线，故磁场只有 H_φ分量即 $\boldsymbol{H}=\boldsymbol{e}_\varphi H_\varphi$；又因为电场、磁场互相垂直，所以电

场只有 E_ρ 分量。因此，同轴波导内的 TEM 波分量表达式为

$$E_\rho(\rho,z)=\frac{E_\mathrm{m}}{\rho}\mathrm{e}^{-\mathrm{j}kz} \tag{7.30}$$

$$H_\varphi(\rho,z)=\frac{H_\mathrm{m}}{\rho}\mathrm{e}^{-\mathrm{j}kz} \tag{7.31}$$

式中，$E_\mathrm{m}=\eta H_\mathrm{m}$，其中 $\eta=\sqrt{\frac{\mu}{\varepsilon}}$。

程序如下：

第一步： 参数定义和坐标点

```
clear
f=3*10^9;
a=0.2;
N=100;
z1=linspace(0.1,0.4,N);
phi1=linspace(0.1,2*pi,N);
rho1=abs(a*cos(phi1));
[rho,phi,z]=meshgrid(rho1,phi1,z1);
[X,Y,Z]=pol2cart(rho,phi,z);
t=0;
epson=2*8.85e-12;
u=2*4*pi*1e-7;
```

第二步： 参数计算

```
n=sqrt(u/epson);
H0=1;
E0=n*H0;
w=2*pi*f;
k=w*sqrt(epson*u);
```

第三步： 电场计算和绘制

```
Erho=E0./rho.*cos(w*t-k.*z);
Ephi=zeros(N,N,N);
Ez=zeros(N,N,N);
yy=reshape(phi(:,:,2),N,N);
zz=reshape(Z(2,:,:),N,N);
Exx=reshape(Erho(:,2,:),N,N);
surf(yy,zz,Exx)
xlabel('phi');
```

```
ylabel('z');
zlabel('Erho');
figure
```

第四步：电场计算和绘制

```
Hrho=zeros(N,N,N);
Hphi=H0./rho.*cos(w*t-k.*z);
Hz=zeros(N,N,N);
xxh=reshape(rho(2,:,:),N,N);
zzh=reshape(Z(2,:,:),N,N);
Hyy=reshape(Hphi(:,2,:),N,N);
surf(xxh,zzh,Hyy)
xlabel('rho');
ylabel('z');
zlabel('Hrho');
```

运行程序，计算结果如图 7.24 所示。

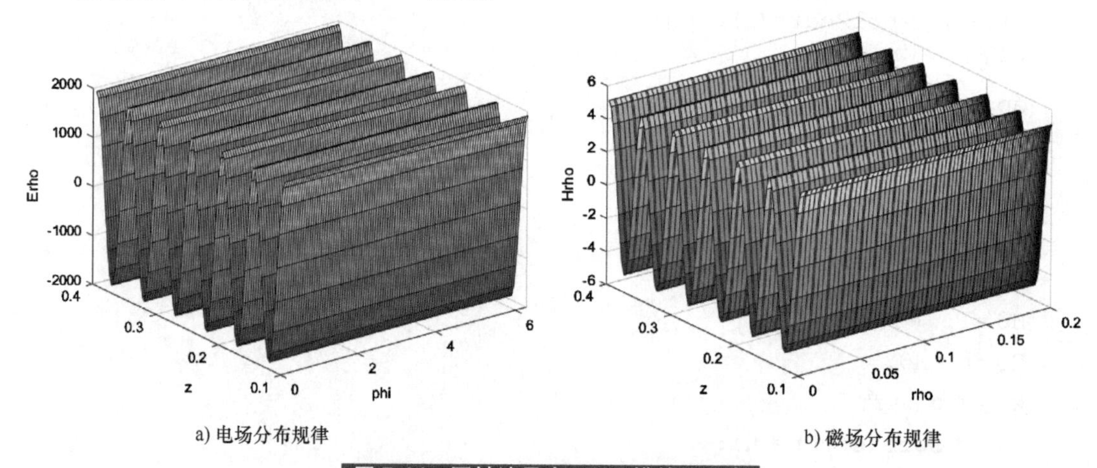

a) 电场分布规律　　b) 磁场分布规律

图 7.24　同轴波导中 TEM 模的场分布

7.4　矩形谐振腔

将一段长度为 l 的矩形波导两端用金属板把它封闭起来，构成矩形谐振腔，如图 7.25 所示。因为 TM 模和 TE 模都能存在于矩形波导内，所以 TM 模和 TE 模也同样可以存在于矩形谐振腔中。由于谐振腔内不存在所谓的传播方向，因此 TM 模和 TE 模的名称不唯一。

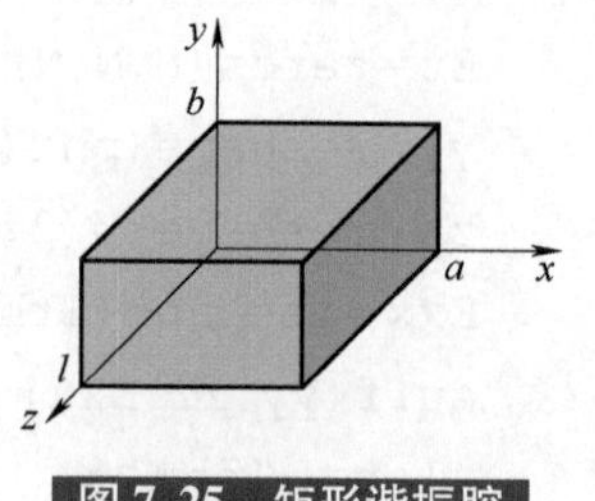

图 7.25　矩形谐振腔

7.4.1　TM_{mnp}模

在矩形波导中沿+z 方向传播的 TM_{mnp} 模的场分量为

$$E_x(x,y,z)=-\frac{1}{k_c^2}\left(\frac{m\pi}{a}\right)\left(\frac{p\pi}{l}\right)E_\mathrm{m}\cos\left(\frac{m\pi}{a}x\right)\sin\left(\frac{n\pi}{b}y\right)\sin\left(\frac{p\pi}{l}z\right) \tag{7.32}$$

$$E_y(x,y,z)=-\frac{1}{k_c^2}\left(\frac{m\pi}{b}\right)\left(\frac{p\pi}{l}\right)E_\mathrm{m}\sin\left(\frac{m\pi}{a}x\right)\cos\left(\frac{n\pi}{b}y\right)\sin\left(\frac{p\pi}{l}z\right) \tag{7.33}$$

$$E_z(x,y,z)=E_\mathrm{m}\sin\left(\frac{m\pi}{a}x\right)\sin\left(\frac{n\pi}{b}y\right)\cos\left(\frac{p\pi}{l}z\right) \tag{7.34}$$

$$H_x(x,y,z)=\frac{\mathrm{j}\omega\varepsilon}{k_c^2}\left(\frac{n\pi}{b}\right)E_\mathrm{m}\sin\left(\frac{m\pi}{a}x\right)\cos\left(\frac{n\pi}{b}y\right)\cos\left(\frac{p\pi}{l}z\right) \tag{7.35}$$

$$H_y(x,y,z)=-\frac{\mathrm{j}\omega\varepsilon}{k_c^2}\left(\frac{m\pi}{a}\right)H_\mathrm{m}\cos\left(\frac{m\pi}{a}x\right)\sin\left(\frac{n\pi}{b}y\right)\cos\left(\frac{p\pi}{l}\right) \tag{7.36}$$

$$H_z(x,y,z)=0 \tag{7.37}$$

式中，$k_c^2=\left(\frac{m\pi}{a}\right)^2+\left(\frac{n\pi}{b}\right)^2$；$\beta=\frac{p\pi}{l}$；$p$ 为整数。

步骤 1：首先分析 $m=2$，$n=2$，$p=2$ 情况，其 MATLAB 实现代码如下：

```
clear
a0=70;
b0=50;
l0=120;
d=7;
Em=1;
m=2;
n=2;
p=2;
f=5 *10^1;
t=0;
a=a0/1000;
b=b0/1000;
l=l0/1000;
u=4*pi*2*10^(-9);
epson=1.5*8.85*1e-12;
kx=m*pi/a;
ky=n*pi/b;
kz=p*pi/l;
```

```
    kc=sqrt(kx^2+ky^2);
    k=sqrt(kx^2+ky^2+ky^2);
    w=k/sqrt(u*epson);
    gama=1i*k;
    x=0:a/d:a;
    y=0:b/d:b;
    z=0:l/d:l;
    [x1,y1,z1]=meshgrid(x,y,z);
    Ex=-1./kc^2.*kx.*kz.*Em.*cos(kx.*x1).*sin(ky.*y1).*sin(kz.*z1);
    Ey=-1./kc^2.*(m.*pi./b).*kz.*Em.*sin(kx.*x1).*cos(ky.*y1).*
sin(kz.*z1);
    Ez=Em.*sin(kx.*x1).*sin(ky.*y1).*cos(kz.*z1);
    quiver3(z1,x1,y1,Ez,Ex,Ey,'b','LineWidth',1.5)
    hold on
    x2=x1-0.001;
    y2=y1-0.001;
    z2=z1-0.001;
    Hx=w*epson./kc^2.*(n*pi/b).*Em.*sin(kx.*x2).*cos(ky.*y2).*
cos(kz.*z2);
    Hy=-w*epson./kc^2.*(m*pi/a).*Em.*cos(kx.*x2).*sin(ky.*y2).*
cos(kz.*z2);
    Hz=zeros(d+1,d+1,d+1);
    quiver3(z2,x2,y2,Hz,Hx,Hy,'r','LineWidth',1.5)
    xlabel('传输方向');
    ylabel('波导宽边 a');
    zlabel('波导窄边 b');
    hold on
    Sx=-Ez.*Hy;
    Sy=Ez.*Hx;
    Sz=Ex.*Hy-Ey.*Hx;
    quiver3(z1,x1,y1,Sz,Sx,Sy,'k','LineWidth',1.5)
```

运行程序，得到计算结果如图 7.26 所示。

而坡印亭矢量的表达式可以根据下式得到：

$$\boldsymbol{S}=\boldsymbol{E}\times\boldsymbol{H}=-E_zH_y\boldsymbol{e}_x+E_zH_x\boldsymbol{e}_y+(E_xH_y-E_yH_x)\boldsymbol{e}_z \tag{7.38}$$

因此，只需要在上述程序的基础上，禁用电磁场 quiver3 绘图命令，修改 d 的数值为 100，并添加下列程序，即可得到坡印亭矢量各分量随相关坐标轴的变化规律，侧重分析了坡印亭矢量的 x，y，z 分量振幅随 x 和 y 方向变化图。

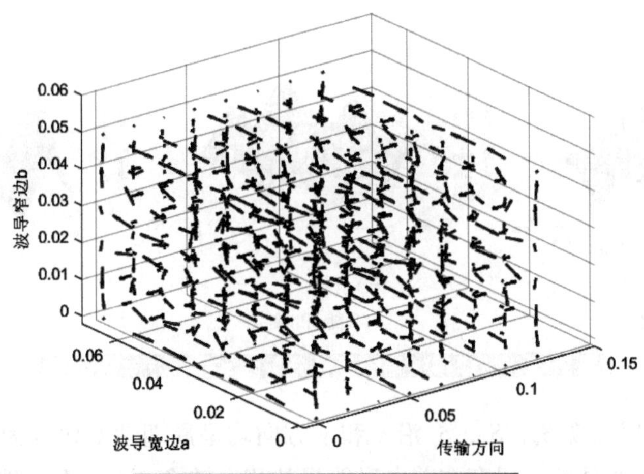

图 7.26　矩形谐振腔的电磁场分布

步骤 2：坡印亭矢量

```
Sx=-Ez. * Hy;
Sy=Ez. * Hx;
Sz=Ex. * Hy-Ey. * Hx;
xx=reshape(x1(:,:,2),d+1,d+1);
yy=reshape(y1(:,:,2),d+1,d+1);
Sxx=reshape(Sx(:,:,2),d+1,d+1);
Syy=reshape(Sy(:,:,2),d+1,d+1);
Szz=reshape(Sz(:,:,2),d+1,d+1);
surf(xx,yy,Sxx)
hold on
xlabel('x');
ylabel('y');
zlabel('坡印亭矢量 Sxx');
figure
surf(xx,yy,Syy)
xlabel('x');
ylabel('y');
zlabel('坡印亭矢量 Syy');
figure
surf(xx,yy,Szz)
xlabel('x');
ylabel('y');
zlabel('坡印亭矢量 Szz');
```

运行程序，得到计算结果如图 7.27 所示。

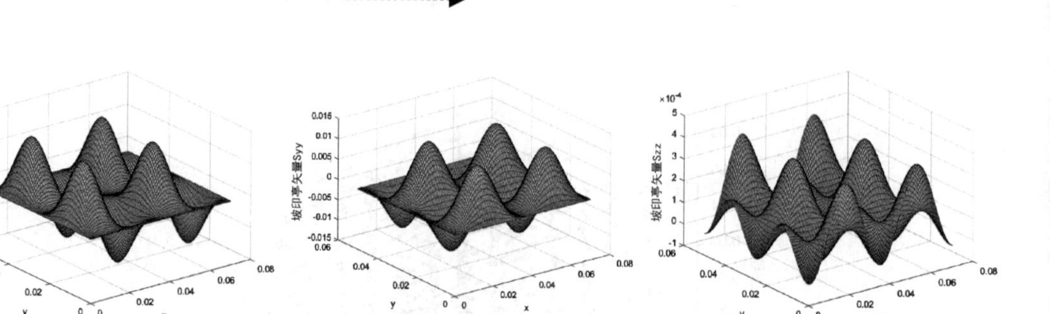

a) S_x随x和y变化　　b) S_y随x和y变化　　c) S_z随x和y变化

图 7.27　坡印亭振幅矢量各分量随 x 和 y 方向变化图

从图 7.27 中可以发现 S_x，S_y，S_z 沿 x 和 y 方向均呈周期性变化且为驻波，说明坡印亭矢量在波导横截面上为驻波，只存在着电磁能量的相互转换，而不存在能量的传输。用 Plot 函数画出波导中横截面某一定点的坡印亭矢量的三个分量沿波导轴向变化图，如图 7.28 所示。由此可知波导中坡印亭矢量振幅恒定，即坡印亭矢量沿着波导轴向为行波状态，表明电磁能量沿着波导轴向传输。只需要在上述程序后添加下列实现程序。

```
plot(xx(10,:),Sxx(10,:),'b','LineWidth',2)
hold on
plot(xx(10,:),Syy(10,:),'k--','LineWidth',2)
hold on
plot(xx(10,:),Szz(10,:),'r-.','LineWidth',2)
grid on
legend('Sx','Sy','Sz')
```

运行程序，计算结果如图 7.28 所示。

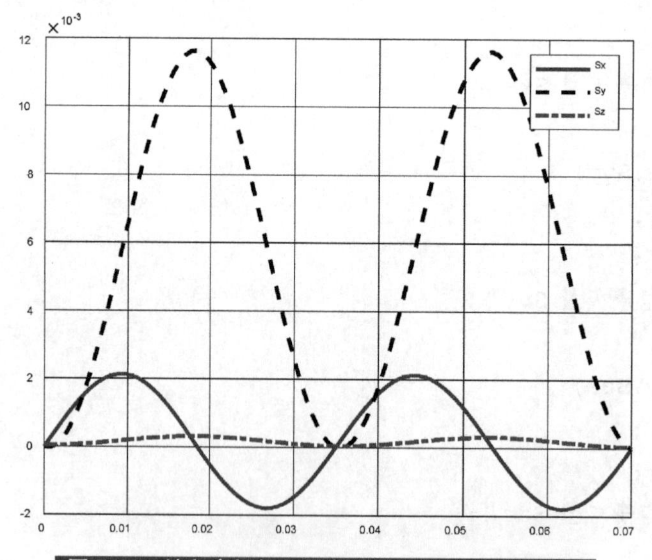

图 7.28　坡印亭振幅矢量各分量随轴向方向变化图

7.4.2　TE_{mnp}模

对于 TE_{mnp}模的驻波分量的复数表示，可由矩形波导中 TE_{mnp}模的场分量导出，TE_{mnp}模的各场量为

$$E_x(x,y,z)=\frac{j\omega\mu}{k_c^2}\left(\frac{n\pi}{b}\right)H_m\cos\left(\frac{m\pi}{a}x\right)\sin\left(\frac{n\pi}{b}y\right)\sin\left(\frac{p\pi}{l}z\right) \tag{7.39}$$

$$E_y(x,y,z)=-\frac{j\omega\mu}{k_c^2}\left(\frac{m\pi}{a}\right)H_m\sin\left(\frac{m\pi}{a}x\right)\cos\left(\frac{n\pi}{b}y\right)\sin\left(\frac{p\pi}{l}\right) \tag{7.40}$$

$$E_z(x,y,z)=0 \tag{7.41}$$

$$H_x(x,y,z)=-\frac{1}{k_c^2}\left(\frac{m\pi}{a}\right)\left(\frac{p\pi}{l}\right)H_m\sin\left(\frac{m\pi}{a}x\right)\cos\left(\frac{n\pi}{b}y\right)\cos\left(\frac{p\pi}{l}z\right) \tag{7.42}$$

$$H_y(x,y,z)=-\frac{1}{k_c^2}\left(\frac{m\pi}{b}\right)\left(\frac{p\pi}{l}\right)H_m\cos\left(\frac{m\pi}{a}x\right)\sin\left(\frac{n\pi}{b}y\right)\cos\left(\frac{p\pi}{l}z\right) \tag{7.43}$$

$$H_z(x,y,z)=H_m\cos\left(\frac{m\pi}{a}x\right)\cos\left(\frac{n\pi}{b}y\right)\sin\left(\frac{p\pi}{l}z\right) \tag{7.44}$$

式中，$k_c^2=\left(\frac{m\pi}{a}\right)^2+\left(\frac{n\pi}{b}\right)^2$；$\beta=\frac{p\pi}{l}$；$p$ 为整数。

首先分析 $m=2$，$n=2$，$p=2$ 情况，其 MATLAB 实现代码如下：

```
clear
a0=70;
b0=50;
l0=120;
d=5;
Hm=1;
m=2;
n=2;
p=2;
f=5 *10^1;
t=0;
a=a0/1000;
b=b0/1000;
l=l0/1000;
u=4*pi*2*10^(-9);
epson=1.5*8.85*1e-12;
kx=m*pi/a;
ky=n*pi/b;
```

```
    kz=p*pi/l;
    kc=sqrt(kx^2+ky^2);
    k=sqrt(kx^2+ky^2+ky^2);
    w=k/sqrt(u*epson);
    gama=1i*k;
    x=0:a/d:a;
    y=0:b/d:b;
    z=0:l/d:l;
    [x1,y1,z1]=meshgrid(x,y,z);
    Hx=-1./kc^2.*kx.*kz.*Hm.*sin(kx.*x1).*cos(ky.*y1).*cos(kz.*
z1);
    Hy=-1./kc^2.*(m.*pi./b).*kz.*Hm.*cos(kx.*x1).*sin(ky.*y1).*
cos(kz.*z1);
    Hz=Hm.*cos(kx.*x1).*cos(ky.*y1).*sin(kz.*z1);
    quiver3(z1,x1,y1,Hz,Hx,Hy,'r','LineWidth',2)
    hold on
    x2=x1-0.001;
    y2=y1-0.001;
    z2=z1-0.001;
    Ex=w*u./kc^2.*ky.*Hm.*cos(kx.*x2).*sin(ky.*y2).*sin(kz.*
z2);
    Ey=-w*u./kc^2.*kx.*Hm.*sin(kx.*x2).*cos(ky.*y2).*sin(kz.*
z2);
    Ez=zeros(d+1,d+1,d+1);
    quiver3(z2,x2,y2,Ez,Ex,Ey,'k','LineWidth',2)
    xlabel('传输方向');
    ylabel('波导宽边 a');
    zlabel('波导窄边 b');
    axis([0,l*1.1,0,a*1.1,0,b*1.1])
    hold on
    [xx,yy,zz]=meshgrid([0 1]);
    p=alphaShape(l*1.1*xx(:),1.1*a*yy(:),1.1*b*zz(:));
    plot(p,'edgecolor','none','facecolor','yellow')
    camlight
    lighting gouraud
    alpha(0.3)
```

程序运行结果如图 7.29 所示。

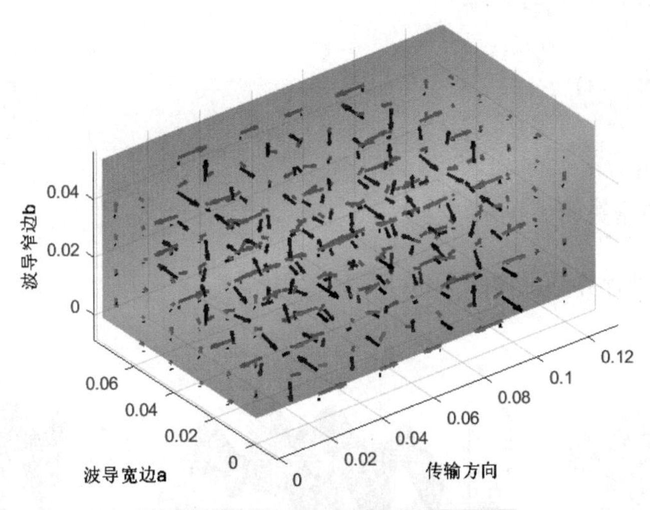

图 7.29　矩形谐振腔的电磁场分布

而坡印亭矢量的表达式可以根据下式得到

$$S=E\times H=E_yH_ze_x-E_xH_ze_y+(E_xH_y-E_yH_x)e_z \tag{7.45}$$

因此，只需要在上述程序的基础上，禁用电磁场 quiver3 绘图命令，修改 d 的数值为 100，并添加下列程序，即可得到坡印亭矢量各分量随相关坐标轴的变化规律，主要分析了坡印亭矢量的 x，y，z 分量振幅随 x 和 y 方向变化图。

```
Sx=Ey.*Hz;
Sy=Ex.*Hz;
Sz=Ex.*Hy-Ey.*Hx;
xx=reshape(x1(:,:,2),d+1,d+1);
yy=reshape(y1(:,:,2),d+1,d+1);
Sxx=reshape(Sx(:,:,2),d+1,d+1);
Syy=reshape(Sy(:,:,2),d+1,d+1);
Szz=reshape(Sz(:,:,2),d+1,d+1);
surf(xx,yy,Sxx)
hold on
xlabel('x');
ylabel('y');
zlabel('坡印亭矢量 Sxx');
figure
surf(xx,yy,Syy)
xlabel('x');
ylabel('ya');
```

```
zlabel('坡印亭矢量 Syy');
figure
surf(xx,yy,Szz)
xlabel('x');
ylabel('y');
zlabel('坡印亭矢量 Szz');
```

运行程序，得到计算结果如图 7.30 所示。

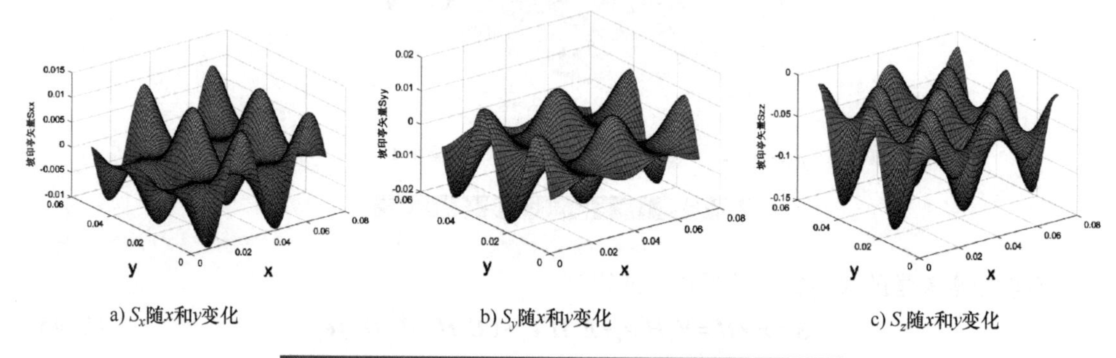

a) S_x随x和y变化　　b) S_y随x和y变化　　c) S_z随x和y变化

图 7.30　坡印亭振幅矢量各分量随 x 和 y 方向变化图

参考文献

[1] 梅中磊，李月娥，马阿宁. MATLAB 电磁场与微波技术仿真 [M]. 清华大学出版社，2020.

[2] 卫延，胡治炜，徐海林，等. 用 Matlab 实现恒定电场的可视化 [J]. 电气电子教学学报，2021，43 (6)：120-124.

[3] 朱卓娅，赵志伟，雷威. 电磁波极化的专题教学方法研究 [J]. 电气电子教学学报，2016，38 (2)：88-90.

[4] 卫延，邵小桃，郑晶晶，等. 用 Maltab 实现恒定磁场的可视化 [J]. 电气电子教学学报，2021，43 (3)：96-99.

[5] 姜颖 (上海大学). 数学物理方法 5-1.1 球坐标系下拉普拉斯方程的分离变数 (视频). (2021-6-17). https://www.bilibili.com/video/BV14q4y1L7f8? spm_id_from=333.337.search-card.all.click.

[6] 林敬与. 介质球在均匀电场中的极化 [J]. 大学物理，1993 (7)：9-10+13.

[7] 王玉梅，孙庆龙. 利用 MATLAB 分析圆环电流的磁场分布 [J]. 长春师范学院学报 (自然科学版)，2010，29 (1)：20-23.

[8] 余建立，刘双兵. 基于 MATLAB 电磁波传播的可视化仿真 [J]. 宜春学院学报，2018，40 (12)：50-55.

[9] 董连之. 均匀电场中的电介质球 [J]. 大学物理，1986，1 (1)：32-33.

[10] 苏波，何敬锁，冯立春. "电磁场与电磁波" 课程中演示教学方法的探索 [J]. 电气电子教学学报，2016，38 (4)：118-120.

[11] 刘海霞，张英杰. 电磁波在导电媒质中传播时的 matlab 仿真 [J]. 广东通信技术，2019，39 (3)：67-68+79.

[12] 付琴，黄秋元，李政颖，等. 电磁波传播特性虚拟仿真实验教学 [J]. 电气电子教学学报，2021，43 (1)：151-154.

[13] 卫延，郑晶晶. 用 Matlab 实现电磁波的可视化 [J]. 电气电子教学学报，2020，42 (5)：120-124.

[14] 杨琳. 电磁波极化的研究与仿真 [J]. 电子科技，2014，27 (8)：128-130+134.

[15] 唐涛，Maged Aldhaeebi，杜国宏，等. 电磁波在不同介质中传播特性的仿真与实验验证 [J]. 实验室研究与探索，2020，39 (11)：109-113.

[16] 杨宏伟. 电磁波在导电媒质中传播的计算机仿真 [J]. 实验技术与管理，2010，27 (2)：60-62.

[17] 廉继红，陈锦妮，薛谦. 电磁场与电磁波创新实践教学探索与研究 [J]. 高教学刊，2019 (7)：28-30+34.

[18] 刘亮元，贺达江. 电磁场与电磁波仿真实验教学 [J]. 实验室研究与探索，2010，29 (5)：30-32.

[19] 李俊生，吴琼，李文欣，等. 基于 Matlab 电磁波在电介质表面反射和折射仿真的教学研究 [J]. 教育现代化，2017，4 (45)：207-208+215.

[20] 余建立，刘双兵. 基于 MATLAB 电磁波传播的可视化仿真 [J]. 宜春学院学报，2018，40 (12)：50-55.

[21] 李小燕，张禹. 基于 Matlab 实现电磁场与电磁波模拟 [J]. 电气电子教学学报，2016，38 (4)：144-147.

[22] 凌滨，郭也，刘文川. 应用 MATLAB 设计电磁场与电磁波模拟仿真实验 [J]. 高师理科学刊，2019，39 (9)：52-55.

[23] 崔萌达，察豪，田斌，等. 基于双层网格的海上电磁波传播模型研究 [J]. 电子与信息学报，2018，40 (10)：2529-2534.

[24] 王福谦. 单芯偏心电缆的磁场 [J]. 大学物理，2008，27 (4)：16-18.

[25] 李建华. 偏心电缆电感的计算 [J]. 科学咨询 (决策管理)，2009 (8)：44-45.

[26] https://blog.csdn.net/MatlabFans_Mfun/article/details/108425554.

[27] https://blog.csdn.net/u010743448/article/details/108871449.